Axure RP 9
高保真原型设计
实/例/教/程

管俊睿 ——————— 著

电子工业出版社
Publishing House of Electronics Industry
北京·BEIJING

内 容 简 介

本书实际上是一套关于 Axure "从入门到精通、从理论到实践、从传统静态线框原型到动态交互高保真原型"的整体解决方案。作者想通过本书传达给读者的是，如果想要在"自个儿的圈子里"做得更好，掌握高保真原型的设计思路、方法以及制作、设计技巧不失为一种聪明的做法。

本书共分为 4 章。第 1 章，作者对线框图和高保真图做了简单介绍，并总结了制作产品原型的设计思路；第 2 章，较详细地介绍了 Axure RP 9 的基础操作；第 3 章，App 端实战练习，介绍了 14 个移动客户端的案例；第 4 章，Web 端实战练习，共有 16 个 Web 端的案例。

通过本书的历练，读者不仅能获得高保真原型的快速建模能力，还能提高 App 端和 Web 端产品的界面及交互设计能力。一次学习，终身受用！

未经许可，不得以任何方式复制或抄袭本书之部分或全部内容。

版权所有，侵权必究。

图书在版编目（CIP）数据

Axure RP 9 高保真原型设计实例教程 / 管俊睿著 . —北京：电子工业出版社，2020.7

ISBN 978-7-121-39199-6

Ⅰ.① A…　Ⅱ.①管…　Ⅲ.①网页制作工具－程序设计－教材　Ⅳ.① TP393.092.2

中国版本图书馆 CIP 数据核字（2020）第 115389 号

责任编辑：田　蕾　　特约编辑：刘红涛
印　　刷：北京雁林吉兆印刷有限公司
装　　订：北京雁林吉兆印刷有限公司
出版发行：电子工业出版社
　　　　　北京市海淀区万寿路173信箱　　邮编：100036
开　　本：787×1092　1/16　　印张：21.75　　字数：626.4千字
版　　次：2020年7月第1版
印　　次：2024年1月第6次印刷
定　　价：79.00元

凡所购买电子工业出版社图书有缺损问题，请向购买书店调换。若书店售缺，请与本社发行部联系，联系及邮购电话：(010) 88254888，88258888。

质量投诉请发邮件至 zlts@phei.com.cn，盗版侵权举报请发邮件至 dbqq@phei.com.cn。

本书咨询联系方式：(010) 88254161～88254167转1897。

随着资本寒冬的侵袭，IT 企业放慢了扩张的脚步，有些业内企业甚至出现大面积的业务收紧。与此同时，经过多年的"用户教育"，当前用户对于产品的使用习惯已经基本养成，包括互联网在内的 IT 行业的用户红利逐渐减少，用户对于产品的要求越来越高，用户体验也越来越挑剔。基于上述因素，想要做出一款优秀的产品实在是困难重重，但即便如此，仍然不影响新产品的前仆后继。

我们都明白，从 0 到 1 开发一款产品，从概念形成到上线运营，期间所投入的成本太多、耗费的精力太大。所以，比较理想的方式是通过 MVP（最小价值产品）的方法快速形成核心业务闭环的商用产品，快速获得市场的反馈以确定产品的下一步走向。

当然，在实际工作中，有更多的产品处于增量迭代期，即在原有的产品框架下，一步步迭代以实现产品的价值。

不过话说回来，无论产品处于哪个阶段，面对什么局面，只要存在界面交互，就与原型设计脱不了干系。

那么制作原型的好处是什么？

第一，便于沟通理解。无论是客户、投资人、领导，还是项目组成员，优秀的原型会使人眼前一亮，更利于进行需求沟通。

第二，节省成本，提高工作效率。首先，通过 MVP 明确了产品方向，避免了错误方向带来的高成本。其次，通过原型沟通，规避了不必要的误解和返工。

第三，有据可循。作为组织过程资产留存下来。

……

自从事产品经理的工作以来，我一直使用 Axure 制作原型。这源于个人的成长经历，平时较少制作线框图，制作更多的还是高保真原型。因为拿着高保真原型与项目干系人沟通时，首先，能够使非专业人士认为本人比较专业；其次，各种场景突出，便于需求方理解和肯定。

随着原型越画越多，工作经验越来越丰富，便萌生了将高保真原型的制作方法分享出来的想法。接着录制了 Axure 的基础课程、Axure 的 App 课程、Axure 的 Web 课程等。本书的主体结构和主要内容，也是根据上述 3 门课程来进行编排的。本书分享的不仅仅是高保真原型设计，还有 App、Web 产品的主流导航设计方式。虽然这是一本书，却涵盖了两套内容。

恰逢 Axure 9 正式版推出，该版本比 Axure 8 更加人性化，正好借此机会完成本书的撰写。

本书的重点不在于讲解基本操作，而在于 App 与 Web 产品实际案例的制作。这也与本人长期的学习与应用的理念有关：快速掌握基础知识—不断试错以理解并纠正错误操作—通过实际案例对知识进行巩固和探索。

本书在撰写过程中，难免有些细节设置存在出入，读者可根据实际情况自行调整。

最后，要感谢电子工业出版社给予本书面世的机会，更要感谢我的策划，没有她的时时鞭策、辛苦对接，便没有这本书的存在。还要感谢为本书默默做出修改、排版、编辑等工作的小伙伴们，谢谢你们的努力付出！再次感谢！

读者在学习过程中遇到问题，可添加作者微信：elliott_guan，寻求帮助。

Contents 目录

第 1 章

Axure RP 与产品原型设计

当我们想要掌握一项新技能时，通常会思考：它是什么，为什么选择它；我该怎样学习它、应用它；我该如何熟练掌握它。笔者认为，深入学习 Axure 同样需要这样一个过程。

本章对 Axure RP 进行概述，读者将了解学习 Axure 的必要性、Axure 的特点、Axure 的安装操作等，也将初步接触线框图和高保真图的概念，以及产品原型的一般设计思路。

1.1 关于 Axure RP

本节内容概述了 Axure 在职场中的重要性以及 Axure 的特点，同时示范了 Axure 的安装过程。

1.1.1 概述

按照官方说法，Axure 是一款专业的快速原型设计工具。那么 Axure 作为 IT 原型界的"网红"产品，为什么大家都用它？其原因如下：

第一，它属于主流原型设计软件。在"前程无忧"上搜索"产品经理"，连"51job"自己招聘的产品经理职位描述中也标注了"熟练使用原型工具 Axure"。

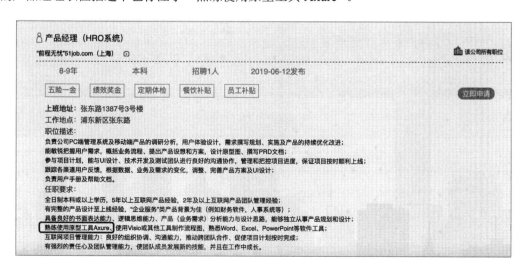

第二，Axure 简单易学，效率高。除了产品经理，设计师、研发工程师、测试工程师等都在学习 Axure，正是因为其简单易学，表达需求的效率高。

第三，Axure 功能强大。利用 Axure 可以进行原型设计（含高保真、线框图），可以画流程图，可以制作信息架构图，可以撰写需求文档等。对一些产品经理而言，Axure 已足够满足日常办公的需求。

1.1.2 安装、汉化和授权

建议从官网上下载 Axure 的安装文件。登录官网，选择操作系统，邮箱地址可以选填，单击"Download Now"按钮，立即下载对应操作系统的安装文件。因为 Windows 系统的使用范围更广，所以安装案例以 Windows 系统进行讲解。

下载完成后，双击打开 Axure 的安装包，如果你的计算机没有安装 Microsoft.NET Framework，那么安装向导会弹出安装提示。

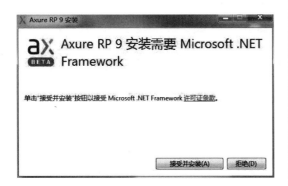

如果已经安装了 Microsoft.NET Framework，那么系统会弹出 Axure 的安装界面。在该界面中单击"Next"按钮，进入下一步操作。

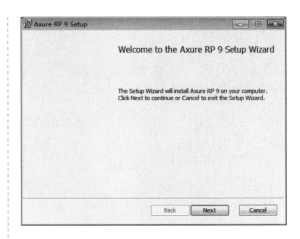

在弹出的用户协议窗口中勾选"I accept the terms in the License Agreement"选项，单击"Next"按钮。

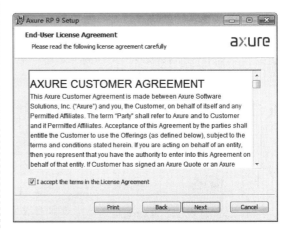

选择安装路径时，可以默认安装到 C 盘，也可以自定义选择安装的路径。

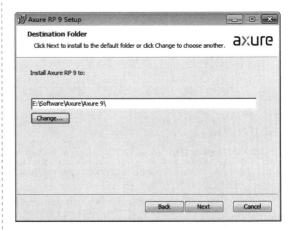

在接下来的一步中单击"Install"按钮进行安装。

安装完成后，单击"Finish"按钮，注意这里默认勾选了"Launch Axure RP 9"选项。

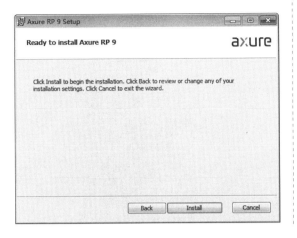

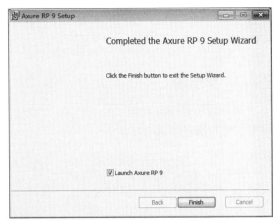

启动后显示的是 Axure 的欢迎页面。其中，红框处提示了剩余试用时间，过了试用期如果还没有注册授权码，则将无法继续使用 Axure。

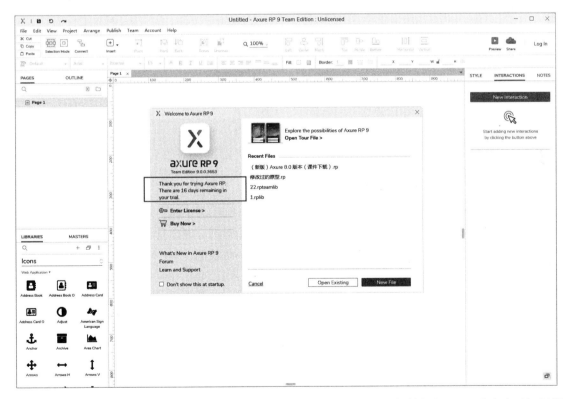

Axure 的界面是英文版，建议从网络上获取汉化文件。另外，软件授权码必须通过正规渠道获取，切勿相信网络上流转的盗版授权码。

使用 Mac 的读者，如果在安装、汉化 Axure RP 9 的过程中遇到问题，则可通过微信与笔者取得联系，笔者将提供帮助。

1.2　产品原型设计

本节内容分别阐述了线框图和高保真原型的定义、图例、优点、缺点，以及制作两种原型时的注意事项。

1.2.1　线框图

线框图从整体上把握产品的框架，只用简单的元素勾勒出产品原型。

线框图的优点很明显——出图速度快，成本低；快速收集反馈信息；修改方便等。

线框图绘制起来较简单，但缺乏视觉效果，无法体现出用户体验，等等。因此，在展示线框图时需要谨慎。对熟悉产品的项目内部成员可以直接展示原型，但如果是对产品不熟悉、对业务不专业的领导或客户，就必须花费一番心思了。

关于线框图，笔者有一个亲身经历。笔者曾经去一家企业面试，后来这家企业成为了独角兽企业，其对产品经理关于原型方面的输出，要求的便是线框图，特别强调不要高保真原型，因为高保真原型"限制了设计人员的思考"。因此使用线框图或原型图进行沟通需要视对接方需求来决定。

1.2.2　高保真原型

高保真原型必须要有该产品该有的美感，包括配色方案、样式交互、功能交互、说明等。

它的优点是完全展示产品的全貌，更贴合真实产品的用户体验，有助于项目团队内外的人士理解并与之交流，获得的反馈更加精确。

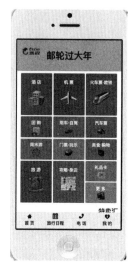

正因为相对精致，所以制作起来相对耗时，且修改起来相对麻烦。

不过瑕不掩瑜，现在越来越多的公司要求产品经理输出包含交互的高保真原型。"磨刀不误砍柴工"，虽然产品经理会耗费较多时间，但为整个团队理解产品、开发产品、测试产品、运营产品等，做好了充分准备。

这里必须强调一点，原型的高保真度要把握好，切勿为了做出精美的高保真原型而浪费过多的时间。即使制作高保真原型，也必须回归产品管理的本质，时时刻刻提醒自己：重要的是自己把握且让其他项目组成员理解产品的内在逻辑和数据流向，而不是为了做原型而做出几十上百兆的高保真原型。

1.3　产品原型设计思路

在分享设计思路之前，读者应先了解一个知识点——OODA（Observe、Orient、Decide、Act，也称包以德循环）。该理论起先是用于解决军事问题，后来又应用于残酷的商战，为了打击对手，通过观察、调整、决策、行动等步骤形成行为循环。在此，笔者借用并改变了这个知识点，以用来构思产品原型设计的思路。

　　从 0 到 1 的产品原型设计，非常适用这套方法。当然，增量迭代的产品也可以参考该方法。

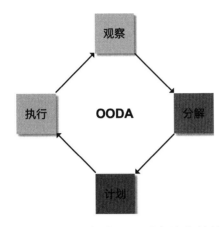

　　观察：使用对标产品，思考该产品的信息架构、内容区域划分等宏观面的信息，从框架上对竞品有一个比较深入的了解。同时，在观察阶段，要对单个区域的交互、区域间联动的交互、数据的输入输出等有一个比较明确的判断。

　　分解：主要将对标产品从页面级分解到元件级，将交互设置细化到样式交互、功能交互以及页面交互、元件交互。

　　计划：根据难易程度或个人经验，安排原型制作的内容以及顺序。笔者一般根据高价值需求、现有产品可利用的资源，以及针对对标产品"去其糟粕、取其精华"的思路，来决定产品的最终设计。在制作原型时，先完成静态页面，在此基础上再添加交互设置。

　　执行：根据计划执行，每完成一项计划，需要验证输出的结果是否与原计划相符。如果不相符，则及时纠偏。

　　这里笔者借着原型设计思路的内容申明一点：本书中关于元件的位置、尺寸等参数的设置，是根据笔者制作的案例来设置的。各位读者在参照本书制作原型时，完全可以灵活调整这些参数，在设置上不必完全与笔者的案例一样。例如，在案例中笔者设置原型的起始坐标是（50,50），读者在制作时可以将其设置成（0,0）。

第2章

Axure RP 9 基础操作

本章将对 Axure 的功能面板区域，以及基础知识、基础操作进行讲解，读者学习后可了解软件各区域的功能以及元件的设置。

2.1　菜单栏和工具栏

菜单栏和工具栏位于 Axure 的上部，主要用于整体设置及快捷设置。本节主要讲解菜单栏中笔者认为重要的或常用的功能，如新建、保存、导出和备份文件；设置视图；设置项目；设置页面和元件的布局；预览、生成和发布原型；使用帮助等。另外，也对工具栏中重要的或常用的功能进行了重点讲解。

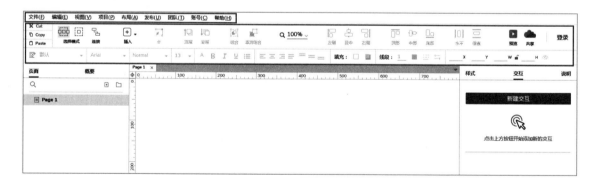

2.1.1　新建、保存、导出和备份文件

在"文件"菜单中有 4 个"新建"选项——"新建""新建元件库""新建团队项目""新建团队元件库"。

当选择"新建元件库"选项时，要注意保存后的文件名是以 .rplib 结尾的。在元件库区域，单击"+"后，可以导入自己制作的元件库。在设计原型时，如果有使用频率较高的自定义元件，那么建议自制成库，并且导入文件中备用。选择导入的元件库时，单击⋮按钮，可以选择"编辑元件库"或者"移除元件库"选项。

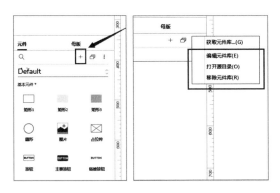

至于"新建团队项目"和"新建团队元件库"选项，按照软件要求的步骤，登录 Axure 云账号，新建项目文件夹名以及项目文件，创建即可。

另外，在 Axure 中，原型可以被导出为图片格式文件，如 PNG、JPG、GIF、Bitmap 等格式均可。

最后，在"文件"菜单中通过自动备份设置，能够保证用户的劳动成果，在一些不可预测的紧急状态下，不会蒸发得无影无踪。所以用户务必要勾选"启用备份"选项，备份间隔时间可以根据个人情况进行设置，但建议尽可能使间隔时间短一些。

2.1.2　设置视图

在"视图"菜单中，一般采用默认设置。也可根据个人需要，对某些配置进行修改。其中，日常使用会涉及的设置包括："网格设置""辅助线设置""元件对齐设置"等。

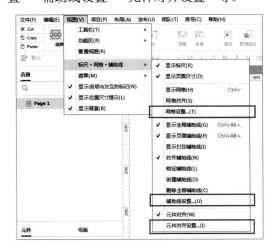

"网格"选项卡中包括"间距"、"样式"和"颜色"3个参数。默认的"间距"是"10像素","样式"是"交点","颜色"是蓝色。

默认的"网格设置"对应的内容，可以通过勾选"显示网格"选项进行查看。

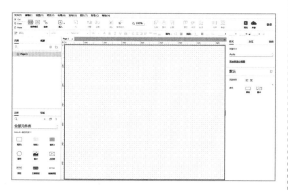

调整参数，将"间距"设置为30像素，"样式"设置为"线段","颜色"设置为橙色，修改后网格效果变化明显。

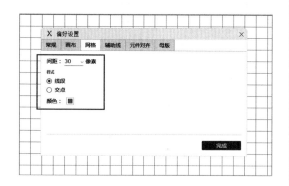

"辅助线"选项卡中包括"底层显示辅助线""始终在标尺中显示位置""全局辅助线颜色""页面辅助线颜色""页面尺寸辅助线颜色""打印辅助线颜色"等参数。

在设置之前，需要先了解各个选项的具体含义。

"底层显示辅助线"是指辅助线置于元件底层。

"始终在标尺中显示位置"是指在刻度尺上显示辅助线的水平或者垂直坐标值。

"全局辅助线"是指将一条辅助线拖入至A位置，那么所有页面的A位置上都会有这条辅助线。

"页面辅助线"是指当前页面的辅助线，与全局辅助线的区别在于，全局辅助线辐射所有页面，而页面辅助线仅在当前页中显示。

"页面尺寸辅助线"是指页面尺寸边界的辅助线。

"打印辅助线"是指打印边界的辅助线，类似 Excel 中打印预览时的打印辅助线。

勾选"底层显示辅助线"选项后，辅助线都置于矩形底层；勾选"始终在标尺中显示位置"选项后，水平刻度尺上显示两条辅助线的 X 坐标值；全局辅助线是紫红色，页面辅助线是天蓝色，页面尺寸辅助线是紫色的虚线，打印辅助线是灰色的实线，效果如下图所示。

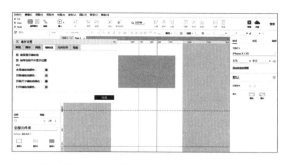

"元件对齐"选项卡中包括"边缘对齐"和"对齐辅助线颜色"两个参数。

拖入一个"矩形 1"，再拖入一个"矩形 2"，拖曳"矩形 2"时不要松开鼠标，使"矩形 2"靠近"矩形 1"，当两个矩形水平或者垂直对齐时，会显示红色的虚线。这条虚线的颜色即元件之间，对齐辅助线的颜色。因为没有勾选"边缘对齐"选项，所以默认是"无"，只有在两个元件零接触时才会显示出来，下图红框内显示的即边缘对齐。勾选"边缘对齐"选项后，"垂直"和"水平"均设置为 50 像素，对齐效果将发生变化。

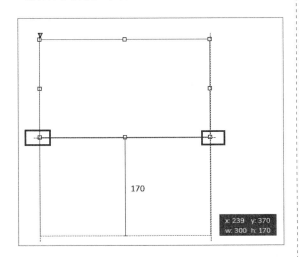

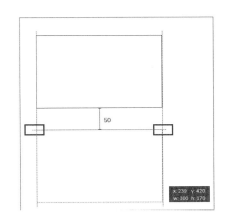

2.1.3　设置项目

"项目"菜单中的选项相对比较重要，包括"元件样式管理器""页面样式管理器""说明字段设置""全局变量""自适应视图"等选项。

"元件样式管理"对话框中都是系统默认的元件样式，可以进行增加、删除、修改、查找元件样式等操作。下图所示为新增的样式，其被命名为"我是新的样式"。

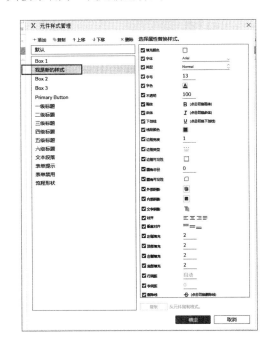

从元件库里拖入一个"矩形1",在"样式"面板中,可以为元件启用自定义的样式。

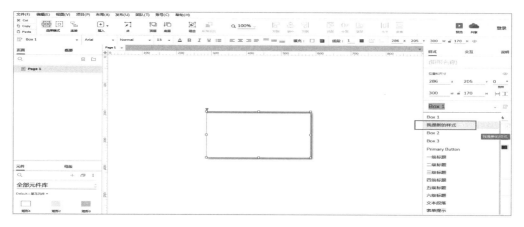

"页面样式管理"对话框中是系统默认的页面样式,支持增加、删除、修改、查找页面样式等操作,但只有一个样式时,样式是不可以删除的。下图红框内所示为默认的页面样式。

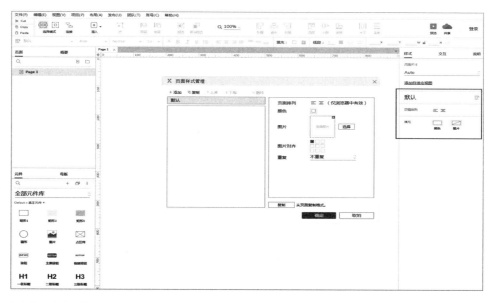

下图所示为新增的页面样式,将其命名为"我的新页面样式"。

单击"确定"按钮后，在页面样式中选择刚刚自定义的页面样式，效果如下图所示。

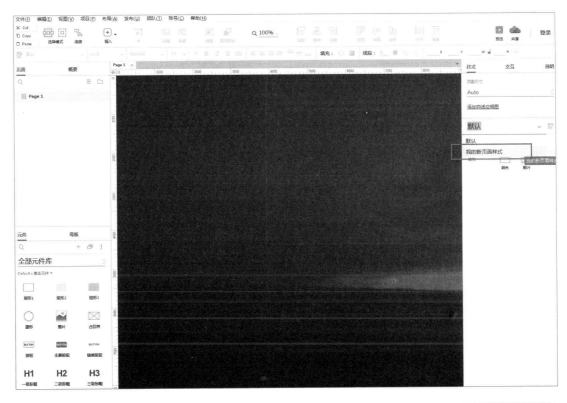

在"说明字段设置"对话框中，包含"编辑元件说明"、"编辑元件字段集"和"编辑页面说明"选项卡。

如果想要增加说明的类型，则可在原有基础上，新添加 3 种字段，并设置为不同的类型。切换到"编辑元件字段集"选项卡，新建一个字段集，然后将刚刚新建的字段都纳入其中。拖入"矩形 1"，在"说明"面板中添加的字段都显示出来了，表明这时可以对预设的字段添加说明了。

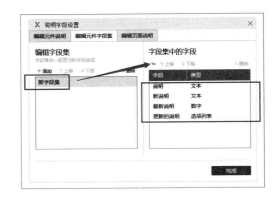

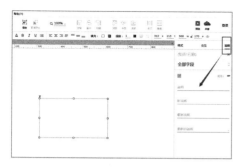

关于"编辑页面说明"选项卡，其操作与"编辑元件说明"选项卡一样，在"说明字段设置"对话框中新添加自定义页面字段，然后显示在"说明"面板中。

"全局变量"，其命名需要符合规范。这里要注意"全局"两个字，全局意味着包含所有页面。可以把它想象成一个背着空箱子的信差，把所有页面想象成各个收件人。你在这个箱子里赋予了什么值，就可以请信差背着这个值跑向其指定收件人处。全局变量的使用频率较高，是非常重要的配置。后面会在第 4 章的"锚点链接"案例中，重点讲解全局导航的用法。

"自适应视图"，根据预设的页面尺寸，可快速切换至不同的硬件规格上查看不同的页面布局。

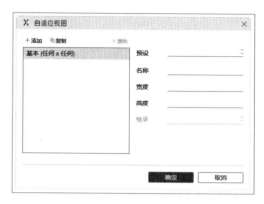

例如，笔者打算做一款产品的原型设计，但这款产品的业务形态包括 Web、iPad 和 iPhone，3 个载体的尺寸又各不相同，分成 3 个文件制作非常麻烦，因此可以采用自适应视图的方式来制作。

这里需要注意继承的问题。如下图所示，Landscape Tablet 是父视图，iPhone XR/XS Max、iPad 4 是子视图。子视图继承父视图中的内容。

在"样式"面板中，单击"添加自适应视图"按钮，选择刚刚新建的视图设置。

这里有一个"影响所有视图"选项，如果勾选该选项，那么在任意视图中，对元件做出的位置、尺寸、样式的变更都将会影响其他视图，导致所有视图"长得一样"；如果不勾选该选项，那么在每个视图中均可以设置相应尺寸下的样式。不过还得注意一点：如果不勾选该选项，仅仅是样式不同，那么文字、图片甚至交互，都还是一样的。

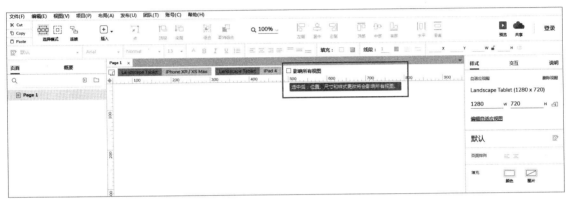

关于自适应视图，这里打个比喻来帮助大家理解。

第一，继承，可以理解为儿女（子视图）获得了父母（父视图）的遗传基因（内容是一样的），兄弟姐妹（子视图之间）是独立的。

第二，不勾选"影响所有视图"选项，则表明，虽然大家是一家人（存在继承关系），但还是有高矮胖瘦之分（样式不同）。儿女（子视图）长大了由不得父母（父视图），他们有很多父母不知道的秘密（子视图添加元件时，父视图不会添加），父母灌输给他们的话，儿女也左耳进右耳出了（父视图添加元件时，子视图也添加，但子视图可以将其删除而不影响父视图元件的存在），不过，他们的三观还是与父母保持一致的（文字、图片、交互等与父视图保持一致）。

第三，勾选了"影响所有视图"选项，则所有视图之间元件的位置、尺寸和样式的变化将会互相影响。

2.1.4　设置页面和元件的布局

在"布局"菜单中，包含"组合"与"取消组合"，"置于顶层"与"置于底层"，"上移一层"和"下移一层"，以及元件的对齐，元件的水平分布和垂直分布，锁定元件位置和尺寸，转换为母版和转换为动态面板等功能。在实际工作中，这些功能应用频率都非常高。在这个菜单中，笔者认为有必要注意"管理母版引发的事件"。

页面空白时，该选项显示的是灰色，不可操作。通过设置，我们一起了解并思考一下该配置的场景。

在"母版"面板中单击"⊞"按钮，将其命名为"管理母版触发事件"。

拖入 3 个矩形，分别输入文字"方法一"、"方法二"和"方法三"。将 3 个矩形分别命名为"one"、"two"和"three"。

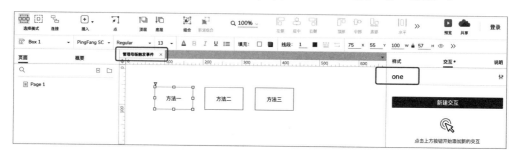

单击菜单栏中的"布局"，选择"管理母版引发的事件"选项，添加事件"one"、"two"和"three"。

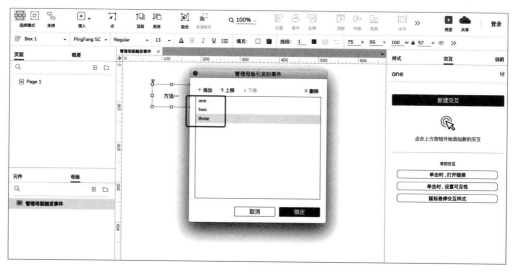

选中矩形 one，单击"新建交互"按钮，设置"单击时"，选择"引发事件"选项，勾选"one"选项。

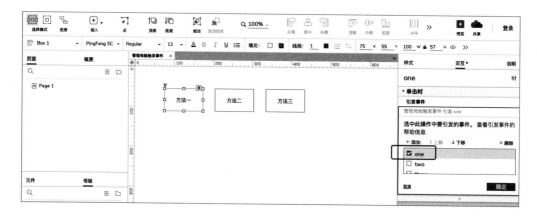

同理，在矩形 two、矩形 three 上分别设置"单击时引发事件 two"和"单击时引发事件 three"。

在该母版上单击鼠标右键，在弹出的快捷菜单中选择"添加到页面中"，将其添加到 Page1 中。

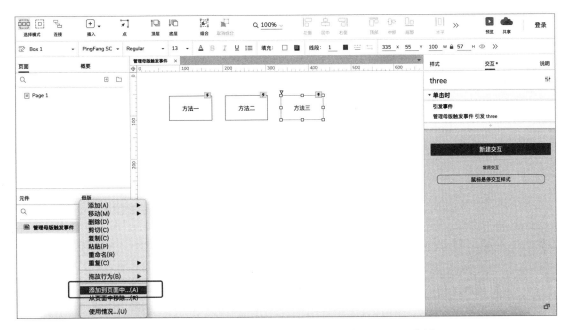

在 Page1 中拖入 3 个圆形，分别命名为"方法一""方法二"和"方法三"。

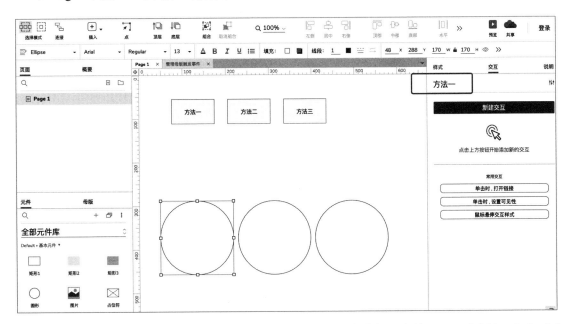

选中 Page1 中的"母版"，单击"新建交互"按钮，依次选择"方法一"、"方法二"和"方法三"，然后按照如下页图所示的方式进行设置。

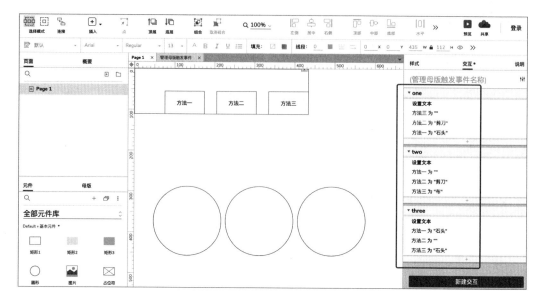

2.1.5　预览、生成和发布原型

"发布"菜单中的"预览选项""发布到 Axure 云"和"生成 HTML 文件"具有比较重要的功能。

"预览选项"对话框中的"浏览器"和"播放器"选项，可根据实际情况进行选择；单击"配置"按钮，对要预览的 HTML 的配置文件进行设置。

"发布到 Axure 云"，可以将当前原型文件上传到 Axure 官方的云上。在官方云端的文件，能够生成外网短链接，可以将链接发送给他人，共享查看原型内容。"生成 HTML 文件"，可以将当前原型文件发布到本地。

2.1.6　使用帮助

"帮助"菜单中值得关注的是"进入 Axure 论坛""管理授权""检查更新"等选项。

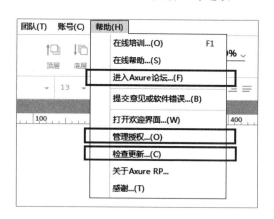

选择"进入 Axure 论坛"选项，可直接打开官方论坛。如果用户英文水平较高，可以多浏览官方论坛，汲取更多相关知识。

选择"管理授权"选项，可输入有效的授权码，以获得正版支持。

选择"检查更新"选项，手动检查软件是否为最新版本。

2.1.7　了解工具栏

在菜单栏下方，工具栏占据了很重要的位置。工具栏中的部分选项设置与菜单栏相同，如"元件对齐"等。这里笔者选择重要的但容易被忽视的工具进行讲解。

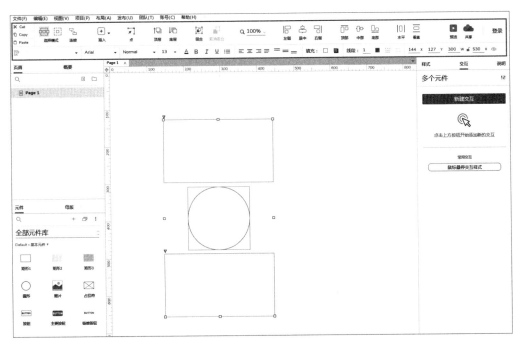

在"选择模式"中，有"相交选中"和"包含选中"两种选择模式。在"相交选中"模式下，只要鼠标拖曳出的选择框触及了元件，就可以选中该元件。

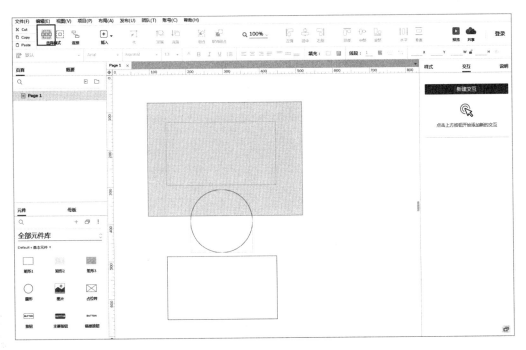

在"包含选中"模式下，只有鼠标拖曳出的选择框完全框选了元件，才可以选中该元件。

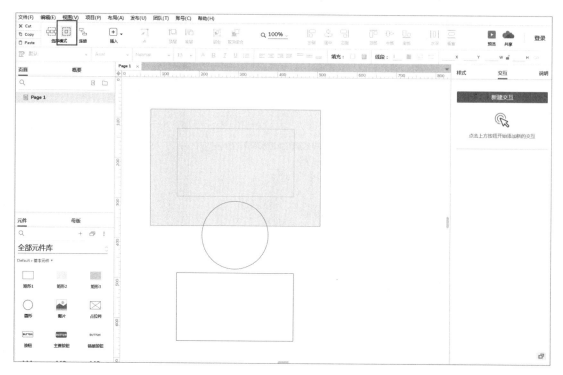

当需要将元件与元件相连接时，可以选择"连接"模式。在"连接"模式下，当鼠标指针移入元件内时，元件的 4 条边上会出现连接点，选择好连接点后按住鼠标左键可将连接线接入另一个元件的连接点上。

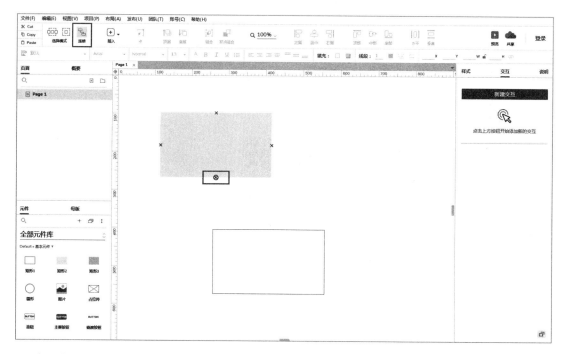

在"插入"下拉列表中包括"绘画""矩形""圆形""线段""文本""图片""形状"等元件。

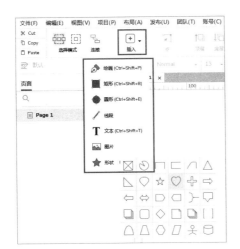

对于点的使用，需要拖入如"矩形""圆形"等元件配合操作。例如，选中"矩形"后，单击"点"，将鼠标指针移入矩形的边，可以添加点。

对于已添加的点，选中该点，单击鼠标右键，系统将提供"曲线""折线""删除"等操作。通过设置曲线或折线，可将矩形设计为你想要的样子。

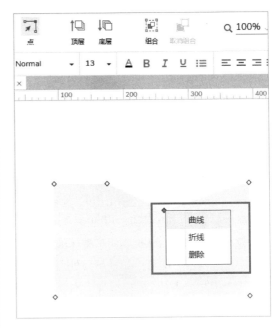

编辑区域通过放大镜进行放大或缩小显示，默认的显示比例是"100%"。将显示比例调整为"50%"时，可以观察矩形的变化。

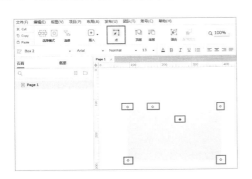

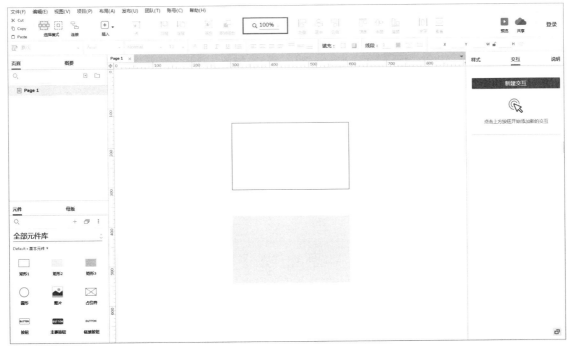

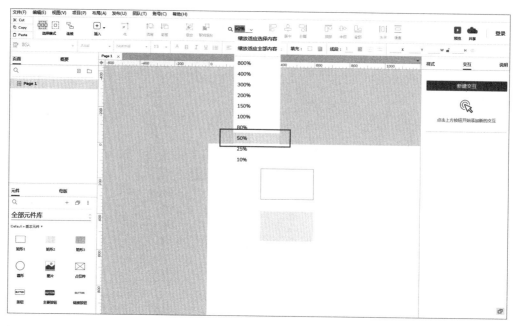

这里要注意：如果想要的是整体编辑区域放大或缩小的效果，那么选择相应的百分比或者"缩放适应全部内容"即可；如果想要处理细节，那么建议选择"缩放适应选择内容"。如下图所示，笔者选中"矩形 1"之后，选择"缩放适应选择内容"，编辑区域中的"矩形 1"被放大，非常便于调整微小的细节。

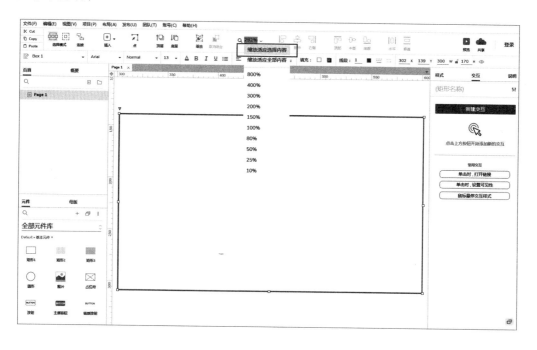

2.2　页面和概要

"页面"位于 Axure 界面的左上角，主要用于页面管理和页面架构的设置。"概要"和"页面"

位于 Axure 界面的同一个位置，通过切换操作可以显示不同的两个区域。"概要"区域主要显示已选中页面的所有元件。

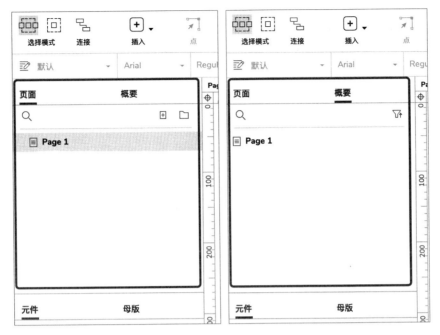

在"页面"区域，可以增、删、改、查页面，可以新建文件夹，将页面拖入文件夹进行归类。同时，可以将页面类型转换成流程图，icon 随之变化，方便管理。

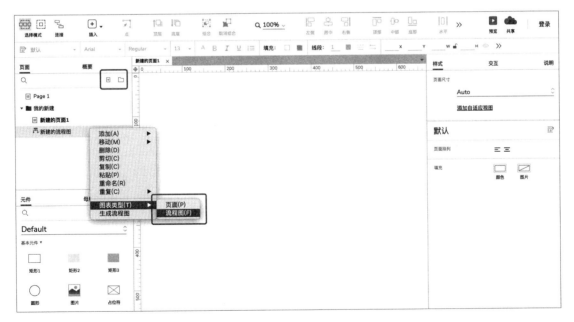

还可以将页面生成流程图，成为流程图中的一个节点。

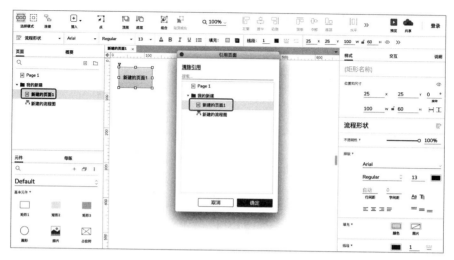

　　"概要"则是对选中页面中的元件进行概览。如下图所示，在"新建的页面1"中，拖入了"矩形""圆形"和"占位符"。

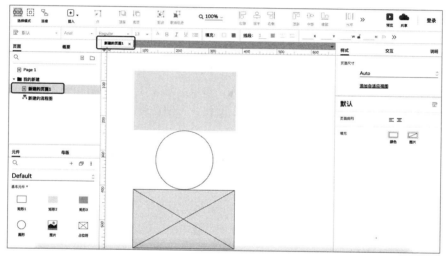

　　这时切换到"概要"，显示的即为该页面中的各元件。

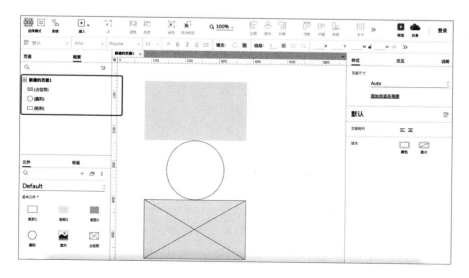

在"概要"区域还可以利用排序与筛选功能对其下面的页面元件进行操作。

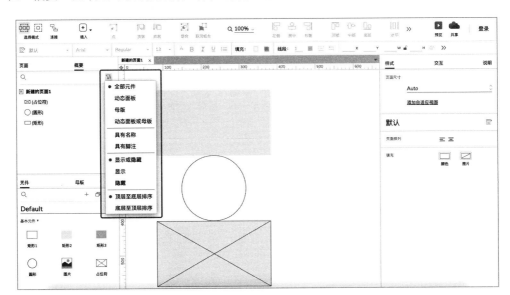

2.3　元件和母版

"元件"区域位于 Axure 的左下角。元件是构成原型的主要元素，是学习制作原型的基础。因此元件的学习和应用非常重要，希望读者通过本节的学习可以熟悉各种类型的元件。Axure 提供的元件类型包括"基本元件""表单元件""菜单｜表格""标记元件""流程元件""icon 元件"等。

"母版"与"元件"位于 Axure 界面的同一个位置，通过切换操作可以显示不同的两个区域。"母版"主要用于解决页面元素复用的问题，方便管理。通过在母版中新建元件，并调整元件样式，再将母版拖入不同的页面，即可在不同的页面中显示相同的元件及元件样式。如果需要对母版中的元件或元件样式进行修改，则不用进入每个页面逐一修改，只需进入母版中调整即可。

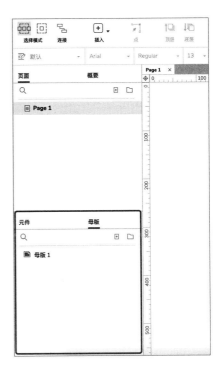

2.3.1 基本元件的操作

"矩形"和"圆形"是最基本的元件，通过对样式、开放路径进行设置，用户可以获得想要的样式效果。

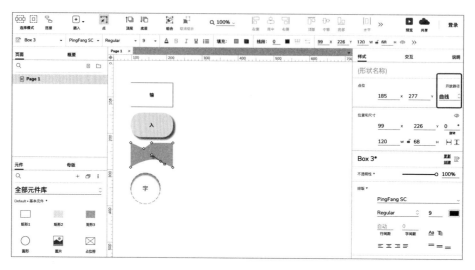

"图片"支持切割和裁剪。如果是 SVG 图片，则还可以将其转变为形状。

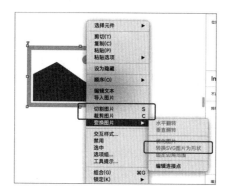

所谓"占位符"，顾名思义，就是在未考虑好内容的区域或进行粗略设计时，起展示、示意作用的元件。

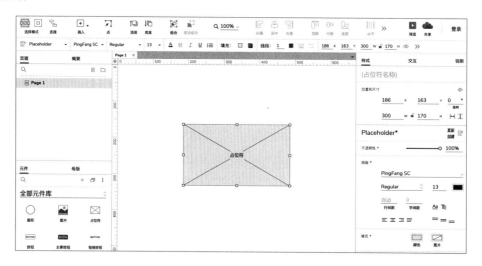

用户如果对系统默认的"按钮"样式不满意，则可以进行预设。

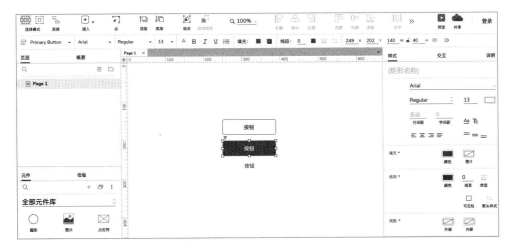

预设的"一级标题"、"二级标题"和"三级标题"能够满足一般文字设置的需求。

"文本标签"和"文本段落"主要用于文字的编辑。

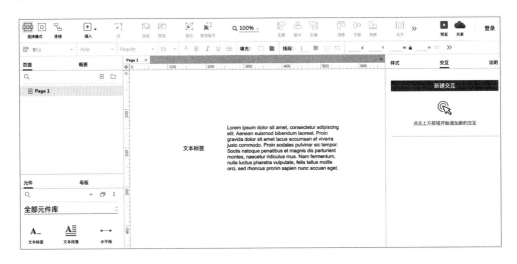

"水平线"和"垂直线"可以根据实际需要调整为虚线、带箭头等不同样式。

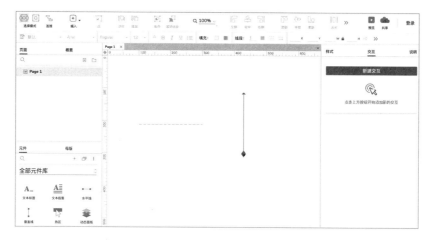

　　下面，笔者最钟爱的"热区"登场。"热区"，笔者称其为万能补丁，它既可以作为前置条件的约束件，也可以作为元件交互的救星。例如，当我们截图后想要实现截图中某个按钮的交互时，"热区"就派上大用场了。

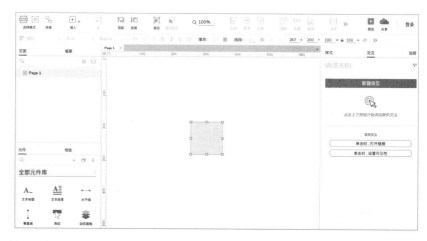

　　"动态面板"也是笔者喜爱的元件之一，而且是需要掌握的元件中的重中之重。它常用于表达业务状态，其交互、预设条件等，在原型设计中，常常起着非常关键的作用。

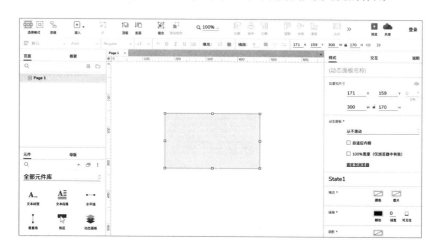

"内联框架"可以连接到一个当前原型中的页面，也可以导入视频或地图。

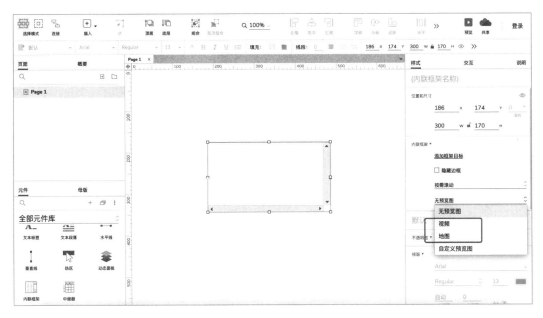

"中继器"，可以把它当作一个数据容器，它常用于批量操作或高级交互。这是一个难点，其应用场景在于商品展示、列表管理等。

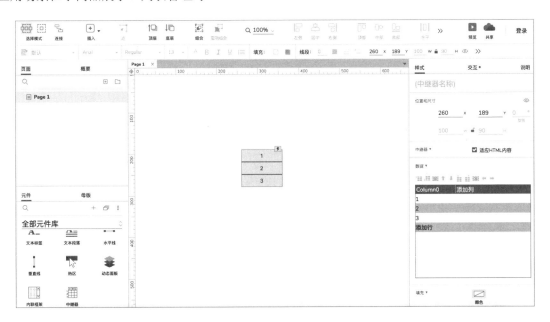

2.3.2　表单元件的操作

"文本框"和"文本域"可以用于输入提示文字。其中，"文本框"支持包含文本、密码、数字、电话等多种格式的输入。

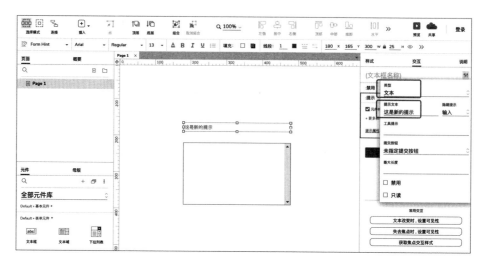

"下拉列表"和"列表框"支持多个选项同时输入,它的交互"选项改变时"的用例使用较多,例如省—市—区,设置多个"下拉列表"的联动。

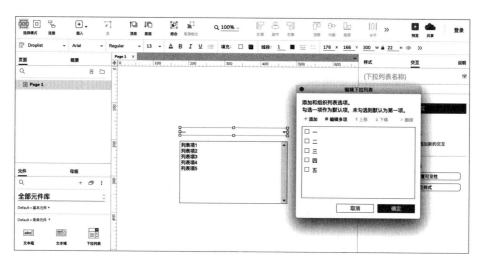

"复选框"和"单选按钮"用于对选项的选择。其中,对于"单选按钮"要注意:将其进行唯一性编组。这一点非常重要,否则无法体现单选的效果。

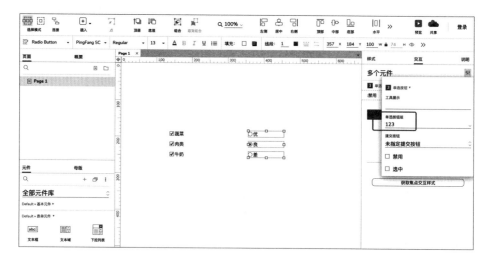

2.3.3　菜单和表单元件的操作

"树"常用来表示后台或具有级联关系的业务，注意结合属性、交互使用。

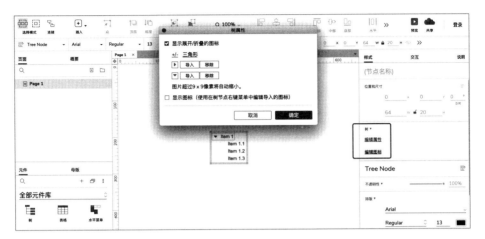

"表格"需要根据具体业务来使用，很多时候不太方便设置交互。所以，笔者通常使用"矩形"搭建表格。

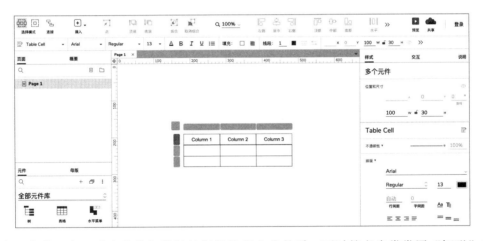

"水平菜单"和"垂直菜单"能够较好地诠释主从关系，不过笔者也常常用"矩形"来制作这种形态，因为使用"矩形"来制作便于设置交互。

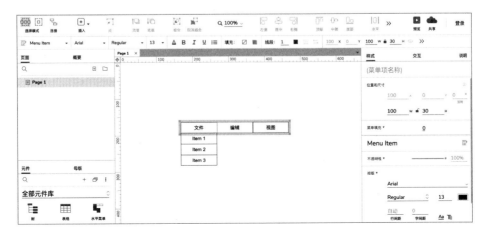

2.3.4 标记元件的操作

"快照"可以用来构建页面流程图、信息架构图等重要输出。

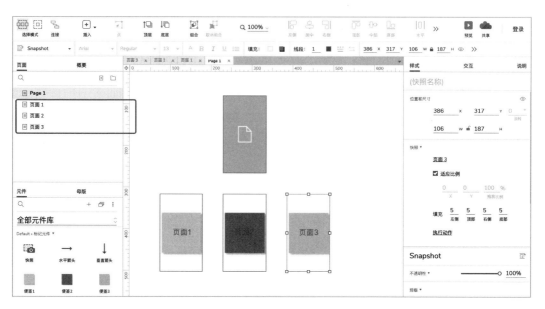

"便签"类似于便利贴，方便用户在庞杂的元件中做出显眼的备注。

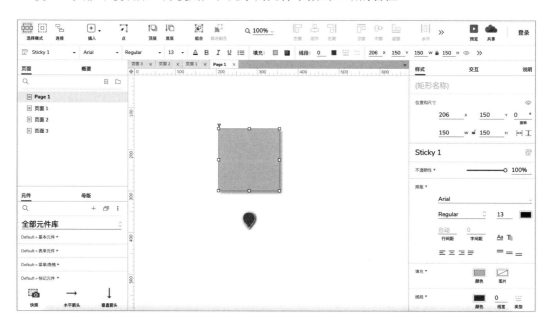

2.3.5 流程元件的操作

流程元件通过连接、线型和箭头的设置等，可以快速完成流程图。

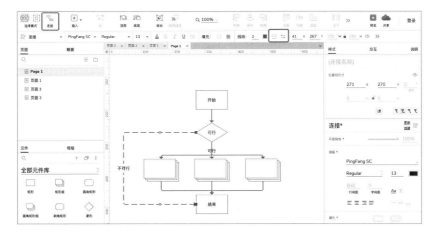

例如，拖入"矩形""矩形组""菱形"等元件，按照下图的方式设置，每个元件的间距设置为 50 个单位。

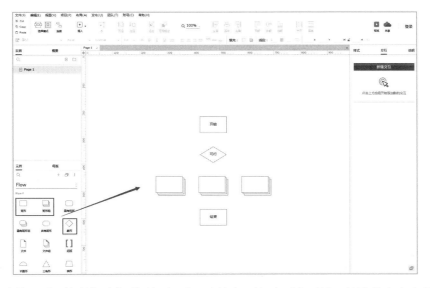

单击"连接"后，将鼠标光标移到"矩形"元件上。这时，"矩形"4 条边的中点上呈现连接点。

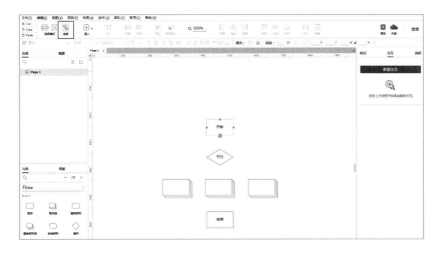

　　单击连接点，按住鼠标左键，拖曳至另一个元件的连接点，松开鼠标后，两个元件通过线段获得了连接。通过单击箭头设置按钮⇆，选择箭头的方向以及样式。

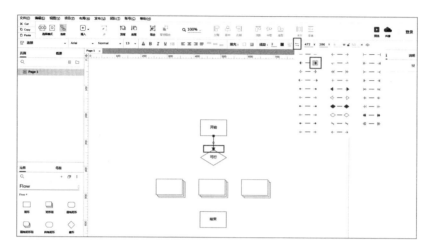

　　通过拖曳线段中的正方形节点，调整线段的位置。同时，双击这种正方形节点，还可以输入文字。最后，通过单击线段类型按钮▤，选择所需的线段样式。

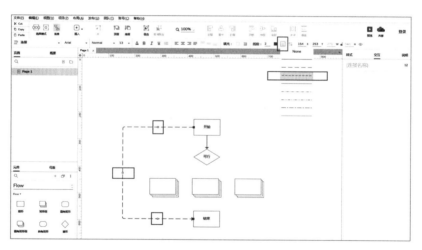

　　最后完成的流程图如下图所示。

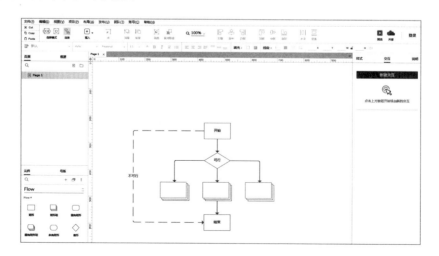

2.3.6　icon元件的操作

Axure 提供的 icon 已经转换成元件，可以进行样式设置，例如改变填充色等。

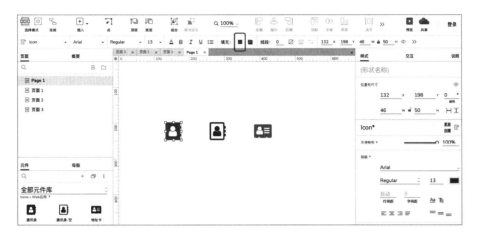

2.3.7　母版的使用

可以把母版想象成模板。将设置好的母版拖放至其他页面，那么这些页面中都会显示母版中的内容。

例如，新建一个母版，将其命名为"母版 1"，并且在该母版中拖入"矩形 1"，坐标为（0,0）、尺寸为 375×50。同时，新增"页面 1"和"页面 2"。

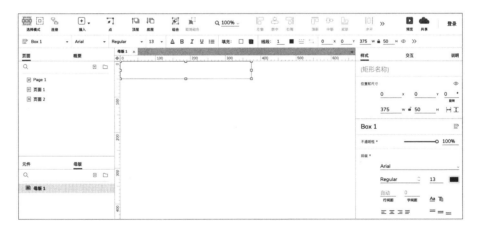

在"母版 1"上单击鼠标右键，在弹出的快捷菜单中选择"添加到页面中"。

全选 3 个页面，如果不调整母版内的元件位置，那么采用默认设置即可。如果需要调整，则选择"指定新的位置"。

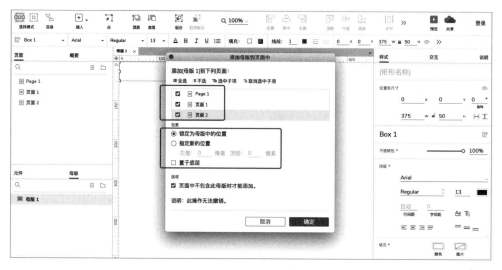

这样，在 3 个页面中都可以看到该母版中的矩形，而且被锁定了位置，不可移动。当然，如果想让某个页面中的矩形恢复为页面中的元件，那么可以在页面中的母版区域单击鼠标右键，在弹出的快捷菜单中选择"脱离母版"。

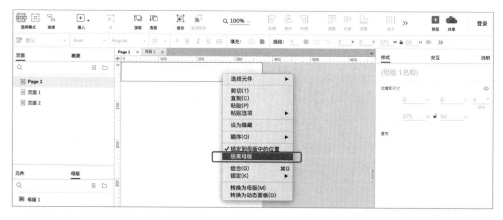

如果要删除母版，则必须要将其从所有页面中删除。否则，系统会显示"以下母版正在使用不能删除"。

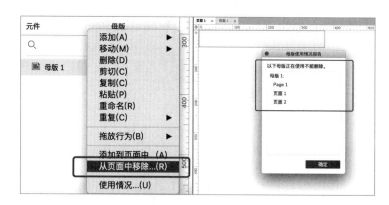

　　母版非常实用，如果原型中有某个模块内容，在所有页面或者大多数页面中都存在，例如网站中的顶部导航栏，那么毋庸置疑，直接使用母版。

2.4　编辑区域

　　编辑区域位于 Axure 界面的中心位置，主要用于制作原型。

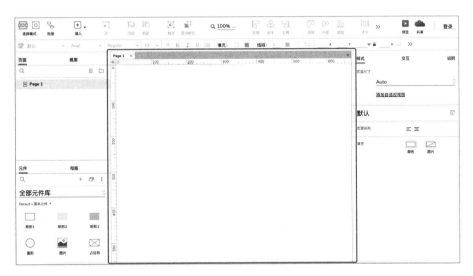

　　该区域上方会显示打开的页面。同时，单击上方右侧的三角按钮时，可选择"关闭当前标签""关闭全部标签"和"关闭其他标签"，也可以选择某个打开的页面。

　　编辑区域重要的选项之一便是"标尺·网格·辅助线"，其为制作优秀原型提供了更好的条件。

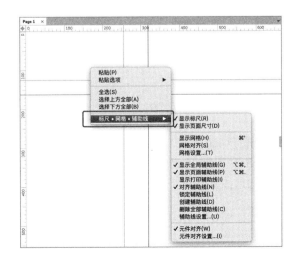

另外，当取消编辑区域内的选中操作时，可设置的交互是关于页面的交互，这一点很重要。初学者经常会犯的错误就是往往找不到在哪里设置"页面载入时"。

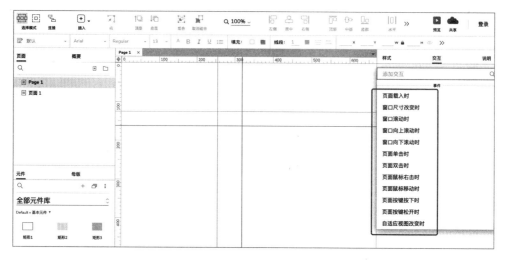

在 Axure RP9 版本中，编辑区域出现了负值区域，这使得用惯之前版本的用户感到别扭。不过负值区域方便了如侧边滑动、顶部滑动等的元素设置，而且官方提供了一键返回坐标原点的按钮。

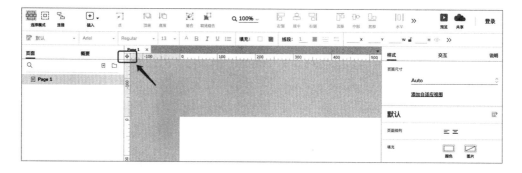

2.5 样式、交互和说明

"样式"、"交互"和"说明"位于 Axure 界面的右上角，主要用于设置页面/元件的样式、页面/元件的交互以及页面/元件的说明。可以从两方面来认识该区域：页面的样式、交互和说明，以及元件的样式、交互和说明。

在"样式"面板中，可以设置"页面尺寸"、添加自适应视图，选择预设的页面样式，以及设置页面的排列、页面的填充颜色或图案。

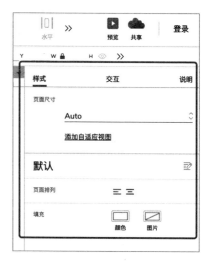

页面尺寸可以根据制作的原型进行选择，

例如下图中选择的是 iPhone 8，那么编辑区域的画布，即为 iPhone 8 的屏幕尺寸。

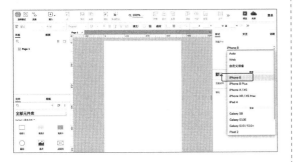

在"交互"面板中，用户可以根据实际需要选择交互事件。

在"说明"面板中可以编辑页面说明以及元件说明，该部分的内容与菜单栏区域中"项目"下的"说明"字段设置有密切联系。

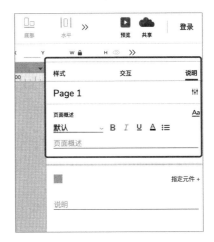

任意拖入某个元件，选中该元件，查看元件的样式。元件样式一般包括"位置和尺寸""不透明度""排版""填充""线段""阴影""圆角""边距"等。除了"位置和尺寸"，可以利用菜单栏的"项目"下的"元件样式管理器"中的预设样式来设置其他元件样式。一般元件样式的设置，在工具栏中会有所体现。

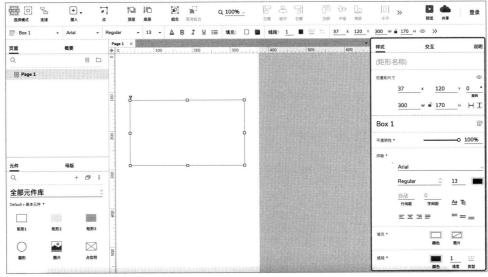

当然，部分元件有自身特殊的样式，如"动态面板""内联框架""中继器""复选框""单选按钮""树""水平菜单""垂直菜单"等。

元件的交互，是学习 Axure 的重点之一。这里需要注意的是元件名称右侧的按钮，当需要对众多元件进行编组时，一定要在选项组中输入该原型文件的唯一性字符，其他选项需要根据实际情况进行设置。

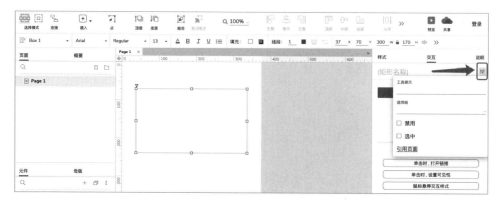

下图所示为大部分元件会有的交互事件，但部分元件也会有自身特殊的交互事件，例如"动态面板"，这在后面的交互内容中会重点介绍。

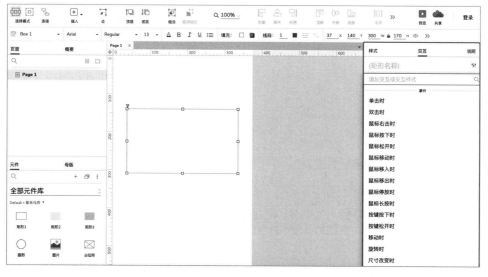

元件的说明与页面的说明相似，如果有需要，则应对选中元件做出重点说明。

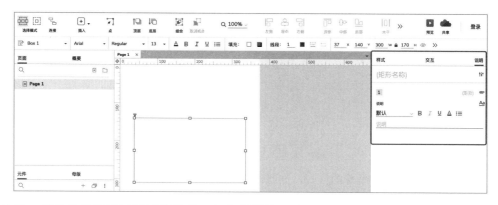

注意：元件的说明以及页面的说明，在菜单栏的"项目"下的"说明"字段设置中是可以更改预设的。这样，前后内容便可以串起来理解了。

2.6　交互设置

交互设置，是原型能够"动起来"的关键操作。交互设置包括事件（页面事件、元件事件）和交互样式（元件交互样式）。

如果用一句话来描述交互设置，那么事件／交互样式的内容就是整个句子的前半句。例如，"鼠标单击时"（事件）——这是前半句，显示（动作）A（元件）——这是后半句。再如，"鼠标悬停时"（交互样式）——这是前半句，A（元件）的填充色变为（动作）红色。

简单来说，一般的交互设置 = 事件 + 动作 + 元件。当然，还有特殊情况，即分为多种情形，需要加判断条件时，前置条件需要输入，那么特殊情况下的交互设置 = 情形 + 事件 + 动作 + 元件。

用户在设置交互时，可以默念："当操作元件／操作页面时，那么 ×× 元件，发生了什么变化。"例如，"当鼠标单击时，那么显示矩形元件""当页面载入时，那么显示矩形元件"。

"矩形"是基础的、常用的元件，因此在下面进行案例的时候，笔者选择使用"矩形"进行讲解演示。

2.6.1　事件

事件分为页面事件和元件事件。页面事件是在取消选中任何一个元件的前提下，单击"新建交互"按钮进行的设置；元件事件是在选中任何一个元件的前提下，单击"新建交互"按钮进行的设置。

1. 页面事件

拖入"矩形 1"，将其命名为"a"。不选中矩形，单击"新建交互"按钮，选择"页面载入时"，设置矩形 a 的内容为"1"。

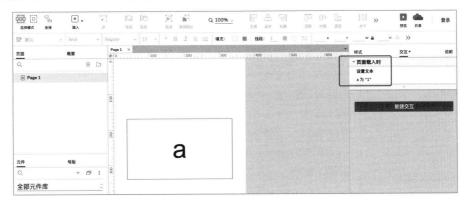

按照同样的方法，依照下表，设置其他事件。例如，拖入"矩形 1"，将其命名为"a"，单击"新建交互"按钮，设置"当窗口尺寸改变时，设置文本到矩形 a 的内容为 2"。

窗口尺寸改变时	当窗口尺寸改变时，设置文本到矩形 a 的内容为 2
窗口滚动时	当窗口滚动时，设置文本到矩形 a 的内容为 3
窗口向上滚动时	当窗口向上滚动时，设置文本到矩形 a 的内容为 4
窗口向下滚动时	当窗口向下滚动时，设置文本到矩形 a 的内容为 5
页面鼠标单击时	当页面鼠标单击时，设置文本到矩形 a 的内容为 6
页面鼠标双击时	当页面鼠标双击时，设置文本到矩形 a 的内容为 7
页面鼠标右击时	当页面鼠标右击时，设置文本到矩形 a 的内容为 8
页面鼠标移动时	当页面鼠标移动时，设置文本到矩形 a 的内容为 9
页面按键按下时	当页面按键按下时，设置文本到矩形 a 的内容为 10
页面按键松开时	当页面按键松开时，设置文本到矩形 a 的内容为 11
自适应视图改变时	当自适应视图改变时，设置文本到矩形 a 的内容为 12

2. 元件事件

拖入"矩形 1",将其命名为"a"。选中矩形 a,单击"新建交互"按钮,选择"单击时",设置当前元件的内容为"13"——因为已选中矩形 a,所以矩形 a 即为当前元件。

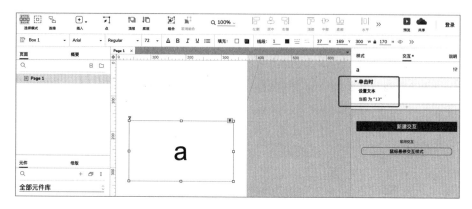

按照同样的方法,依照下表,设置其他事件。例如,拖入"矩形 1",将其命名为"a"。选中矩形 a,单击"新建交互"按钮,设置"当鼠标移入时,设置文本到矩形 a 的内容为 14"。

鼠标移入时	当鼠标移入时,设置文本到矩形 a 的内容为 14
鼠标移出时	当鼠标移出时,设置文本到矩形 a 的内容为 15
鼠标双击时	当鼠标双击时,设置文本到矩形 a 的内容为 16
鼠标右击时	当鼠标右击时,设置文本到矩形 a 的内容为 17
鼠标按下时	当鼠标按下时,设置文本到矩形 a 的内容为 18
鼠标松开时	当鼠标松开时,设置文本到矩形 a 的内容为 19
鼠标移动时	当鼠标移动时,设置文本到矩形 a 的内容为 20
鼠标停放时	当鼠标停放时,设置文本到矩形 a 的内容为 21
鼠标长按时	当鼠标长按时,设置文本到矩形 a 的内容为 22
按键按下时	当鼠标按下时,设置文本到矩形 a 的内容为 23
按键松开时	当鼠标松开时,设置文本到矩形 a 的内容为 24
移动时	当矩形 a 移动时,设置文本到矩形 a 的内容为 25
旋转时	当矩形 a 旋转时,设置文本到矩形 a 的内容为 26
尺寸改变时	当矩形 a 尺寸改变时,设置文本到矩形 a 的内容为 27
显示时	当矩形 a 显示时,设置文本到矩形 a 的内容为 28
隐藏时	当矩形 a 隐藏时,设置文本到矩形 a 的内容为 29
获取焦点时	当矩形 a 获取焦点时,设置文本到矩形 a 的内容为 30
失去焦点时	当矩形 a 失去焦点时,设置文本到矩形 a 的内容为 31
选中状态改变时	当矩形 a 的选中状态改变时(选→不选或不选→选的状态变化时),设置文本到矩形 a 的内容为 32
选中时	当矩形 a 被选中时,设置文本到矩形 a 的内容为 33
取消选中时	当矩形 a 被取消选中时,设置文本到矩形的内容为 34
载入时	当矩形 a 载入时,设置文本到矩形 a 的内容为 35

另外,有"文本框"的特殊事件,以某文本框为例。在上述矩形 a 设置在编辑区域内的基础上,拖入"文本框"。选中该文本框,单击"新建交互"按钮,设置"当该文本框内的文本改变时,设置文本到矩形 a 的内容为 36"。

文本改变时	当该文本框内的文本改变时，设置文本到矩形 a 的内容为 36

有"下拉列表"的特殊事件，以某下拉列表为例。在上述矩形 a 设置在编辑区域内的基础上，拖入"下拉列表"。选中该下拉列表，单击"新建交互"按钮，设置"当该下拉列表的选项改变时，设置文本到矩形 a 的内容为 37"。

选项改变时	当该下拉列表的选项改变时，设置文本到矩形 a 的内容为 37

有"动态面板"的特殊事件，以某动态面板为例。在上述矩形 a 设置在编辑区域内的基础上，拖入"动态面板"，新增多个状态。选中该动态面板，单击"新建交互"按钮，设置"当该动态面板的状态改变时，设置文本到矩形 a 的内容为 38"。

状态改变时	当该动态面板的状态改变时，设置文本到矩形 a 的内容为 38
拖动开始时	当开始拖动动态面板时，设置文本到矩形 a 的内容为 39
拖动时	当拖动动态面板时，设置文本到矩形 a 的内容为 40
拖动结束时	当结束拖动动态面板时，设置文本到矩形 a 的内容为 41
向左拖动结束时	当向左拖动动态面板结束时，设置文本到矩形 a 的内容为 42
向右拖动结束时	当向右拖动动态面板结束时，设置文本到矩形 a 的内容为 43
向上拖动结束时	当向上拖动动态面板结束时，设置文本到矩形 a 的内容为 44
向下拖动结束时	当向下拖动动态面板结束时，设置文本到矩形 a 的内容为 45
滚动时	当动态面板滚动时，设置文本到矩形 a 的内容为 46
向上滚动时	当向上滚动动态面板时，设置文本到矩形 a 的内容为 47
向下滚动时	当向下滚动动态面板时，设置文本到矩形 a 的内容为 48

有"中继器"的特殊事件，以某中继器为例。在上述矩形 a 设置在编辑区域内的基础上，拖入"中继器"。选中该中继器，单击"新建交互"按钮，设置"当每次加载中继器的项时，设置文本到矩形 a 的内容为 49"。

每项加载时	当每次加载中继器的项时，设置文本到矩形 a 的内容为 49
项目调整尺寸时	当中继器的尺寸调整时，设置文本到矩形 a 的内容为 50

2.6.2　交互样式

元件可以用于设置交互样式。在制作高保真原型时，交互样式的设置频次还是比较高的。拖入"矩形 1"，单击"新建交互"按钮，选择"鼠标悬停"。

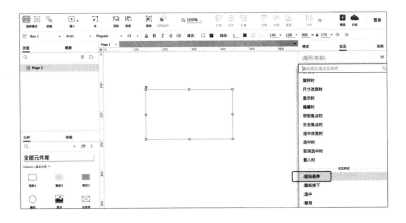

勾选"填充颜色"和"字色"复选框，分别设置为桃红色和白色。在预览时，鼠标光标悬停在矩形上时，该矩形的填充色就是桃红色，字体颜色是白色。

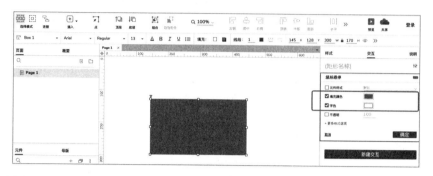

按照同样的方法，依照下表，设置其他交互样式。

鼠标按下时	设置"填充颜色"为蓝色，"字色"为白色
选中时	设置"不透明度"值为 50%
禁用时	设置"字色"为灰色
获取焦点时	设置"填充颜色"为黄色

这里有一个小技巧，在设置元件交互样式时，可以选择"多个元件"，统一设置它们的交互样式。

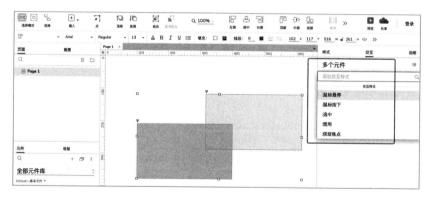

无论是在事件中，还是在交互样式中，某个事件 / 交互样式一旦被设置过，就会灰化，不可再次选择，这为 Axure 的使用者能够快速分辨出已设置过的事件 / 交互样式提供了极大的便利。

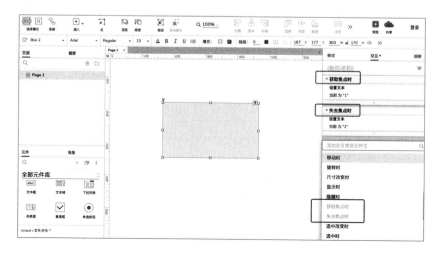

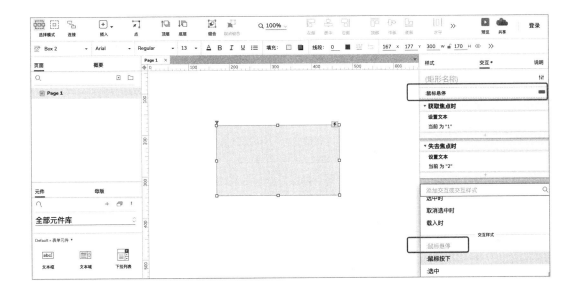

2.7　动作设置

在选择了事件 / 交互样式之后，需要进一步选择动作，以逐步完成交互设置。动作分为链接动作、元件动作、中继器动作、其他动作等。下图所示为动作的设置，我们可以看到各种类型的动作都有明确的归类划分。

用。当然，跳转的页面可以是原型内的某个页面，也可以设置一个有效域名，跳转到原型外的某个网站页面。下表为各种链接动作的详细说明。

打开链接	当前窗口	在当前页面中打开目标页面
	新窗口 / 新标签	在新窗口中打开目标页面
	弹出窗口	以弹窗的方式打开目标页面
	父级窗口	在当前窗口的上一级窗口中打开目标页面
关闭窗口		关闭当前窗口
在框架中打开链接	内联框架	在内联框架中打开目标页面
	父级框架	在内联框架中，将父级的框架页面打开为目标页面
滚动到元件		添加锚点，设置交互动作后，直接滚动到目标元件

2.7.2　元件动作

"鼠标单击时"是原型设计中相对基础、使用频次较高的元件事件，再配合基础的矩形元件，方便笔者对下表中的元件动作进行讲解，也方便读者理解元件动作。读者在理解元件动作之后，完全可以根据自己的想法，设置其他事件和元件，完成各式各样的交互设置。下表为各种元件动作的操作说明。

2.7.1　链接动作

链接动作主要起到链接、跳转页面的作

显示 / 隐藏 / 可见性	拖入 "矩形 1"，将其命名为 a。选中矩形 a，鼠标单击时，显示某元件及设置显示时的属性 / 隐藏某元件及设置隐藏时的属性 / 切换某元件的可见性及设置切换时的属性
设置面板状态	拖入 "矩形 1"，将其命名为 a。选中矩形 a，鼠标单击时，设置目标动态面板的状态及动态面板的属性
设置文本	拖入 "矩形 1"，将其命名为 a。选中矩形 a，鼠标单击时，设置目标文本的内容及属性
设置图片	拖入 "矩形 1"，将其命名为 a。选中矩形 a，鼠标单击时，设置目标图片元件的图片及属性
选中 / 取消选中 / 切换选中	拖入 "矩形 1"，将其命名为 a。选中矩形 a，鼠标单击时，选中目标元件（配合元件的 "交互样式" 设置中的 "选中" 使用）/ 取消选中目标元件 / 切换选中目标元件
设置列表选中项	拖入 "矩形 1"，将其命名为 a。选中矩形 a，鼠标单击时，设置目标列表项的内容（配合下拉列表或列表框使用）
启用 / 禁用	拖入 "矩形 1"，将其命名为 a。选中矩形 a，鼠标单击时，启用目标元件 / 禁用目标元件
移动	拖入 "矩形 1"，将其命名为 a。选中矩形 a，鼠标单击时，移动目标元件及设置移动属性
旋转	拖入 "矩形 1"，将其命名为 a。选中矩形 a，鼠标单击时，旋转目标元件及设置旋转属性
设置尺寸	拖入 "矩形 1"，将其命名为 a。选中矩形 a，鼠标单击时，设置目标元件尺寸及设置尺寸属性
置于顶层 / 底层	拖入 "矩形 1"，将其命名为 a。选中矩形 a，鼠标单击时，将目标元件置顶 / 将目标元件置于底层
设置不透明	拖入 "矩形 1"，将其命名为 a。选中矩形 a，鼠标单击时，设置目标元件的不透明度及不透明属性
获取焦点	拖入 "矩形 1"，将其命名为 a。选中矩形 a，鼠标单击时，将鼠标焦点集中在目标元件
展开 / 收起树节点	拖入 "矩形 1"，将其命名为 a。选中矩形 a，鼠标单击时，展开目标元件（配合树状菜单使用）/ 折叠目标元件（配合树状菜单使用）

2.7.3 中继器动作

下面表格以 "鼠标单击时 + 矩形" 为例说明各种中继器动作的设置操作。

添加排序	拖入 "矩形 1"，将其命名为 a。选中矩形 a，鼠标单击时，为中继器的项添加排序及设置排序属性
移除排序	拖入 "矩形 1"，将其命名为 a。选中矩形 a，鼠标单击时，移除中继器的项的排序及设置排序属性
添加筛选	拖入 "矩形 1"，将其命名为 a。选中矩形 a，鼠标单击时，为中继器的项添加筛选及设置筛选属性
移除筛选	拖入 "矩形 1"，将其命名为 a。选中矩形 a，鼠标单击时，移除中继器的项的筛选及设置筛选属性
设置当前显示页面	拖入 "矩形 1"，将其命名为 a。选中矩形 a，鼠标单击时，设置中继器当前显示的页面及属性
设置每页项目数量	拖入 "矩形 1"，将其命名为 a。选中矩形 a，鼠标单击时，设置中继器每页显示的项的数量及属性
添加行	拖入 "矩形 1"，将其命名为 a。选中矩形 a，鼠标单击时，为中继器添加目标项
标记行	拖入 "矩形 1"，将其命名为 a。选中矩形 a，鼠标单击时，为中继器标记目标项
取消标记	拖入 "矩形 1"，将其命名为 a。选中矩形 a，鼠标单击时，取消中继器已标记的项
更新行	拖入 "矩形 1"，将其命名为 a。选中矩形 a，鼠标单击时，更新中继器的项
删除行	拖入 "矩形 1"，将其命名为 a。选中矩形 a，鼠标单击时，为中继器删除目标项

2.7.4 其他动作

下面表格以 "鼠标单击时 + 矩形" 为例说明其他动作的设置操作。

设置自适应视图	拖入 "矩形 1"，将其命名为 a。选中矩形 a，鼠标单击时，选择自适应视图
设置变量值	拖入 "矩形 1"，将其命名为 a。选中矩形 a，鼠标单击时，设置变量值为 X
等待	拖入 "矩形 1"，将其命名为 a。选中矩形 a，鼠标单击时，设置等待时间，常配合其他交互动作使用
其他	拖入 "矩形 1"，将其命名为 a。选中矩形 a，鼠标单击时，设置其他的内容，当激活用例时弹出 alert
触发事件	拖入 "矩形 1"，将其命名为 a。选中矩形 a，鼠标单击时，触发其他元件的交互动作以激活用例，形如 "暗道机关"

2.8 条件设置

条件设置可以理解为交互设置的前置要求（或情形），通常描述为"如果 ××，那么将会 ××""如果 ××，那么将会 ××，否则将会 ××"。

举例来讲，"如果文本框的数字为 0，那么矩形的值为 1"；"如果文本框的数字为 0，那么 矩形的值为 1，否则矩形的值为 0"。（当文本框的数字不为 0 时，有可能是 1、2、3、4、5…… 那么得到的结果均是矩形的值为 0。只有当文本框的数字为 0 时，矩形的值才会为 1。）这是编程 时经常会涉及的逻辑判断的思想——if、else if。

条件设置位于事件名称的右侧，需要鼠标光标移入事件一行才会显示，按钮为启用情形，也 可以将鼠标指针置于事件区域，通过单击鼠标右键，选择"添加情形"或"删除全部情形"。

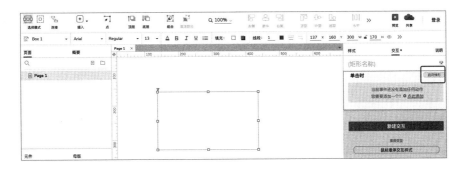

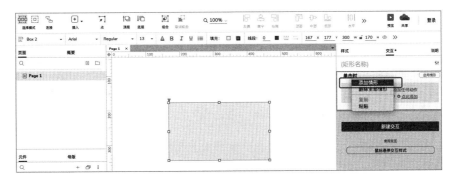

另外，拖入元件时，选中该元件，单击右下角的按钮，可以进入快速设置交互的界面。

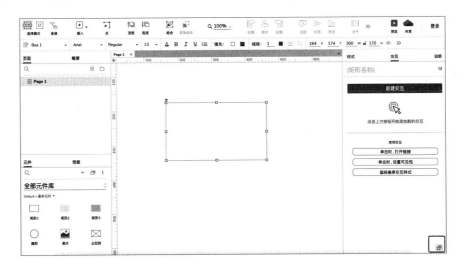

在添加了事件后，在事件名称右侧也可以启用情形。

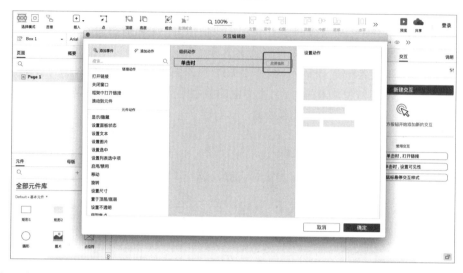

单击"启用情形"按钮后，在"交互"编辑器中将显示如下图所示的内容。

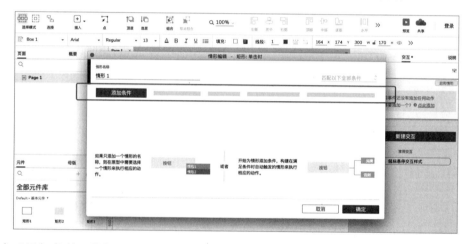

单击"添加条件"按钮，新增了一行默认条件。同时，在该界面的右上角可以选择"匹配以下全部条件"（"且"的关系）和"匹配以下任何条件"（"或"的关系）。不过，只有当设置了两个以上的条件时才有意义。

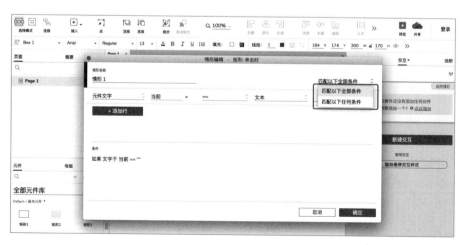

在左侧的下拉框中，包括"值""变量值""变量值长度"等选项，用于决定设置的条件需要做哪方面的判断；条件的后半部分，根据不同的判断选择，设置不同的判断条件。在每行条件的右侧，有继续新增条件和删除该行条件的按钮。

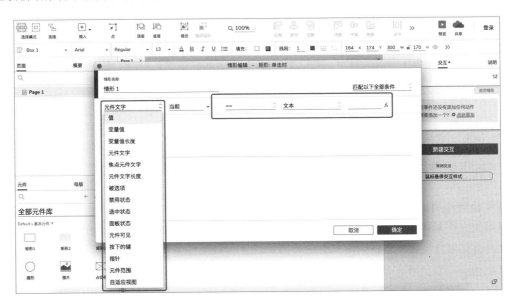

对于 15 种判断条件，虽然公式看起来复杂，但可以用一句话来表述（以下运算均用"等于"来案例，可以根据条件进行更换运算。另外，由于汉化版本不同，名称略有出入）。例如，如果选中状态则需要结合用例和交互使用。各项具体的条件设置如下。

匹配以下全部条件	满足以下全部条件才会激活动作
匹配以下任何条件	满足以下任何一个条件都可以激活动作

值	元件 A 的 width=100 时；当元件 A 的 width= 元件 B 的 width 时……
变量值	如果全局变量 A=yes，那么标签 B="好棒"
变量值长度	如果全局变量 A 的长度 =8，那么标签 B="很好"
元件文字	如果标签 A 的文字 ="好玩"，那么标签 B="真的好玩吗"
焦点元件上的文字	如果鼠标焦点落在"好"上，那么标签 B="哈哈"
元件值长度	如果文本框的值长度等于 3，那么标签 B="好的"
被选项	如果下拉框的文字 ="看看"，那么设置文本于矩形 ="看什么看"
禁用状态	如果当前元件的禁用状态 ="真"，那么设置文本于矩形 ="pass"
选中状态值	拖入标签，设置选中后加粗红色效果。回到标签，鼠标单击标签时，选中该标签，且如果该标签的选中状态值 =true 时，那么设置文本于矩形 ="这是选中状态值效果"
动态面板状态	如果动态面板的状态 =A 状态，那么设置文字标签 B="正确"
元件可见性	如果矩形 A 的可见性 = 真，那么设置文本于矩形 B="真的可见"

（续表）

按下的按键	拖入矩形，鼠标单击时，如果按键 =2，那么设置文字于矩形 = "按下"
鼠标	拖入矩形，鼠标移动时，"如果鼠标指针进入矩形范围，那么当前页跳转至 www.guanjunrui.com"
元件范围	拖入热区和动态面板，重叠在一起，设置动态面板可以横向移动，设置动态面板状态，正在拖动时，"如果元件动态面板未接触到热区，那么移动动态面板到(0,0)的绝对位置"
自适应视图	鼠标单击时，"如果当前自适应视图 '='（自适应页面）某页面"。（需要事先在项目——自适应中进行设置，后面会讲到关于自适应的做法，会做自适应就能理解该条件设置）

2.9　函数设置

如果恰当使用函数，就可以提高原型制作的效率。但用户如果对函数不熟悉，或者本身对函数不抱有太大兴趣，那么可以退而求其次，通过简化设计甚至文字描述来起到表达效果。切勿为了实现函数效果而花大量时间研究函数的设置，这在实际工作中并不可取。

这里需要注意一点：函数的格式是英文状态下的两个方型括号，例如 [[x]]，切忌输入成中文状态下的【】。另外，表示从属关系，使用英文状态下的句号表示，例如 [[x.y]]，即元件 x 的 y 坐标值，切忌输入成中文状态下的句号。

在设计制作复杂原型时，函数便有了用武之地。函数的入口在设置值的输入框的右侧，显示为 f_x。

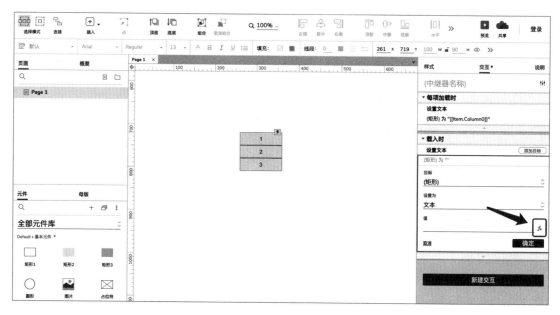

单击 f_x 按钮，可在红框内单击输入变量或函数。

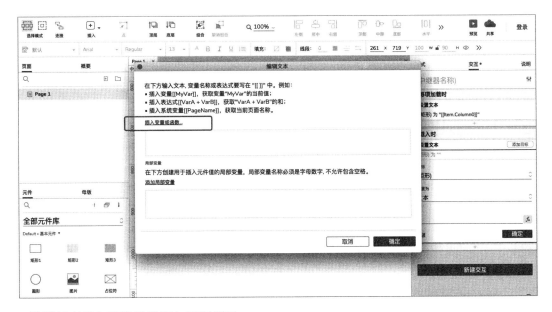

设置好变量和函数的界面如下图所示。

"中继器"的部分函数，需要将"中继器"元件拖入编辑区域后，才会出现。因此，在上述案例中，是将"中继器"拖入后演示的。

下面将变量与函数的定义进行整合展示。

2.9.1　变量

变量分为全局变量和局部变量，它们起着赋值并传递数据的作用，区别是全局变量适用于所有页面，而局部变量仅在当前页适用。

全局变量	赋值、传递数据、作为条件判断的容器，所有页面均可使用
局部变量	相对于全局变量而言，只有在特定过程或页面中才可以访问

2.9.2　中继器/数据集函数

利用中继器函数，可以做出复杂的数据交互效果，并作为条件判断的依据。

Item	中继器的项
Item.Column0	中继器数据集的列名
index	中继器项的索引
isFirst	中继器的项是否是第一个
isLast	中继器的项是否是最后一个
isEven	中继器的项是否是偶数
isOdd	中继器的项是否是奇数
isMarked	中继器的项是否被标记
isVisible	中继器的项是否可见
repeater	返回当前项的父中继器
visibleItemCount	当前页面中所有可见项的数量
itemCount	当前过滤器中项的个数
dataCount	中继器数据集中所有项的个数
pageCount	中继器中的全部页面数
pageIndex	当前页面数

2.9.3　元件函数

元件函数是难度相对更低、使用频次相对更高的函数，建议重点掌握。

This	指当前元件。当前被选择的元件
Target	指目标元件，例如单击矩形后会发生交互的文字标签。在配置动作时（第四步）选择的元件
X	元件左上顶点横轴的坐标
Y	元件左上顶点纵轴的坐标
width	元件的宽度值
height	元件的高度值
scroll$X$	动态面板横向滚动数值
scroll$Y$	动态面板纵向滚动数值
text	元件的文字内容
name	元件的名称
top	元件顶部 Y 轴坐标
left	元件左边 X 轴坐标
right	元件右边 X 轴坐标
bottom	元件底部 Y 轴坐标
opacity	目标元件的不透明度
rotation	目标元件的旋转度

2.9.4　页面函数

页面函数用来获取页面的名称，可以作为交互判断的依据。

pagename	页面名称

2.9.5　窗口函数

窗口函数与浏览器的尺寸、滚动有关，通过窗口函数的设置可以作为交互判断的依据。

Window.width	生成的原型页面的浏览器的当前宽度
Window.height	生成的原型页面的浏览器的当前高度
Window.scrollX	浏览器中页面水平滚动的距离
Window.scrollY	浏览器中页面垂直滚动的距离

2.9.6　鼠标指针函数

利用鼠标指针函数，能够获取鼠标指针运动的各种数据，可以用来统计或者作为交互判断的依据。

Cursor.x	鼠标所在位置的 X 轴坐标值
Cursor.y	鼠标所在位置的 Y 轴坐标值
Dragx	元件沿 X 轴瞬时拖动的距离
Dragy	元件沿 Y 轴瞬时拖动的距离
Totaldragx	元件沿 X 轴拖动的总距离
Totaldragy	元件沿 Y 轴拖动的总距离
DragTime	元件拖动的总时间

2.9.7　数字函数

数字函数用来获取结果数据，可以作为交互判断的依据。

toExponential (decimalPoints)	将对象的值转换为指数的计数方法
toFixed (decimalPoints)	将一个数字转化为保留指定位数的小数，小数的位数超出指定位数时进行四舍五入
toPrecision (length)	将数字格式化为指定长度

2.9.8　字符串函数

字符串函数用来获取结果数据或者实现相

关功能，可以作为交互判断的依据。

length	字符串的长度；当前文本的长度，汉字也为 1
CharaAt(index)	返回指定位置的字符。字符起始位置从 0 开始。index ≥ 0，且为整数
CharCodeAt(index)	返回指定位置字符的 Unicode 编码。（中文编码段 19968～40622）；字符起始位置从 0 开始。index ≥ 0，且为整数
Concat('string')	将当前文本对象与另一个字符串组合。string 为组合在后方的字符串
indexOf('searchvalue')	从前往后搜索信息，该信息，在输入的文本中从左边开始算起，第一次出现的位置，记录到返回值，searchvalue 为要查询的信息
lastIndexOf('searchvalue', start)	从后向前搜索信息，该信息，从右边算起，第一次出现的位置，记录到返回值
replace('searchvalue', 'newvalue')	用新的文本信息取代当前文本信息。searchvalue 为需要被替换的文本，newvalue 为新的文本
Slice(start,end)	从当前文本信息中截取从指定起始位置开始到结束位置之前的所有文本信息。start：被截取部分的起始位置，该数值可为负数；end：被截取部分的结束位置，该数值可为负数。该参数可省略
Split('seperator',limit)	把文本信息分割为多组文本，seperator：分隔字符。分隔字符可以为空，为空时将分隔每个字符为一组
Substr(start,length)	从当前文本中截取指定开始和结束为止的一定长度的文本信息。start：被截取部分的开始位置。length：被截取部分的长度。该参数可省略，省略该参数则由起始位置截取至文本对象结尾，如果不省略则指定结束为止
Substring (from, to)	从当前文本中截取指定位置到另一指定位置区间的文本。右边的位置不截取。from：指定区间的开始位置。to：指定区间的结束位置。该参数可省略，则由起始位置截取至文本对象结尾。区间起始位置可以大于终止位置。Lvar.substring(1,5) 与 Lvar.substring(5,1) 的结果一样
toLowercase ()	把文本转换为小写
toUppercase()	把文本转换为大写
trim()	去除文本前两个文本位置
toString()	将一个逻辑返回文本

2.9.9　数学函数

数学函数用来获取结果数据，可以作为交互判断的依据。

+	返回数的和
−	返回数的差
*	返回数的积
/	返回数的商
%	返回数的余数
abs(x)	返回数的绝对值
acos(x)	返回数的反余弦值，x 范围为 -1~1
asin(x)	返回数的反正弦值，x 范围为 -1~1
atan(x)	以介于 -PI/2 与 PI/2 弧度之间的数值来返回 x 的反正切值，即获取一个数值的反正切值
atan2(y,x)	返回从 x 轴到点 (x,y) 的角度（介于 -PI/2 与 PI/2 弧度之间），即获取某一点 (x,y) 的角度值，"x,y" 为点的坐标数值
ceil(x)	对数值进行向上舍入，x 为数值

续表

cos(x)	返回数的余弦，x 为弧度值
exp(x)	返回以 e 为底的指数，x 为数值
floor(x)	对数值进行向下舍入，x 为数值
log(x)	返回数的自然对数（底为 e），x 为数值
max(x,y)	返回 x 和 y 中的最高值，x 和 y 表示多个数值，并非单个 2 个数值，例如 max(2,3,4,5,7)
min(x,y)	返回 x 和 y 中的最低值，x 和 y 表示多个数值，并非单个 2 个数值，例如 max(2,3,4,5,7)
pow(x,y)	返回 x 的 y 次幂，x 不能为负数或 0，且 y 不能为小数，例如 pow(5,2) 即 5 的 2 次方 =25
random()	返回 0～1 之间的随机数，获取 10～20 之间的随机数，计算公式为 Math.random()*10+10
sin(x)	返回数的正弦，x 为弧度数值
sqrt(x)	返回数的平方根，x 为数值，例如 Math.sqrt(64) 结果为 8
tan(x)	返回角的正切，x 为弧度数值

2.9.10 日期函数

日期函数用来获取时间方面的数据结果，当然，也可以作为交互判断的依据。

now	计算机设置的日期和时间；根据计算机系统设定的日期和时间返回当前的日期和时间值
genDate	原型生成日期
getDate	返回一个月中的某一天（1～31）
getDay	返回一周中的某一天（0～6）
getDayOfWeek	返回一周中的某一天的英文名称
getFullYear	返回日期中四位数字的年
getHours	返回日期中的小时（0～23）
getMilliseconds	返回毫秒数（0～999）
getMinutes	返回日期中的分钟（0～59）
getMonth	返回日期中的月份（0～11）
getMonthName	返回日期中的月份名称（0～11）
getSeconds	返回日期中的秒数（0～59），可以设置在页面载入时
getTime	返回 1970 年 1 月 1 日至今的毫秒数
getTimezaneOffset	返回本地时间与格林威治标准时间（GMT）的分钟差
getUTCDate()	根据世界时从 Date 对象返回月中的一天（1～31）
getUTCDay()	根据世界时从 Date 对象返回周中的一天（0～6）
getUTCFullYear()	根据世界时从 Date 对象返回四位数的年份
getUTCHours()	根据世界时返回 Date 对象的小时（0～23）
getUTCMilliseconds()	根据世界时返回 Date 对象的毫秒（0～999）
getUTCMinutes()	根据世界时返回 Date 对象的分钟（0～59）
getUTCMonth()	根据世界时从 Date 对象返回月份（0～11）
getUTCSeconds()	根据世界时返回 Date 对象的秒数（0～59）
parse()	返回 1970 年 1 月 1 日午夜到指定日期（字符串）的毫秒数，用于分析一个包含日期的字符串，并返回该日期与 1970 年 1 月 1 日 00:00:00 之间相差的毫秒数

toDateString()	把 Date 对象的日期部分转换为字符串，以字符串的形式获取一个日期
toISOString()	以字符串值的形式返回采用 ISO 格式的日期
toJSON()	获取当前日期对象的 JSON 格式的日期字符串
toLocaleDateString()	根据本地时间格式，把 Date 对象的日期部分转换为字符串
toLocaleTimeString()	根据本地时间格式，把 Date 对象的时间部分转换为字符串
toLocaleString()	根据本地时间格式，把 Date 对象转换为字符串
toTimeString()	把 Date 对象的时间部分转换为字符串
toUTCString()	根据世界时，把 Date 对象转换为字符串
UTC(year,month, day...millisec)	获取相对于 1970 年 1 月 1 日 00:00:00 的世界标准时间，不指定日期对象之间相差的毫秒数。组成指定日期对象的年、月、日、时、分、秒以及毫秒的数值
valueOf()	返回 Date 对象的原始值
addYears(years)	返回一个新的 DateTime，它将指定的年数加到此实例的值上，years 为整数数值，正负均可
addMonths(months)	返回一个新的 DateTime，它将指定的月数加到此实例的值上，months 为整数数值，正负均可
addDays(days)	返回一个新的 DateTime，它将指定的天数加到此实例的值上，hours 为整数数值，正负均可
addHours(hours)	返回一个新的 DateTime，它将指定的小时数加到此实例的值上，hours 为整数数值，正负均可
addMinutes(minutes)	返回一个新的 DateTime，它将指定的分钟数加到此实例的值上，minutes 为整数数值，正负均可
addseconds(seconds)	返回一个新的 DateTime，它将指定的秒数加到此实例的值上，seconds 为整数数值，正负均可
addMilliseconds(ms)	返回一个新的 DateTime，它将指定的毫秒数加到此实例的值上，ms 为整数数值，正负均可

2.9.11 布尔函数

布尔函数用于描述数据之间的逻辑关系。

==	等于
!=	不等于
<	小于
<=	小于等于
>	大于
>=	大于等于
&&	并且
||	或者

第 3 章
高保真 App 产品 实战案例

导航，在互联网产品（注：此处的互联网产品特指 App 产品和 Web 产品）中的地位极其重要。它不仅是一个"指路牌"——各种导航组合会展示出设计排版格局是否合理（譬如是否符合格式塔原则）、用户能否在最短的时间内找到自己喜欢或想要的内容、产品内容与导航组合能否恰到好处地协作以提高用户留存率或降低页面跳出率等。

如果把某款产品看作一套迷宫游戏，根据产品战略（迷宫设计思路）的要求，由你来决定哪条路能够使参与者快速通过（用户快速到达目标页面）、哪条路挖了"坑"（嵌入计费点或引入付费链接）、哪条路极其复杂或充满诱惑（保证用户活跃度和留存率），等等，那么作为创造者，你将如何设计？

声乐之美之独特，在于无数音节的和谐组合；产品之美之优秀，在于多种构建元素的巧妙结合，而导航就是重要的构建元素之一。

既然导航如此重要，那么必须先要了解一下互联网产品导航有哪些分类和设计方式。本书将 App 导航划分为跳板式导航、列表式导航、选项卡式导航、陈列馆式导航、表盘式导航、暗喻式导航、多选项式导航、抽屉式导航、点聚式导航、瀑布式导航、页面轮盘式导航、图片轮盘式导航、扩展列表式导航、舵式导航等；将 Web 导航划分为结构性导航（全局导航、局

部导航）、关联性导航（上下文导航、适应性导航、面包屑导航、步骤导航、辅助导航、页脚导航、页码导航、快速链接、友情链接、锚点链接、标签）、实用性导航（标志链接、搜索引擎、网站地图）等。以下将分别表述，并使用 Axure 完成实例的制作。

另外，笔者认为，学习并掌握 Axure 原型设计技能的本质，是要以实际应用作为重要目标。比起零散的交互效果的实现，还原实际产品的应用场景，更易于读者对产品进行理解，能够从宏观上把握产品甚至该产品的竞品特点，读者带着这样的认知去完成原型设计，是能够举一反三的。

本章将开始进行 App 产品的高保真原型制作，所有案例均来自实际产品，建议读者通过手机下载对应应用，先体验，再思考，最后跟着本书一起操作一遍。在本章读者将学习、操作并掌握多种 App 产品导航的制作。

3.1 跳板式导航（携程）

跳板式导航的要点在于利用布局凸显重要模块，跳板式一般搭配选项卡式，界面简单、清晰。

常见的网格布局包括规则式和不规则式。

1）规则式

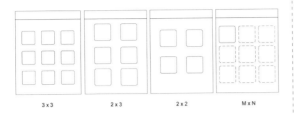

3×3、2×3、2×2 的布局比较传统，目前市面上的产品主要使用 *M*×*N* 的布局。

微信　　　　　　IFTTT　　　　　　美图

2）不规则式

不规则式的布局，通过颜色、大小来区分内容的优先级。

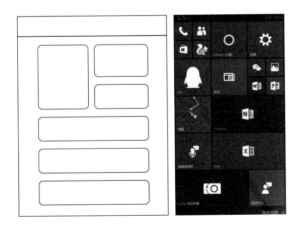

3.1.1　案例分析

携程网的 App 首页导航布局有些不规则——第一排，以 1×5 的方式显示；第二排，以 3×4 的方式显示；第三排，以 2×5 的方式显示。同时，"酒店""机票""旅游"的大分类的区域面积，明显比后面的小分类的区域面积要大得多。

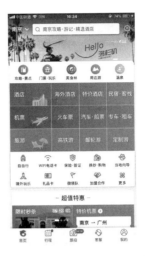

用户单击任意导航区域（含文字、icon 或图片），页面均会跳转至新界面，制作本案例需要完成 4 项任务。第一，该案例的静态页面；第二，轮播图的交互；第三，搜索框的内容切换；第四，倒计时的交互。

3.1.2　案例制作思路

1. 划分区域

使用手机截屏，把页面截图并划分区域，然后逐个完成区域的制作，最终完成整个页面的制作。那么区域的划分有什么标准或者技巧吗？建议先从视觉上对页面进行划分。随着练习量不断增多，经验越来越足，可以根据自己对页面的理解来评估制作原型时的难易程度并将此作为划分区域的标准。

区域的划分如下。

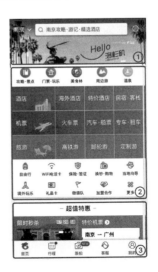

2. 分解

拆分每个区域的构成元素，用 Axure 的语言来描述它们。

构成元素：包括但不限于文本标签、水平线、矩形、输入框、icon、图片、动态面板等。

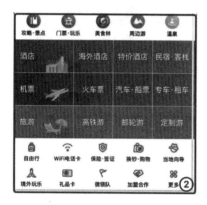

构成元素：包括但不限于文本标签、矩形、icon、图片等。

构成元素：包括但不限于文本标签、矩形、icon、图片等。

3. 识别交互

逐个识别每一个构成元素是否存在交互行为。虽然有的元素存在交互，有的元素没有，但任何一个细微的交互行为都必须被识别出来。对于识别出来的交互行为，同样要用 Axure 的语言去描述它们，记得分清楚是"样式交互"或"功能交互"，这将影响我们是使用"元件样式"进行制作还是使用"交互用例"进行制作。

在本案例中，需要完成的交互任务如下。

（1）区域①，轮播图的交互。交互叙述如下：

a. 页面载入时，5 张轮播图按照从右往左滑动的方式，每 3 秒自动切换循环显示。

b. 向左滑动时，轮播图切换到下一张，同时轮播图隔 3 秒后再次自动切换循环显示。

c. 向右滑动时，轮播图切换到上一张，同时轮播图隔 3 秒后再次自动切换循环显示。

d. 轮播图的每个焦点一一对应每张图，即图片切换时，焦点也跟着切换。

（2）区域②，搜索框的内容切换。交互叙述如下：

页面载入时，3 种文字广告按照从下往上滑动的方式，每 4 秒自动切换循环显示。

（3）区域③，倒计时的交互。交互叙述如下：

a. 页面载入时，"秒"的数字进行倒数。

b. 当"秒"的数字倒数至"00"时，"秒"的下一个数字重新显示为"59"。同时，"分"的数字减 1。

4. 构建元素的来源

大多数构建元素问题可以直接使用 Axure 的元件库来解决，但是诸如 LOGO、icon 呢？

建议通过如下两种方式来获得：

（1）找到对应网站，单击鼠标右键，在弹出的快捷菜单中选择"审查元素"或者"查看网页源码"，找到该图片的地址，下载即可。

（2）第三方网站，例如阿里的矢量图标库，iconfont.cn。

总的来说，制作原型的思路是"视觉上分而划之，交互上稳扎稳打；由划分的区域组合成整体的页面，由静态视觉设计进阶到动态交互操作"。

* 延伸思考

案例都是临摹别人的产品，那么在实际工作中做原型，上述制作思路靠谱吗？模仿是创新的第一步。如果在实际工作中，你是对已有产品进行增量迭代开发，那么根据该产品的原有风格进行原型制作即可；如果在实际工作中，你的产品需要从 0 到 1 进行冷启动，那么恭喜你，有 3 个字肯定适合你——看竞品。因此，这也是需要我们大量临摹实例的原因，熟能生巧。当你浏览一个网站或者使用一款 App 时，会在第一时间情不自禁地把网站或者应用的界面都直接分解为构建元素，并在心中默默地把交互行为念叨一遍，那么此时你已经是原型大神了。

3.1.3　案例操作

首先，制作背景。

拖入"矩形 2"，在"样式"面板中设置其坐标为（50,50）、尺寸为 375×812；在"交互"中设置矩形 2 的名称为"背景"。

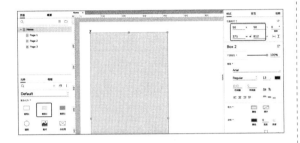

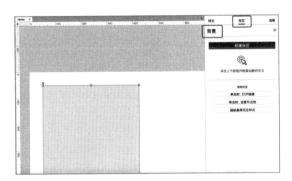

375×812 是 iPhone X 的原型尺寸，这涉及物理像素、PPI、DPI 等拓展知识点，在此不做深入讨论。读者如果有兴趣可以在网上搜索或者与笔者联系。

其次，制作区域①。

之前分析过，此处的轮播图有 5 张图片在自动循环轮播，因此需要 5 张图片作为素材。携程除了 App，当然还有 Web 网站，因此可以去携程官方网站上取素材图片。

打开网站后，在网站的轮播图处，单击鼠标右键，在弹出的快捷菜单中选择"复制图像"，在 Axure 编辑区域的空白处，粘贴，在"警告"弹框出现时单击"Yes"按钮，优化图片。之后再调整图片尺寸。

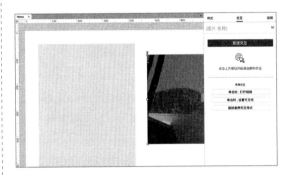

按照这种方法，共取 5 张官方素材图。对图的尺寸、位置不做要求。

获取图片之后，需要将其装进一个容器，并且实现图片的动态交互，毫无疑问，这个容器就是动态面板。

拖入"动态面板"，在"样式"面板中设置其坐标为（50,50）、尺寸为 375×170；在"交互"面板中设置动态面板的名称为"轮播图"。

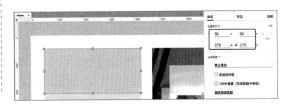

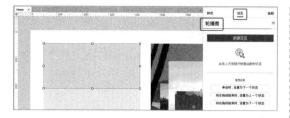

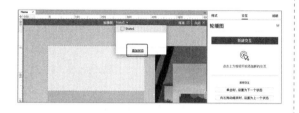

双击轮播图，单击"添加状态"。因为需要放入 5 张图片，所以使轮播图有 5 个状态，并且为了认知方便，将 5 个状态分别命名为"1""2""3""4""5"。

将 5 张图片分别放入"1""2""3""4""5"的状态面板中。顺序自定，不做要求，但每张图片的位置和尺寸要与轮播图保持一致。图片由于尺寸问题可能略有变形，不影响交互效果。如果对图片美观度要求较高，则可以重新在网上搜索对应尺寸的图片并将其放入原型，由于演示官方素材需要，对图片不做更改。

接着，实现轮播图的交互。在此回顾一下之前分析的交互叙述，并逐一完成：

a. 页面载入时，5 张轮播图按照从右往左滑动的方式，每 3 秒自动切换循环显示。

单击编辑区域的空白处，不选中任何元件，单击"新建交互"按钮。

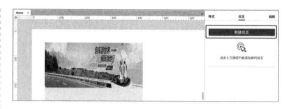

在"交互"面板中选择"页面载入时"，选择"元件动作"下的"设置面板状态"，选择"目标"下的"轮播图"。

默认界面如下面的左图所示。然后选择"状态"下的"下一项"。

勾选"向后循环"复选框，选择"进入动画"下的"向左滑动"。

"退出动画"及时间默认即可，下面左图所示为设置后的界面。再单击"更多选项"，将"循环间隔"设置为"3000 毫秒"，即每张图显示 3 秒后自动切换下一张图，以此循环。

在"选择元件"下，选择"当前元件"或"轮播图"均可，均表示选择了该动态面板。此处为了清楚演示，直接选择了"轮播图"。

单击"确定"按钮后，显示已设置好的交互条件，同时可以通过预览来查看设置效果。

b. 向左滑动时，轮播图切换到下一张，同时轮播图隔 3 秒后再次自动切换循环显示。

选中轮播图，单击"新建交互"按钮。

在"交互"面板中选择"向左拖动结束时"，选择"元件动作"下的"设置面板状态"。

将"状态"设置为"下一项"，勾选"向后循环"，"进入动画"及"退出动画"都选择"向左滑动、500 毫秒"。

单击"确定"按钮后预览原型，实现向左滑动轮播图效果。

当我们向左滑动轮播图之后，图片是实现滑动了，但接下来的问题是，滑动之后，轮播图不自动轮播了。那么我们还需要解决这样一个问题：当图片向左滑动后，等待 3 秒，轮播图再次自动切换循环显示下一张图片。

选中轮播图，单击"新建交互"按钮。

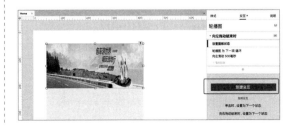

在"交互"面板中选择"状态改变时"，将"元件动作"设置为"设置面板状态"。实现上述交互效果的思路是，当动态面板轮播图的状态为状态1时，等待3秒，轮播图重新自动循环，由右向左滑动；当动态面板轮播图的状态为状态2时，等待3秒，轮播图重新自动循环，由右向左滑动……当动态面板轮播图的状态为状态5时，等待3秒，轮播图重新自动循环，由右向左滑动。

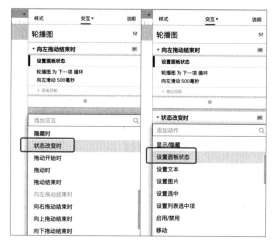

在"选择元件"下选择"当前元件"或"轮播图"，如前述，此处选择了"轮播图"。选择"状态"下的"下一项"，勾选"向后循环"，"进入动画"及"退出动画"均设置为"向左滑动、500毫秒"，在"更多选项"下，勾选"循环间隔3000毫秒""首个状态延时3000毫秒后切换"。

单击"确定"按钮后，再单击"状态改变时"区域右侧的 IF 。

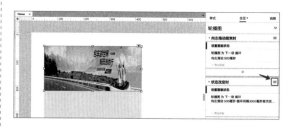

单击 IF 后，弹出的弹窗显示的默认界面如下图所示。

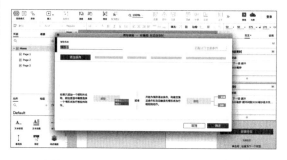

直接添加5个条件——因为动态面板轮播图有5个状态。

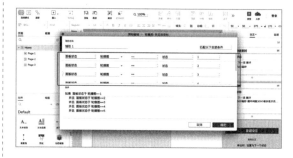

同时，选择"匹配以下任何条件"。因为只要有任何一个状态出现，都可以触发自动轮

播的交互，而并不是要求 5 个状态同时出现才能触发自动轮播的交互。

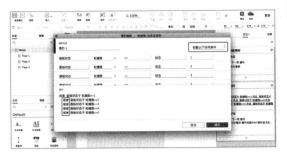

单击"确定"按钮，继续设置一个细节条件，即等待 3 秒。单击"+"按钮，插入新的动作。

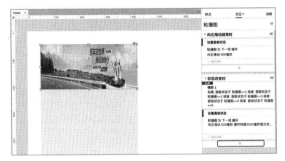

将"元件动作"设置为"等待"，设置"等待"为"3000 毫秒"。

单击"确定"按钮后的界面如下图所示。

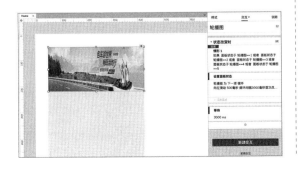

这里需要把"等待"和"设置面板状态"的位置调换一下。因为在手动滑动轮播图之后，先要等待 3 秒，之后轮播图再自动切换显示，有一个前后的逻辑关系，所以"等待"的设置在前，"设置面板状态"的设置在后。

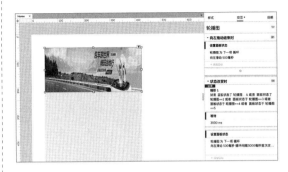

c. 向右滑动时，轮播图切换到上一张，同时轮播图隔 3 秒后再次自动切换循环显示。

按照向左滑动时的设置方法，完成向右滑动时的设置，在此不再赘述。但要注意一点："向右拖动结束时"，"轮播图为上一项循环"。

d. 轮播图的每个焦点一一对应每张图，即图片切换时，焦点也跟着切换。

这项交互的解决思路：既然是一一对应的关系，那么再设置 5 个焦点，1 个焦点对应 1 张图，即图动焦动；图显示，焦点也显示。所以在轮播图的右下角拖入一个新的动态面板，并设置 5 个状态，每个状态中的焦点对应轮播图中每个状态的图片。

拖入"动态面板"，在"样式"面板中设置坐标为（295,200）、尺寸为 130×20；在"交互"面板中设置动态面板的名称为"焦点图"。

双击焦点图,单击"添加状态"。需要放入 5 种焦点状态,因此使焦点图有 5 个状态。将 5 个状态分别命名为"1""2""3""4""5"。

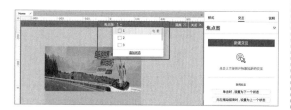

先进入状态 1 制作焦点。拖入"圆形",在"样式"面板中设置其坐标为(20,5)、尺寸为 10×10;无须命名。其他样式不做改变,如线框色、填充色等,以默认的样式进行制作。读者如果有兴趣且在无关设计规范的前提下,可以将线框色、填充色等进行自行设置。

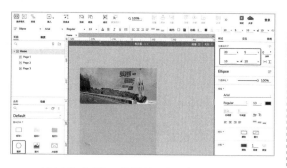

复制焦点圆,数量达到 4 个,每个焦点圆之间的间隔为 10 个单位。

见原案例中,当焦点被选中时,焦点圆变成圆角矩形。因此拖入"矩形 1",在"样式"面板中设置其坐标为(100,5)、尺寸为 20×10;将"圆角"的"半径"设置为 10;无须命名。

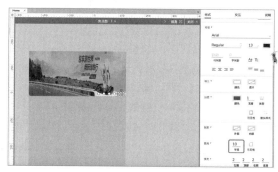

因此,开始调整焦点圆的位置,通过复制、粘贴,把焦点圆放置在焦点图的每个状态中。在焦点图的状态 1 中,把被选中的圆角矩形放置在首位;在焦点图的状态 2 中,将圆角矩形放置在第二位;依次排列。

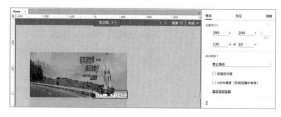

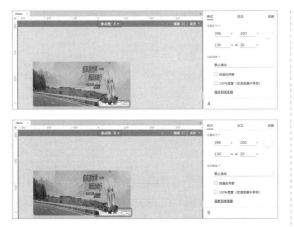

选中轮播图，单击"状态改变时"右侧的 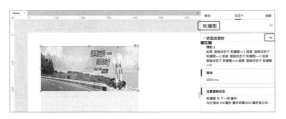。

设置"轮播图"的"状态"为"1"，即情形是当轮播图的状态为 1 时。

单击"确定"按钮后界面如下图所示。

我们看到显示的是"否则"的情形，而不是"如果"。这里需要在该区域的空白处单击鼠标右键，在弹出的快捷菜单中，将"否则"

改为"如果"。同时单击"+"按钮插入动作，将"元件动作"设置为"设置面板状态"，将"目标"设置为"焦点图"。

将"状态"设置为"1"，单击"完成"按钮后，界面如下图所示。

这项交互翻译后就是，如果轮播图的状态是状态 1，那么设置焦点图的状态是状态 1。同理，如果轮播图的状态是状态 2，那么设置焦点图的状态是状态 2，等等。根据这种思路，设置剩余的 4 个面板状态，可以直接复制、粘贴，设置完毕后界面如下图所示。

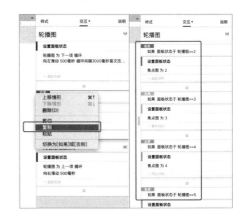

完成 d 项交互。这种交互还可以通过改变元件样式来设置，使用"动态面板"来设置更加简便。至此完成区域①中的轮播图的交互。

继续完成区域①中的其他元素。

拖入"文本标签"，在"样式"面板中设置其坐标为（60,60），尺寸为默认；设置文本颜色为白色；输入文本"南京"；无须命名。

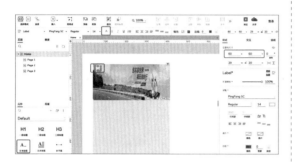

拖入"水平线"，在"样式"面板中设置"旋转45°"，无须命名。

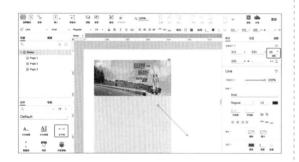

复制、粘贴该水平线，在"样式"面板中将复制的水平线设置"旋转135°"，无须命名。

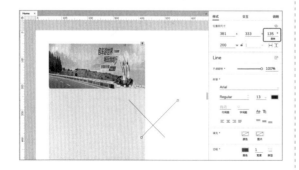

把两条水平线的位置进行调整，拼接成向下的箭头。

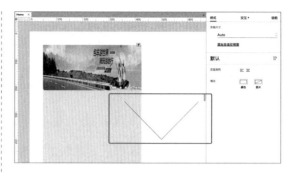

全选两条水平线，在任意一条水平线上单击鼠标右键，在弹出的快捷菜单中选择"组合"。

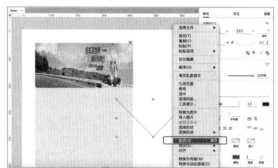

将组合后的向下箭头的线条颜色设置为"白色"，并将向下箭头缩小到合适的尺寸，放置到合适的位置。在此案例，设置向下箭头坐标为（105,65）、尺寸为20×10；无须命名。

下面制作搜索框。

拖入"矩形1"，在"样式"面板中设置其坐标为（135,55）、尺寸为230×30；设置"边框"为无色；设置"阴影"为"外部"，设置"X""Y""模糊"的值均为2；设置"圆角"的"半径"为5。

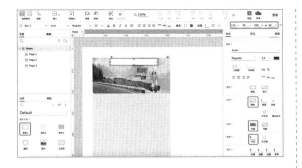

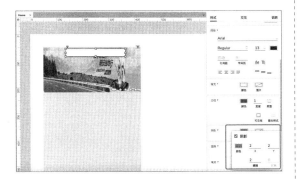

通常，搜索框需要支持文本输入，在圆角矩形做背景的情况下，再拖入"文本框"实现文本的可输入。本案例暂不讨论文本的输入，因为我们要做出文字广告按照从下往上滑动的方式，每 4 秒自动切换循环显示的交互。

拖入"动态面板"，在"样式"面板中设置其坐标为（175,60）、尺寸为 170×20；在"交互"面板中设置动态面板的名称为"搜索框文字广告"。

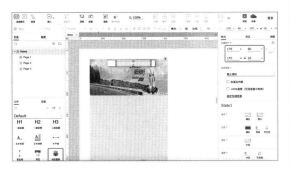

选中"搜索框文字广告"，新增两个状态，共 3 个状态，分别命名为"1""2""3"，并在"1"中拖入"文本标签"，输入文字"畅游目的地"，在"2"中拖入"文本标签"，输入文字"精品出游"，在"3"中拖入"文本标签"，输入文字"最美仙境"。

回到编辑区域，不选中任何元件，设置"页面载入时"的交互。单击"+"按钮，将"元件动作"设置为"设置面板状态"，将"目标"设置为"搜索框文字广告"。

将"状态"设置为"下一项"，勾选"向后循环"，将"进入动画"及"退出动画"设置为"向上滑动、500 毫秒"，勾选"循环间隔 4000 毫秒""首个状态延时 4000 毫秒后切换"。单击"确定"按钮后，交互设置完成，界面如下图所示，可以通过预览查看交互的设置。

至此，区域①的交互均完成。

最后，通过登录 iconfont.cn 网站，获取放大镜和信息的图标。

将图标置入区域①中：

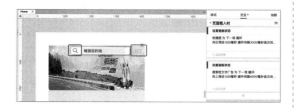

至此，区域①完成。

下面完成区域②。

拖入"矩形1"，在"样式"面板中设置坐标为（55,215）、尺寸为365×480；"边框"为无色；"圆角"的"半径"为5；无须命名。另外，将焦点图向上移动，距离为5，调整了元件之间的距离。

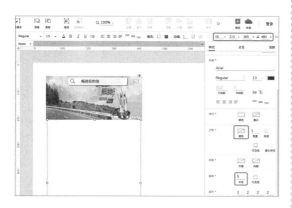

接着计算5个圆形的尺寸和距离，以达到等距离分布的效果。

作为背景的矩形1的宽度是365，切成5份，即365÷5=73，每个圆形的空间为73个单位大小。假设圆形尺寸为51×51，则圆形左侧空出11个单位，右侧空出11个单位。那么空出的11×2个单位，用什么表示呢？建议使用矩形当作尺子。

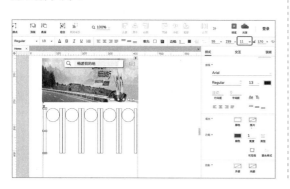

上图把圆形尺寸（$W×H$）调整为51×51，每个圆的两侧均有宽度为11的矩形作为尺子来固定圆的位置。调整完毕后，把10个矩形删除。

填充每个圆形的颜色。通过吸取的方式来获取。

将原案例截图后复制在编辑区域，在我们正在制作的原型旁进行对照参考。

选中第一个圆形，设置"边框"为无色，单击填充其中的颜色。

使用取色器，直接获取原案例中"攻略·景点"的颜色。因为是渐变色，所以选择"线性"，分别取渐变两端的颜色。

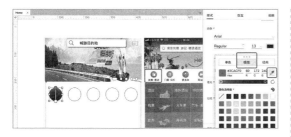

按照此方法，设置其他 4 个圆形。

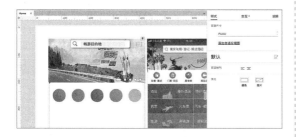

下载图标，并将其拖入原型中。可根据自己的喜好任意选择图标。同时拖入"文本标签"，编辑对应的文字与圆形垂直对齐。

接着制作由矩形组成的部分。

关键要处理的是矩形的布局。从案例上目测，"酒店"的矩形长度大概是"海外酒店"的矩形的 2 倍，而"海外酒店""特价酒店""民俗·客栈"的矩形长度相等。设"酒店"的矩形长度是 x，"海外酒店"的矩形长度是 y。则：

$\{x=2y, x+3y=365\}$ 所以，$x=146$，$y=73$。

再由案例中目测，"海外酒店""特价酒店""民俗·客栈"的矩形应是特殊矩形，即正方形，因此将这 3 个矩形的高度也设置成 73。"酒店"的矩形高度应与这 3 个正方形保持一致，因此将它的高度同样设置成"73"，最终得到："酒店"的尺寸为 146×73，"海外酒店""特价酒店""民俗·客栈"为 73×73。

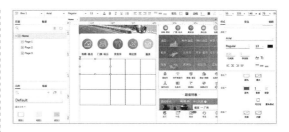

按照上述制作圆的方法，去边框色、用取色器填充颜色、拖入图标。

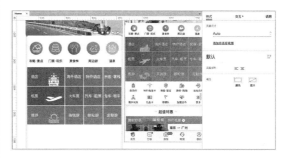

如果觉得各个矩形之间的空隙太大，则可以略微调整矩形的位置和尺寸。

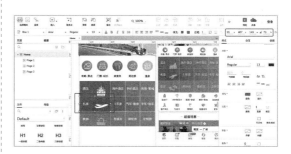

继续取图标，完成"自由行"至更多的内容设置。

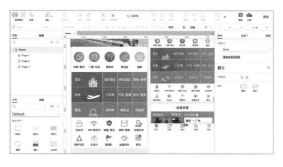

区域②完成，继续完成区域③。

复制区域②的白色矩形背景，宽度比区域②背景略少 4 个单位，在"样式"面板中设置其坐标为（57,703）、尺寸为 361×159；无须命名。

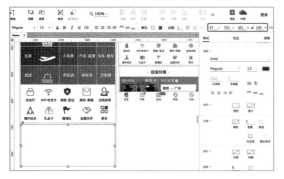

拖入"文本标签",输入"超值特惠",字号为16,与白色矩形背景保持居中对齐;拖入两条"水平线",尺寸及坐标调整合适即可,案例中宽度为10,线条颜色为深灰色;均无须命名。

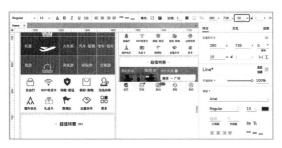

接下来,拖入两个等高、等宽的矩形。首先,白色背景矩形的宽度是361,切分成两个等宽的矩形,即每个矩形的宽度是 $361 \div 2 \approx 180$。

再拖入文本标签、图片来实现静态页面。左边图片可自己选择,焦点图可直接从区域①复制,在此不做重复交互。另外,右边"特价机票"旁的向右的箭头,也可以从区域①复制"南京"右边的箭头,再对角度进行设置。当然,如果你不想复制,那么可以使用键盘上的">"符号。最后记得把所有元素适当地调整位置,例如,超值特惠位置太靠下,可以向上调整一些。

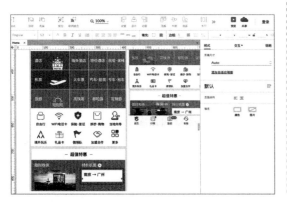

其中,上图中红框的图形,使用如下方法制作。拖入一个矩形和两个圆形,如下图所示。

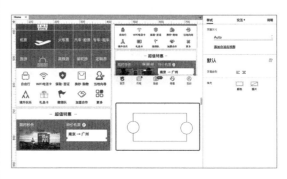

选中矩形和两个圆形,单击鼠标右键,在弹出的快捷菜单中选择"变换形状"→"去除"。

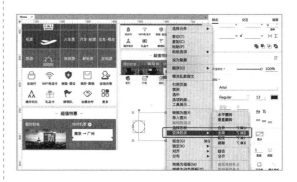

区域③中需要重点完成的是倒计时的交互。

解决的思路是,设置3个"动态面板",分别命名为"时""分""秒"。在"秒"中设置若干状态,每个状态都使用"文本标签"显示相应数字,按倒序进行排列。当"秒"的状态由00变为59时,"分"所显示的数字按降序显示。

拖入"矩形1",在"样式"面板中设置其坐标为(158,758)、尺寸为20×15,设置边框为无;以24为间距,复制、粘贴另外两个矩形,均无须命名。

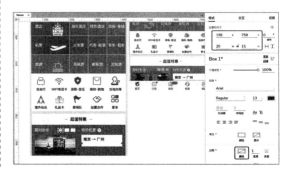

拖入 3 个"动态面板"，分别命名为"时""分""秒"，尺寸和位置分别覆盖在 3 个矩形上，当然顺序是要按时、分、秒来排列的。

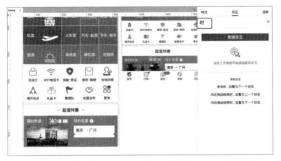

下面不按照案例中的时间设定，按照我们自己的方式来设定，如下文本颜色需要通过取色器来填充颜色。

动态面板"时"的状态如下：

状态 1，将其命名为 01，拖入"文本标签"，编辑文本内容为 01；

状态 2，将其命名为 00，拖入"文本标签"，编辑文本内容为 00。

动态面板"分"的状态如下：

状态 1，将其命名为 01，拖入"文本标签"，编辑文本内容为 01；

状态 2，将其命名为 00，拖入"文本标签"，编辑文本内容为 00；

状态 3，将其命名为 59，拖入"文本标签"，编辑文本内容为 59。

"动态面板"秒的状态如下：

状态 1，将其命名为 03，拖入"文本标签"，编辑文本内容为 03；

状态 2，将其命名为 02，拖入"文本标签"，编辑文本内容为 02；

状态 3，将其命名为 01，拖入"文本标签"，编辑文本内容为 01；

状态 4，将其命名为 00，拖入"文本标签"，编辑文本内容为 00；

状态 5，将其命名为 59，拖入"文本标签"，编辑文本内容为 59；

状态 6，将其命名为 003，拖入"文本标签"，编辑文本内容为 03；

状态 7，将其命名为 002，拖入"文本标签"，编辑文本内容为 02；

状态 8，将其命名为 001，拖入"文本标签"，编辑文本内容为 01；

状态 9，将其命名为 000，拖入"文本标签"，编辑文本内容为 00；

状态 10，将其命名为 059，拖入"文本标签"，编辑文本内容为 59；

状态 11，将其命名为 0003，拖入"文本标签"，编辑文本内容为 03；

状态 12，将其命名为 0002，拖入"文本标签"，编辑文本内容为 02；

状态 13，将其命名为 0001，拖入"文本标签"，编辑文本内容为 01；

状态 14，将其命名为 0000，拖入"文本标签"，编辑文本内容为 00；

状态 15，将其命名为 0059，拖入"文本标签"，编辑文本内容为 59；

我们要实现的是 01：01：03 变化成 00：59：59。其中从 59，58，57，…，04 的倒计时直接跳过。

开始设置交互。

单击编辑区域空白处，设置"页面载入时"的"元件动作"为"设置面板状态"。

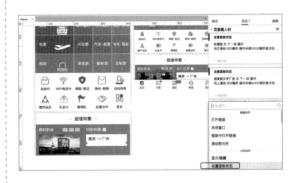

将"目标"设置为"秒"，将"状态"设置为"下一项"，勾选"向后循环"和"循环间隔 1000 毫秒"复选框，然后单击"完成"按钮。

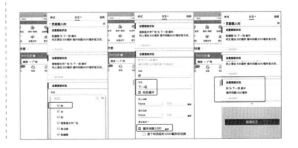

选中动态面板"秒",单击"新建交互"按钮。

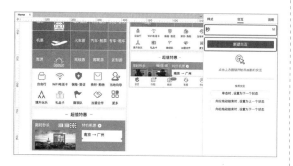

将交互"事件"设置为"状态改变时"。然后单击空白处,重新单击 **IF**,开始设置条件。

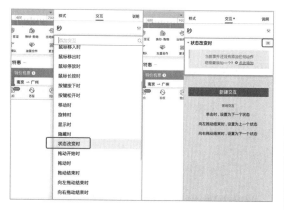

当动态面板"秒"的状态为59时,单击"+"按钮,将"元件动作"设置为"设置面板状态"。

将"目标"设置为"分",将"状态"设置为00。

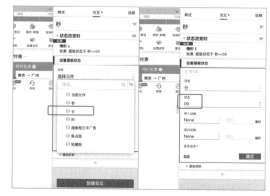

再次单击 **+IF**,设置当动态面板"秒"的"状态"为059时。

同理,设置"分"的状态为59,同时不要忘了把"否则"改为"如果"。单击"确定"按钮,秒的交互设置完毕。

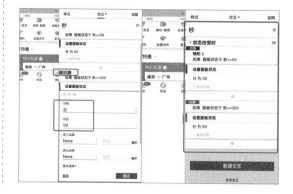

再设置分的交互，选中动态面板"分"，单击"新建交互"按钮。

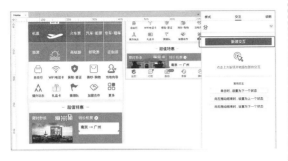

将交互"事件"设置为"状态改变时"，单击 IF，设置当动态面板"分"的状态为 59 时。

单击"+"按钮，将"元件动作"设置为"设置面板状态"。

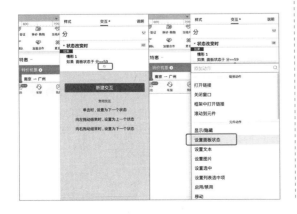

将"目标"设置为"时"，将"状态"设置为"00"。

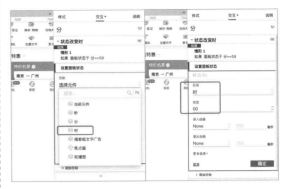

单击"确定"按钮即可完成交互设置。

如果要加上两个冒号，则可以使用"动态面板"，设置两个状态，一个状态显示冒号，另一个状态内留空，设置循环即可。

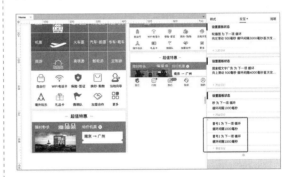

当然，原案例中时间的冒号并没有闪烁，这是我们自己改造的。

区域③最后一部分，是一个选项卡导航。

拖入"矩形 2"，在"样式"面板中设置其坐标为（50,821）、尺寸为 375×50；设置边框为无；使用取色器设置填充颜色；无须命名。

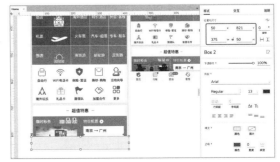

找到合适的图标，拖入编辑区域，同时再拖入"文本标签"，完成图标和文字的制作。

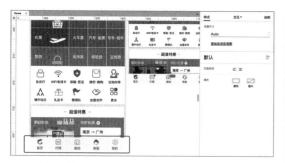

最后使用"圆形"和"圆角矩形",完成红点气泡及"NEW"的设置。

至此,携程 App 首页导航的原型制作完成。

思考与总结:

(1)通过本案例的临摹,学习到了哪些知识和技能?请回顾并写出来。

(2)尽可能多地列举出具有跳板式导航的产品,建议亲自体验。

(3)思考:在案例中针对如交互设置、元件设置等问题的解决思路,是否还有其他想法或者方案处理吗?

作业:

(1)支付宝作为另外一款跳板式导航产品,首页面的布局、元素、交互与携程网类似。结合本节学到的知识与方法,完成以下界面的临摹。

（2）从"思考与总结"列举的产品中挑选一款进行原型制作。

3.2 列表式导航（微信）

列表菜单很适合用来显示较长或拥有次级内容的页面。一般使用在二级页面中,并以分组列表的方式展现。使用该导航方式时,应提供其他页面的入口,以方便用户切换页面。当然,列表式导航现在更多地应用于社交类、资讯类产品。部分产品的更多或设置界面,也会用到该导航。该导航常见的网格布局如下。

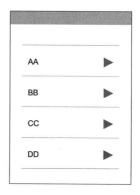

使用了列表式导航的产品如下图所示。

| Gap | 中关村在线 | 摩擦 |

3.2.1 案例分析

微信的首页导航,采用的是列表式导航。列表由公众号的推送消息和好友的消息构成。如果把每个公众号看作分类的入口,那么公众号内的推送消息即分类的内容。

本案例需要完成的任务有 5 个。第一，该案例的静态页面；第二，列表纵向滑动的交互；第三，向下滑动列表时，顶部显示小程序，再向下滑动列表时，隐藏顶部小程序；第四，单击右上角的"+"，切换显示"发起群聊""添加朋友""扫一扫""收付款"等内容；第五，针对公众号，向左滑动时，显示"取消关注"或"删除"，向右滑动时恢复原状；针对好友消息，向左滑动时，显示"标为未读（已读）"或"删除"，向右滑动时恢复原状。

3.2.2　案例制作思路

1. 划分区域

将页面划分为两个区域：区域①内容列表区，区域②选项卡。

2. 分解

拆分每个区域的构成元素，用 Axure 的语言来描述它们。

构成元素：包括但不限于动态面板、矩形、文本标签、图片、icon 等。

构成元素：包括但不限于矩形、圆形、文本标签、icon 等。

3. 识别交互

本案例需要完成的交互任务集中在区域①中，内容如下：

a. 在默认状态下，单击右上角的"+"时，显示"发起群聊""添加朋友""扫一扫""收付款"等内容的面板；单击面板以外的部分，隐藏该面板。

b. 消息列表能够垂直滑动。

c. 向下拉动列表时，搜索框上方显示最近使用的小程序；当顶部显示最近使用的小程序时，向上推动列表，最近使用的小程序隐藏。

d. 向左滑动列表中的每条公众号信息时，其右侧均会显示"不再关注"或"删除"；向左滑动列表中的每条好友信息时，其右侧均会显示"标为未读（已读）"或"删除"。接着，向右滑动列表中的上述信息时，均恢复原状。

e. 当单击"不再关注"时，页面底部弹出"取消关注"的二次确认弹框；当单击"删除"时，显示"确认删除"按钮；当单击"标为未读"时，该条信息出现红色气泡提示，同时在页面顶部的微信右侧，以数字形式显示未读消息的数量；当单击"标为已读"时，该条信息的红色气泡提示隐藏，同时，页面顶部微信右侧的数字隐藏。

4. 构建元素的来源

构建元素的来源为元件库、iconfont.cn 和网络图片。

3.2.3 案例操作

下面制作背景。

拖入"矩形 2"，在"样式"面板中设置其坐标为（50,50）、尺寸为 375×812；将 App 的截图拖至编辑区域，通过取色笔从截图上获取底色作为填充色；无须命名。

先完成区域①。

拖入"三级标题"，将该标题与背景居中对齐（选中背景—选中三级标题—单击"居中"），对齐后标题的坐标为（223,60）、尺寸为 29×20，字号为 14；无须命名。

拖入"圆形"，设置其尺寸为 15×15；将该圆形与标题中部对齐（选中标题—选中圆形—单击"中部"），对齐后圆形的坐标为（395,63）；在圆形内编辑"+"，字号为 10；无须命名。

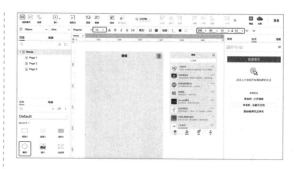

拖入"矩形 1"，在"样式"面板中设置其坐标为（59,100）、尺寸为 357×30；无线段；"圆角"的"半径"为"5"；无须命名。

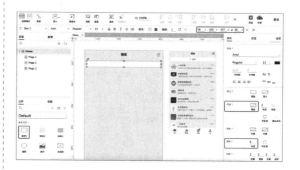

虽然本次案例不做文本框的交互，但为了养成好的习惯，此处仍拖入"文本框"，在"样式"面板中设置其坐标为（66,103）、尺寸为 343×25；在"排版"中，文字居中；无线段；无须命名。

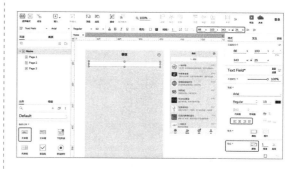

在"交互"面板中，单击"提示"一栏。

在下拉列表中选择"表单提示"。这里下拉框中的各种选项，其实是各种样式的预设，

鼠标光标悬停在某个选项上时，可以观察一下文本框内文字的变化。

单击"Hint Properties"选项。

在"提示文本"处，输入"搜索"二字。

在面板以外的空白处单击，即可完成操作。

获取表示搜索的 icon，并拖曳至合适的位置。

观察原案例。每条信息的间距相等，且每条信息之间都以一条水平线作为分割。如果所

见即所得地去搭建原型，那么我们势必会选用水平线来做每条信息之间的隔断，但如果真的取水平线，那么每条信息之间的间隔计算，将会成为一项烦琐的工作。

毫无疑问，使用矩形更合适。

拖入"矩形2"，在"样式"面板中设置其坐标为（125,145）、尺寸为 300×60；将"线段"设置为略深灰色，将"线宽"设置为 1；将"可见性"设置为仅底部可见，其他三面均隐藏；无须命名。

接着先拖入"图片"元件，模拟头像位置，再用图片替换，并在"样式"面板中设置其坐标为（65,150）、尺寸为 50×50。

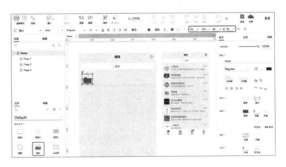

选择头像和矩形，进行组合，形成信息的雏形。之后完成复制、粘贴的操作，复制、粘贴14组，共15组。暂不考虑界面齐整。

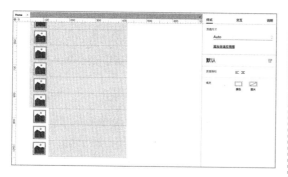

下面开始完成交互。

a. 在默认状态下，单击右上角的"+"时，显示"发起群聊""添加朋友""扫一扫""收付款"等内容的面板；单击面板以外的部分，隐藏该面板。

先在编辑区域的空白处，完成面板内容，再把面板内容装进"动态面板"中，然后拖动动态面板至合适的位置，最后设置交互。

拖入"矩形2"，单击鼠标右键，在弹出的快捷菜单中选择"选择形状"命令，选择下图形状。

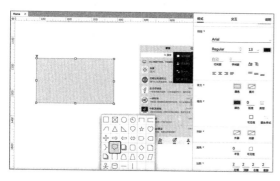

设置旋转角度为180°。

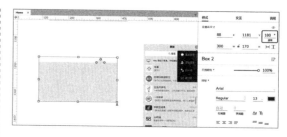

将图形调整到合适的尺寸和形状，尺寸为140×170，"圆角"的"半径"为5，填充色可直接使用取色笔从案例截图中获取。

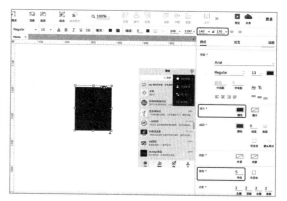

面板中的内容也是以列表的方式呈现的，因此为了排版方便，我们也采用矩形来进行设置。刚才设置了面板高度是170，现在有4条内容需要设置，因此4×40+10=170，即每条内容的矩形高度是40，第一条内容的矩形的Y值与面板的Y值距离10，总和是170。案例中拖入的是"矩形1"，尚未进行设置，具体位置如下图所示。

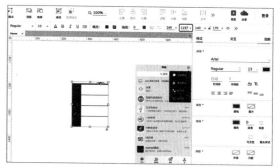

上图中面板的Y值是"1197"，第一个矩形的Y值是"1207"，第二、三、四个分别是"1247""1287""1327"。

将4个矩形进行设置。先设置每个矩形的

尺寸为 105×40；全选 4 个矩形，设置为无填充色。

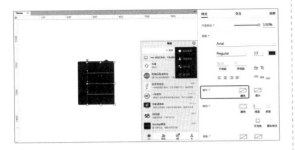

将"线段颜色"设置为白色，将"不透明度"值设置为"20%"。

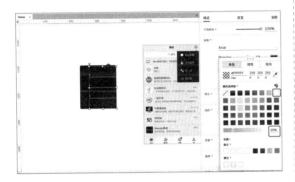

将"可见性"设置为"仅底部可见"，其他均隐藏。

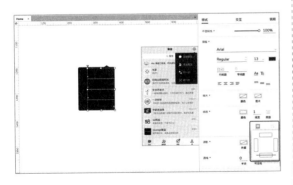

完成的效果如下图所示。

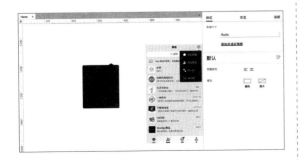

为了打磨细节，把最后一个矩形的底部也隐藏。否则会影响效果。

在各矩形内输入对应文字，字号为 12，文字颜色为白色，文字左对齐。

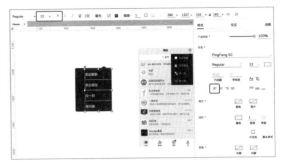

拖入对应 icon，根据实际操作，调整各部分尺寸。从下图中可以看出，调整后，所有元件组合的宽度是 140 个单位，高度是 170 个单位。

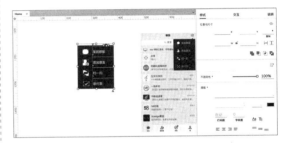

拖入"动态面板"，在"样式"面板中设置尺寸为 140×170，将其命名为"常用面板"。将面板中的所有元件复制、粘贴进常用面板中，同时将制作完成的常用面板，拖曳至案例截图中的位置。

调整"+"的位置。

隐藏常用面板，并选中"+"，单击"新建交互"按钮。

将交互"事件"设置为"单击时"，将"元件动作"设置为"显示 / 隐藏"。

将"目标"设置为"常用面板"，选择"显示"，单击"更多选项"，选择"灯箱效果"。

单击"灯箱效果"下的"背景颜色"，选择无填充色，单击"确定"按钮。

预览效果如下图所示。

接下来完成下一个交互效果：b. 消息列表能够垂直滑动。

通过观察案例，消息列表在垂直滑动时，顶部页头部分和底部导航部分均是置顶且固定不动的。无论是滑动列表，还是置顶、固定头尾两部分，都需要用到动态面板。因此，案例中将分三步进行设置：第一，将页头进行改造；第二，将消息列表中所有元件装入动态面板；第三，设置消息列表的交互。

拖入"动态面板"，先设置宽度为 375，暂不考虑高度；将其命名为"消息列表"。

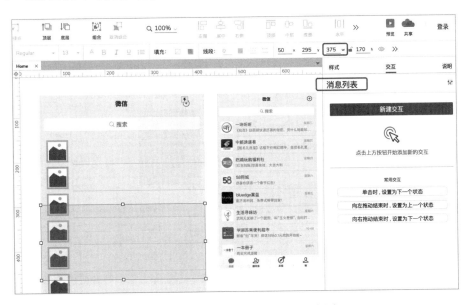

将搜索框、消息列表均复制、粘贴进"消息列表"动态面板中。

页面分为 3 部分，顶部页头部分、中部消息列表和底部导航部分。计算页面各部分的高度。根据背景的高度 812，设置顶部页头部分和底部导航部分的高度均为 60，一共 120。设置消息列表的高度为 812-120=692。同时，设置坐标为（50,110）。

拖入"矩形 2"，设置尺寸为 375×60；无须命名。

拖入"动态面板"，设置尺寸为 375×60，将其命名为"顶部"。

将刚设置的矩形、文字"微信"、"+"拖入动态面板"顶部"。"动态面板"常用面板无须拖入，但需要置于顶部位置。

动态面板是可以设置滑动的，而"消息列表"动态面板是不能设置滑动效果的，否则作为中部内容的消息列表就滑动没了，整个原型就只有顶部和底部两部分了。因此需要在"消息列表"动态面板的内部，再拖入一个"动态面板"，即内嵌一个子动态面板。

双击"消息列表"动态面板，拖入"动态面板"，在"样式"面板中设置坐标为（0,0）、尺寸为 375×945，将其命名为"可滑动消息列表"。将搜索框、每条消息的元件等拖入该动态面板中。

选中"可滑动消息列表"动态面板，单击"新建交互"按钮。

将交互"事件"设置为"拖动时"，将"元件动作"设置为"移动"。

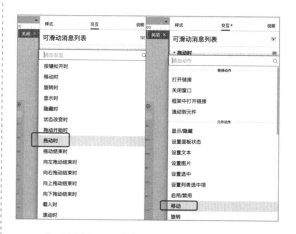

在"目标"下选择"可滑动消息列表"，在"移动"下选择"跟随垂直移动"。

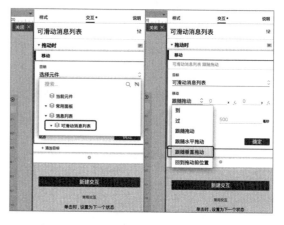

完成，预览效果如下图所示。

接下来继续完成下一个交互效果：当向下拉动列表时，搜索框上方显示最近使用的小程序；当顶部显示最近使用的小程序时，向上推动列表，隐藏最近使用的小程序。

先要考虑一个问题：消息列表不可能无限制地垂直拖动，否则内容就无法正常显示了。为了模拟真实的拖动效果，需要对"可滑动消息列表"动态面板做出向下拖动时和向上拖动时的限制，案例中将完成向下拖动时的限制，关于向上拖动时的限制可自己在完成案例后处理。

最近使用的小程序在默认无操作的状态下是隐藏的，那么这种隐藏方法如何表达？我们知道，在动态面板中的元件，置顶的坐标是（0,0）。有没有想过在（-X,-Y）位置设置过元件？顺着该思路，进一步考虑，将表示小程序的元件，置于"可滑动消息列表"动态面板的 Y 值小于 0 的位置，例如，Y 值在 -60 以内，当向下拖动"可滑动消息列表"动态面板，拖动至某个位置时，触发交互条件，使得"可滑动消息列表"动态面板移动到坐标 Y 值小于 0 的位置，例如（0,-60），从而显示出小程序的元件。

先将"可滑动消息列表"动态面板向上拉高 60，使其坐标为（0,-60），同时，其高度也变为 1005 个单位。

双击"可滑动消息列表"动态面板，将搜索框及信息的位置设置为 Y 等于 60，预留的 60 用来设置小程序的内容。

拖入"文本标签"，并在网络上获取对应的小程序图片，完成小程序的内容。此处需要注意各元素之间要对齐。

如上所述，需要设置向下拖动消息列表时的拖动距离限制，此处使用"热区"作为限制条件的输入。在"消息列表"动态面板中，拖入"热区"，在"样式"面板中设置坐标为（0,0）、尺寸为 375×1，将其命名为"上热区"。

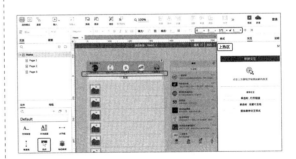

在"消息列表"动态面板中，选中"可滑动消息列表"动态面板，单击"新建交互"按钮。

将交互"事件"设置为"拖动结束时",将"元件动作"设置为"移动"。

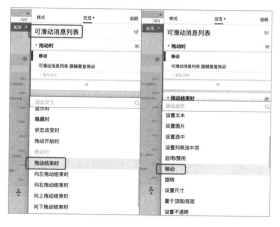

在"目标"下选择"当前元件"或"可滑动消息列表"动态面板,将"移动"设置为到坐标(0,0)的位置,同时将"动画"设置为"线性,500毫秒"。

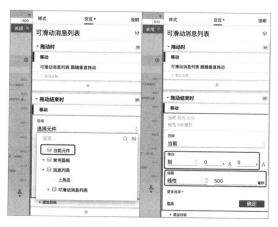

单击"确定"按钮后,还需要设置交互的条件,再单击 IF 。

如果"可滑动消息列表"动态面板的元件范围未接触到"上热区"的元件范围,则触发之前设置的交互。

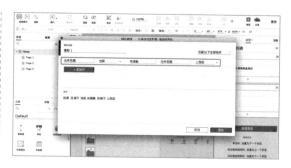

单击"确定"按钮,同时再次单击 +IF ;删除条件,单击"确定"按钮,再单击"+"按钮。

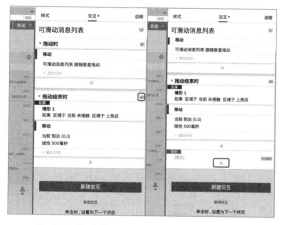

将"元件动作"设置为"移动",在"目标"下选择"当前元件"或"可滑动消息列表"动态面板。

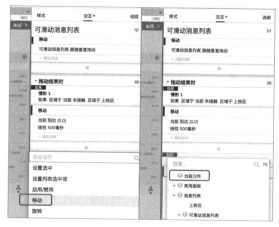

将"移动"设置为到坐标(0,-60)的位置,同时将"动画"设置为"线性,500毫秒";单击"确定"按钮,设置完毕,可以预览交互效果。注意:使用的逻辑是"否则",不需要改成"如果"。

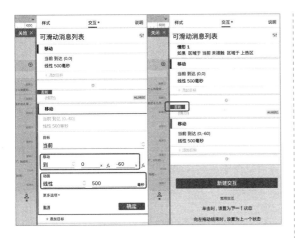

d 和 e 的交互效果需要结合设置。

先设置公众号的交互。假设消息列表中的第一条是"起思知识"的公众号信息，使用"图片""文本标签"完成公众号信息的设置。

通过消息列表垂直滑动的思路，可以完成每条消息的水平滑动。同样，首先要确保消息能够水平滑动。接着，当将某条消息向左拖动时，该条消息进行水平移动，由默认的坐标（0,0），移动到 X 值小于 0 的位置，对消息进行相关操作。此时，当将该条消息向右拖动时，该条消息由 X 值小于 0 的位置，回归到坐标（0,0）的位置。因此，需要拖入"动态面板"，并且嵌入子动态面板。

拖入"动态面板"，在"样式"面板中设置其坐标为（0,105）、尺寸为 375×60，将其命名为"公众号"，并将该条公众号消息的相关元件拖入动态面板中。

在动态面板"公众号"内，再拖入子动态面板，在"样式"面板中设置其坐标为（0,0）、尺寸为 525×60，将其命名为"可滑动公众号"，并将该条公众号消息的相关元件拖入子动态面板中。

预留部分的宽度比正常消息的宽度多出150，用作"不再关注"和"删除"的操作设置。

在"可滑动公众号"动态面板内，拖入"矩形 3"，在"样式"面板中设置其坐标为（375,0）、尺寸为 90×60，输入文字"不再关注"，设置字体颜色为白色，将其命名为"不再关注"。

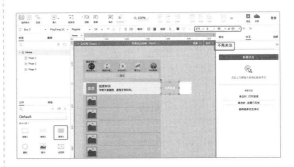

复制、粘贴"不再关注"，在"样式"面板中设置其坐标为（465,0）、尺寸为 60×60，输入文字"删除"，字体颜色为红色，将其命名为"公众号的删除"。

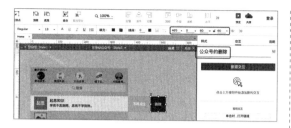

选中"公众号"动态面板，单击"新建交互"按钮。

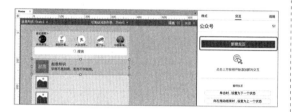

将交互"事件"设置为"向左拖动结束时"，将"元件动作"设置为"移动"。

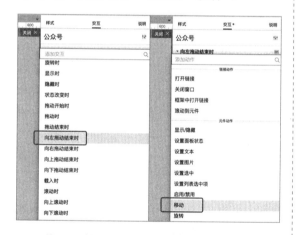

将"目标"设置为"可滑动公众号"动态面板，将"移动"设置为到坐标（-150,0）的位置，将"动画"设置为"线性，500毫秒"。

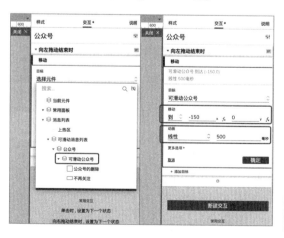

单击"确定"按钮，再次单击"新建交互"按钮，将交互"事件"设置为"向右拖动结束时"，将"元件动作"设置为"移动"。

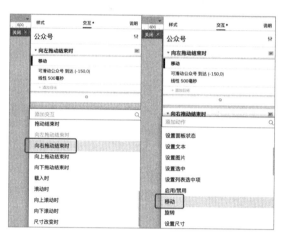

仍然将"目标"设置为"可滑动公众号"动态面板，将"移动"设置为到坐标（0,0）的位置，将"动画"设置为"线性，500毫秒"。

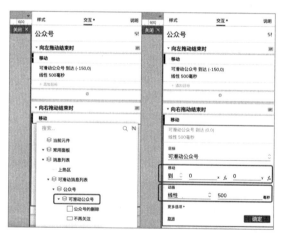

设置完成后，效果如下图所示。

预览时可以发现，案例与实际的 App 中的效果还是存在细节的差别的。例如，左右滑动时，内容下方的水平线也跟着滑动，而实际的 App 中的水平线是不会滑动的。这是因为这里设置的元件是矩形，而矩形又在可滑动的动态面板中，在滑动动态面板时，矩形也跟着滑动了。因此，在这里需要把矩形的底边设置为不可见。同时，在可滑动的动态面板外面，覆盖一条与矩形的底边相同位置、相同粗细、相同长短的水平线。

选中矩形，在"样式"面板中单击"线段"中的"可见性"按钮，取消选择矩形底边。

同时，在"公众号"动态面板的下方，拖入"水平线"，对比第二行矩形的坐标及尺寸。

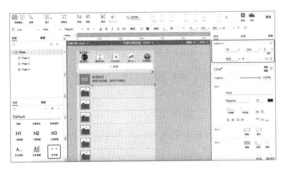

水平线与第二行矩形的 X 坐标值相同，宽度相同。水平线的 Y 坐标值为 164，高度为 1，相加正好是 165，完全覆盖了该行矩形的底边，替代底边与第二行的矩形顶边无空隙地对接。

重新预览，可以发现交互效果与实际的 App 相同。

接着制作在单击"不再关注"时，页面底部弹出"取消关注"的二次确认弹框。

回到编辑区域，拖入"动态面板"，在"样式"面板中设置其坐标为（50,697）、尺寸为 375×165，将其命名为"提示不再关注"。

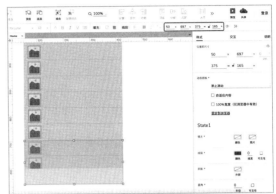

双击"提示不再关注"动态面板，拖入"矩形 1"，在"样式"面板中设置其坐标为（0,0）、尺寸为 375×60；无线段；无须命名。

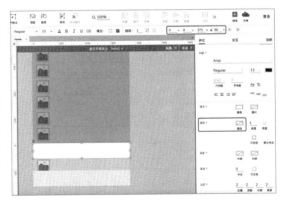

复制、粘贴该矩形，在"样式"面板中设置其坐标为（0,59）、尺寸为 375×50；无须命名。

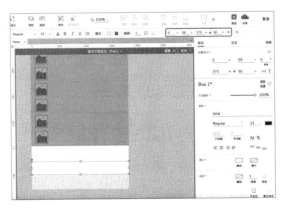

再复制、粘贴第二个矩形，在"样式"面

板中设置其坐标为（0,115）、尺寸为375×50；无须命名。

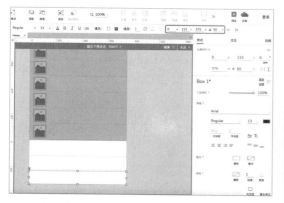

在3个矩形中分别输入文字，并设置相应的字号和字体颜色。

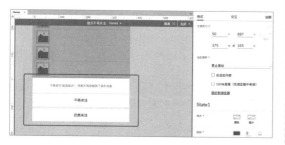

返回编辑区域，选中"提示不再关注"动态面板，单击"隐藏"按钮 👁。

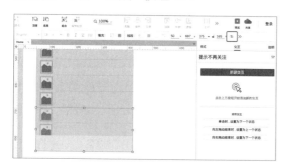

回到"可滑动公众号"动态面板，选中"不再关注"矩形，单击"新建交互"按钮。

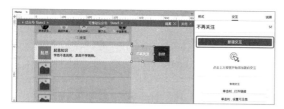

将交互"事件"设置为"单击时"，将"元件动作"设置为"显示/隐藏"。

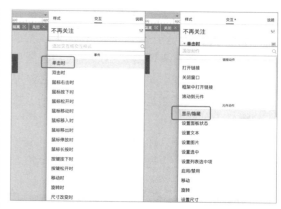

将"目标"设置为"提示不再关注"动态面板；选择"显示"，将"动画"设置为"向上滑动，500毫秒，线性"，勾选"置于顶层"复选框，选择"灯箱效果"，并设置"背景颜色"。

预览交互效果即可。

再制作当单击"删除"按钮时，显示"确认删除"按钮的交互效果。在当前界面，拖入"动态面板"，在"样式"面板中设置其坐标为（375,0）、尺寸为150×60，将其命名为"删除确认公众号"。

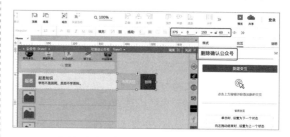

双击该动态面板，设置两个状态：状态1，不再关注＋删除；状态2，确认删除。将"不再关注"和"删除"矩形，剪切至状态1中，同时复制"删除"矩形，粘贴至状态2中，改变其尺寸，填满状态2，编辑文字为"确认删除"。

回到"状态 1"内，选中矩形"删除"，单击"新建交互"按钮。

将交互"事件"设置为"单击时"，将"元件动作"设置为"设置面板状态"。

单击"确定"按钮，预览交互效果。

当未进一步单击"确认删除"按钮时，消息向右滑动，恢复默认显示状态。同时，动态面板"删除确认公众号"的"状态 2"变为"状态 1"。

选中"可滑动公众号"动态面板，单击"新

将"目标"设置为"删除确认公众号"动态面板，选择状态 2"确认删除"，同时无"进入动画"和"退出动画"。

建交互"按钮。

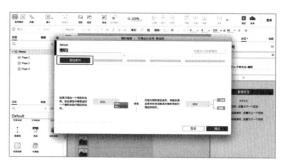

将交互"事件"设置为"移动时",将"元件动作"设置为"设置面板状态"。

选择值,再单击 *fx*。

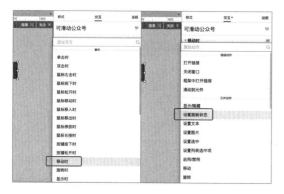

将"目标"设置为删除确认公众号"动态面板",选择状态1"不再关注+删除"。

单击"添加局部变量"选项。

单击"确定"按钮。面板的变换肯定需要满足一定条件,因此,再单击 **IF**。

选择"元件,当前",局部变量名称保持默认即可。

单击"添加条件"按钮。

再单击"插入变量或函数"选项。

选择刚刚新建的局部变量。

输入 ".x"，表示当前元件的 x 坐标值。

单击"确定"按钮。同时，将值设置为 0。

单击"+"按钮，类似于复制该行内容，将 x 直接改为 y 即可。

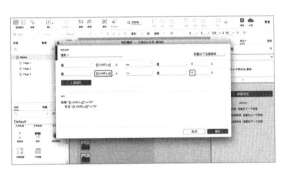

单击"确定"按钮，预览交互效果。

如果想进一步优化，需要增加一个交互，等待 1000 毫秒，并且需要将其置于"设置面板状态"交互之前。

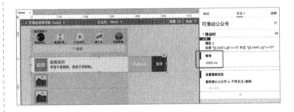

继续完成"好友消息"的交互。可以直接复制"公众号"动态面板。同时，完善信息的内容，如时间、字体颜色等。

选中复制后的动态面板，将其名称改为"好友消息"，修改"头像""微信名""内容""时间"的内容，以区别公众号的内容。

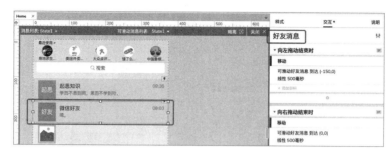

双击动态面板，选中内嵌的子动态面板，将名称改为"可滑动好友消息"。

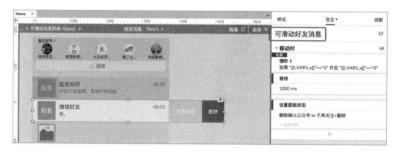

再次双击动态面板，选中内嵌的子动态面板，将名称改为"删除确认好友消息"。

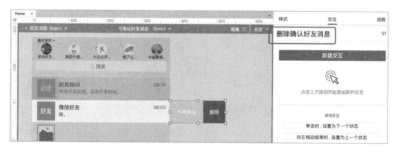

为"删除确认好友消息"动态面板添加 3 个状态，分别命名为"标为未读 + 删除""标为已读 + 删除""确认删除"。

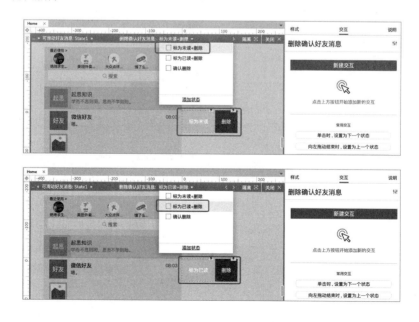

在"可滑动好友消息"动态面板内，拖入"圆形"，在"样式"面板中设置坐标为（55,0）、尺寸为 15×15。

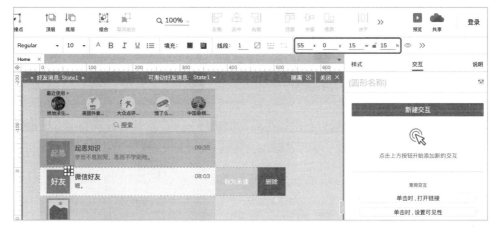

单击鼠标右键，在弹出的快捷菜单中选择"转换为动态面板"命令。

将新的动态面板命名为"气泡提示"，并且单击"隐藏"按钮。

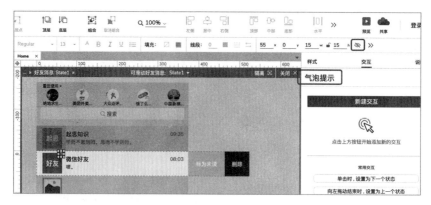

回到顶部页头位置，在"微信"文字右侧，拖入"文本标签"，编辑文字为（1）。

同时，在选中状态下，单击鼠标右键，在弹出的快捷菜单中选择"转换为动态面板"命令。将新的动态面板命名为"数字提示"，并且单击"隐藏"按钮 。

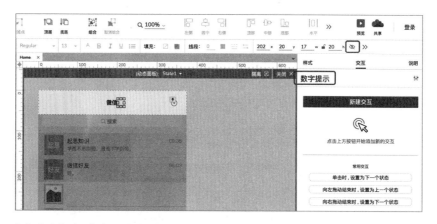

回到"删除确认好友消息"动态面板的状态 1"标为未读＋删除"中，选中"标为未读"矩形，将其名称改为"标为未读"，同时删除原有交互设置。

根据 App，单击该矩形时，有 4 个交互动作需要完成：第一，显示气泡提示；第二，显示数

字提示；第三，该条消息恢复原显示状态；第四，将"标为未读"变为"标为已读"。

因此，单击"新建交互"按钮，将交互"事件"设置为"单击时"，将"元件动作"设置为"显示/隐藏"。

将"目标"设置为"数字提示"动态面板，并单击"确定"按钮。

单击"添加目标"，将"目标"设置为"气泡提示"。

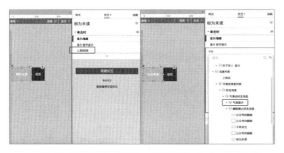

单击"确定"按钮，继续单击"+"按钮。

将"元件动作"设置为"移动"，将"目标"设置为动态面板"可滑动好友消息"。

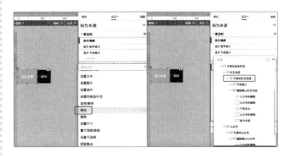

将"移动"设置为到坐标（0,0）位置，将"动画"设置为"线性，500毫秒"，单击"确定"按钮。

继续单击"+"按钮，将"元件动作"设置为"设置面板状态"。

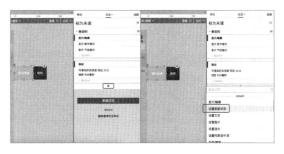

将"目标"设置为"删除确认好友消息"动态面板，将"状态"设置为状态 2"标为已读+删除"。

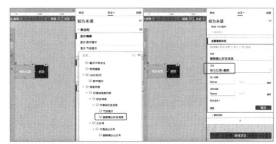

单击"确定"按钮，效果如下图所示。

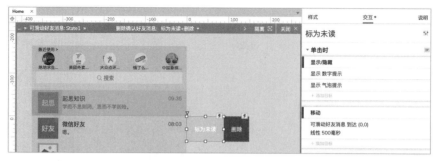

预览交互效果可以发现如下两个问题：

第一，未设置该条好友消息的分割线。这是因为，在直接复制"公众号"动态面板时，主要关注的焦点在"动态面板"上，对于之前的"水平线"有所遗忘。复用元件时发生遗漏，这是做原型时经常会犯的错误之一，希望大家注意。

第二，单击矩形"标为未读"时，动态面板"删除确认好友消息"的状态确实变为了状态2"标为已读+删除"，即变为了"标为已读"，但再次向左滑动该条好友消息时，会发现仍然变成了矩形"标为未读"。当复用元件时，先前元件的交互设置可能不符合当前元件的交互设置，必须找到原设置并修改或删除。

复用元件减少了工作量，但如果考虑不周全或忽略了一些细节，反而会造成不必要的麻烦。

先解决第一个问题，复用"水平线"，并置于合适的位置，案例的坐标为（75,224）。

再解决第二个问题。之前的设置是：选中"可滑动好友消息"动态面板，在"移动时"交互下，设置"删除确认好友消息"动态面板的状态为"标为未读+删除"。

当时是为了解决公众号消息恢复默认显示状态时，"删除确认公众号"动态面板重新变为状

态"不再关注＋删除"的问题。在此，先把"移动时"的设置全部删掉。如果后面需要，可以再复制。

回到"删除确认好友消息"动态面板，进入状态 2"标为已读＋删除"，选中文字为"标为已读"的矩形。

将其名称改为"标为已读"，单击时，仍然有 4 个交互动作需要完成：第一，隐藏气泡提示；第二，隐藏数字提示；第三，该条消息恢复原显示状态；第四，"标为已读"变为"标为未读"。

可以直接复制"状态 1"中"标为未读"矩形的交互设置，在此基础上进行修改。

预览交互效果。

接着，解决如何设置取消删除时的动态面板状态切换的问题。

之前删除的"移动时"的交互设置，是可以复用的，不过需要增加判断条件。

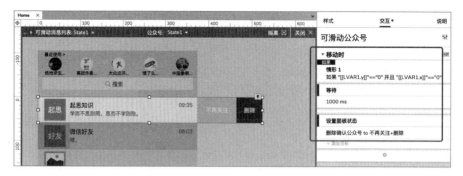

选中"可滑动公众号"动态面板，复制"移动时"的交互设置。

粘贴至"可滑动好友消息"动态面板。

打开条件设置，单击"＋添加行"按钮，选择"元件可见""数字提示""选中""真"。

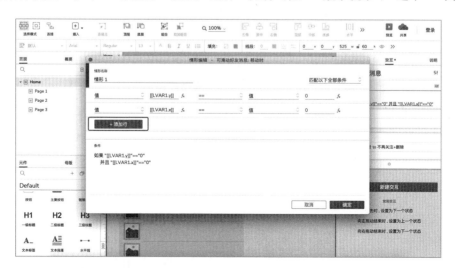

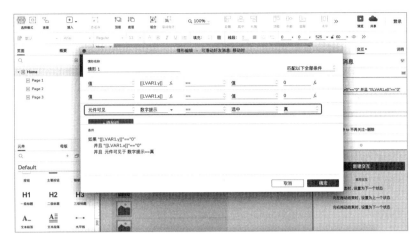

单击"确定"按钮，再单击"设置面板状态"下的交互。

选择"删除确认好友消息"动态面板，状态为"标为已读 + 删除"。

单击"确定"按钮，复制该条件及交互。

将粘贴后的"否则"改为"如果"。

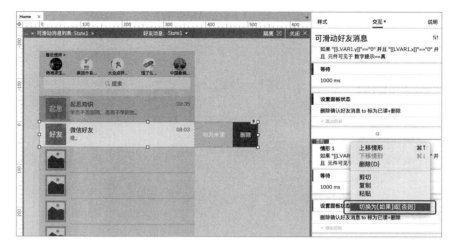

同时，将"数字提示"文本标签的可见性设置为"假"，将"删除确认好友消息"动态面板的状态设置为"标为未读 + 删除"。

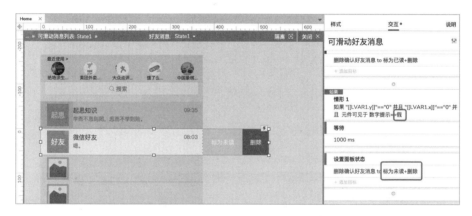

预览交互效果。

至此，完成 d、e 的交互。

最后处理一个细节，每次只能单独滑动某一条消息，因此消息的滑动是互斥的。

选中"公众号"动态面板，在"向左拖动结束时"下方，单击"添加目标"按钮。

将"目标"设置为"可滑动好友消息"动态面板，将"移动"设置为到坐标（0,0）的位置，将"动画"设置为"线性，500 毫秒"。

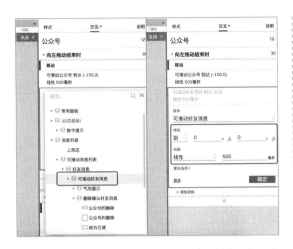

同样，选中"好友消息"动态面板，在"向左拖动结束时"下，设置"可滑动公众号到达（0,0），线性，500 毫秒"。

预览交互效果。

至此，区域①的内容完成。

接着完成区域②。

回到编辑区域，先将"提示不再关注"动态面板向上移动。

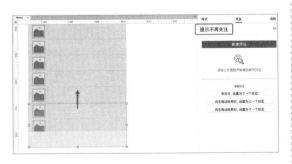

复制页头的动态面板，粘贴至页底部分。

删除动态面板内的元素，如文字、"+"、隐藏的数字等。

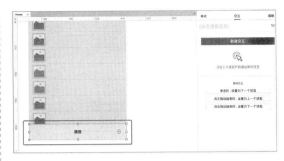

将底部划分为 4 个区域，每个区域应该是等宽的，即每个区域的宽度是 375÷4=93.75。

使用 4 个"矩形"将底部划分成 4 个区域，方便 icon 的定位——将 icon 与矩形居中对齐。

复制 4 个底部矩形，按照 93.75 的宽度进行设置，高度不变——实际上每个矩形的宽度会默认为 94。

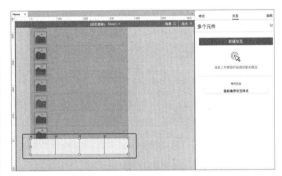

拖入 icon 和"文本标签"，字号是 12。这里无复杂的操作，但要注意元件间的对齐操作。

做到这里，还未完成。按照 App 的交互，当消息列表中有消息为未读时，微信右上角显示红色气泡提示，在消息都已读的状态下，

红色气泡提示隐藏。因此，当区域①中的好友消息为未读时，这里也需要显示红色气泡提示。

从"可滑动好友消息"动态面板中复制"气泡提示"动态面板，粘贴到底部"微信"处，并改名为"气泡提示微信"。

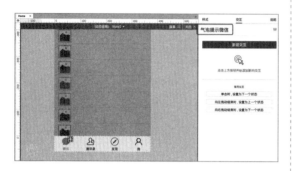

回到"删除确认好友消息"动态面板的状态1"标为未读+删除"中，选中"标为未读"矩形，在"显示/隐藏"的设置下，单击"添加目标"按钮。

将"目标"设置为"气泡提示微信"动态面板，将"元件动作"设置为"显示"。

同样，在状态2"标为已读+删除"中，选中"标为已读"矩形，在"显示/隐藏"的设置下，单击"添加目标"按钮，设置"气泡提示微信"动态面板为"隐藏"。

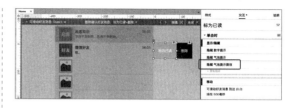

预览交互效果。

最后，将"提示不再关注"动态面板置于原位，并且置于顶层。

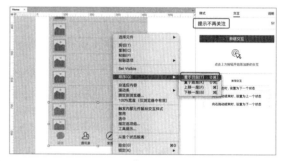

完成区域②。

元件间的联动，特别是内容跨度较大的细节容易被忽略。制作原型，需要有全局的观念。因为这是在打磨一款产品，而不是仅仅完成局部的功能模块设计。

至此，本案例完成。

思考与总结：

（1）通过本案例的临摹，你学习到了哪些知识和技能？请回顾并写出来。

（2）尽可能多地列举出具有列表式导航的产品，建议亲自体验。

（3）本案例中小程序的内容，预留空间太小，致使各元素之间间太过狭窄，如何使得预留空间变大，从而更加合理地完成小程序内容的布局呢？

（4）在制作本案例的过程中，微信小程序的界面已经迭代，由下拉的区域显示变为了下拉的页面显示，请思考如何制作迭代后的微信小程序界面。

（5）当单击"确认删除"或者"不再关注"按钮时，该条消息被删除，同时下方消息依次往上顺排。请思考如何表现消息列表的增减。

（6）在本案例中，提到的关于制作原型时容易犯的错误有哪些，请归纳总结出来。

（7）当消息列表中有未读消息时，单击底部的"微信"，界面直接定位到首条未读消息。关于这项交互，制作思路是什么？

作业：

（1）QQ 是典型的列表式导航，界面设计也与微信相似。请结合本节学到的知识与方法，完成以下界面的临摹。

（2）从"思考与总结"列举的产品中挑选一款进行原型制作。

3.3　选项卡式导航（百合网）

选项卡式导航的要点在于，不同的选项卡指向不同的内容，因此作为各种内容的"门"，一定要有清晰的标志。该导航的常见布局如下图所示。

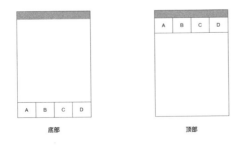

底部　　　　　　　　顶部

在设计选项卡式导航时，可以选择常规的设计方法。如果想要界面整洁、便于操作，以提升用户体验，则需要注意如下内容。

（1）选项卡的分类最好在 5 个以内。

（2）若分类较多，则可采用"More"的方式折叠。

（3）若不采用折叠方式，则可采用水平滑动或者垂直滑动的方式设计选项卡。

以底部选项卡为例，常见的样式如下图所示。

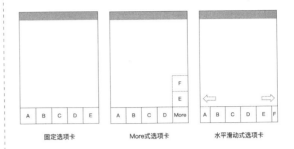

固定选项卡　　　More式选项卡　　　水平滑动式选项卡

星巴克 App 的选项卡式导航相对固定，而站酷 App 则结合了上述 3 种方式设计选项卡。

星巴克　　　　　随手记　　　　　站酷

3.3.1　案例分析

百合网的 App 首页导航，采用的是标准的固定选项卡——共 5 个内容分类。内容区域是多张照片的堆叠效果，给用户的印象是，照片多到无穷无尽。它所显示的照片为堆叠顶部的第一张照片，用户通过滑动照片来表示自己对目标对象的态度。

本案例需要完成的任务有 3 个：第一，制作该案例的静态页面；第二，设置图片滑动的交互效果；第三，在交友分类上制作圆形环绕效果，以及使用另外一种方法完成倒计时效果。

3.3.2　案例制作思路

1. 划分区域

将页面划分为两个区域：区域①为内容区，区域②为固定选项卡区。

2. 分解

拆分每个区域的构成元素，用 Axure 的语言来描述它们。

构成元素：包括但不限于动态面板、矩形、文本标签、图片、垂直线等。

构成元素：包括但不限于 icon、矩形、文本标签等。另外，要制作倒计时和圆形环绕效果，还会用到动态面板。

3. 识别交互

本案例需要完成的交互任务如下。

（1）区域①，设置照片滑动的交互效果。交互叙述如下：

a. 当向左拖动图片时，如果图片到达某个特定位置，则图片右上角显示"关闭"元素；如果拖动结束，则隐藏图片。

b. 当向右拖动图片时，如果图片到达某个特定位置，则图片左上角显示"爱心"元素；如果拖动结束，则隐藏图片。

c. 如果图片在被拖动的过程中，未到达某个特定位置，则返回原始位置，并隐藏"关闭""爱心"元素。

d. 当图片在右侧隐藏时，即显示"爱心"元素后隐藏，则"爱心"的数字加 1。

（2）区域②，设置圆形环绕的交互及倒计时的交互效果。当前截图展示的 App 版本未上线，属于旧版本的功能，在本案例制作过程中，将其还原。交互叙述如下：

a. 当载入页面时，圆形环绕着交友分类循环绕圆。

b. 当载入页面时，倒计时开始。

4. 构建元素的来源

构建元素的来源为元件库、iconfont.cn 和网络图片。

3.3.3　案例操作

首先，制作背景。

拖入"矩形 2"，在"样式"面板中设置其坐标为（50,50）、尺寸为 375×812；在"交互"面板中设置"矩形 2"的名称为"背景"。

因为背景有渐变色，所以将 App 截图拖入编辑区域，通过取色器获取背景两端的颜色。

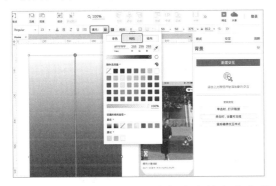

通过拉动两端端点，选择渐变的方向和范围。选中左下角的端点，同时，单击取色器，从 App 截图中获取左下角端点的颜色。

移动图片和"颜色"面板，选中右上角的端点，单击取色器，从 App 截图中获取右上角端点的颜色。

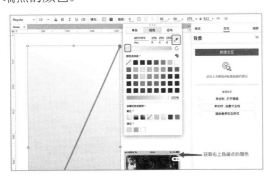

在此以两端颜色作为渐变色案例，如果需要完成 App 截图中的多层次渐变，则可以在色条中间增加若干个取色点（单击即可）。

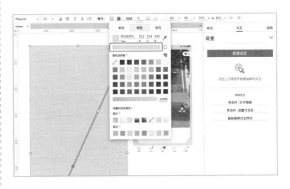

其次，制作区域①。

之前分析过，此处需要多张图片作为照片展示。从网上或者本地计算机获取图片作为照片展示，在此获取 3 张图片。

每张图片的尺寸根据界面元素所占面积来选择，因为只有图片的长宽比例合适，做出的原型才不会显得突兀。在本案例中，图片的宽 × 高大约为 350×624。

3 张图片需要放进动态面板内才能进行交互设置。在此，选中图片，单击鼠标右键，在弹出的快捷菜单中选择"转换为动态面板"命令。

从右往左，依次将图片转换为动态面板，

并且依次命名为"第一张""第二张""第三张"。

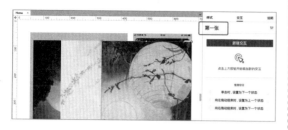

制作完成后，将 3 个动态面板堆叠在一起，坐标为（62,79），可根据实际情况调整坐标，只要与背景的矩形保持居中对齐即可。

继续处理细节。App 截图中显示的图片，左上角和右上角均是圆角，左下角和右下角均是直角。

因此，需要对图片左上角、右上角的圆角进行设置。双击"第一张"动态面板，选中图片，在"样式"面板中找到圆角设置区域。

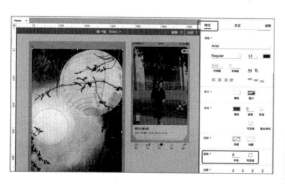

将"半径"设置为20，单击"可见性"按钮，单击左上角和右上角，使图片的这两个角成为圆角。

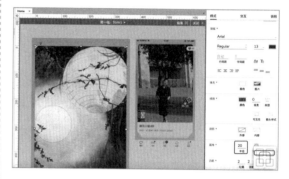

按照此方法，接着设置"第二张"和"第三张"动态面板。

另外，在每张图片下方，需要显示该图片的详细信息。本案例中是姓名、年龄等信息，这方面信息根据图片内容自行添加。又因为每次滑动图片时，相关信息会随着图片一起滑动，所以，需要将每张图片的信息分别加入各自的动态面板中。双击"第一张"动态面板，在图片下方拖入"矩形 1"，在"样式"面板中设置坐标为（0,624）。需要注意的是，此处为动态面板内的位置，并非编辑区域的位置；尺寸为 352×60；无线段；"圆角"的"半径"为20，仅显示左下角和右下角的圆角（对应图片的设置）；无须命名。

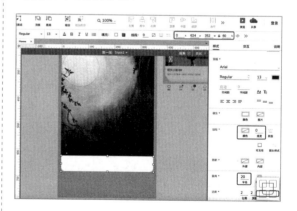

按照上述方式，设置"第二张"和"第三张"动态面板的信息区域——想要更加便捷，可以直接复制、粘贴该矩形。

接着，拖入"文本标签""垂直线"和"矩形"，完成信息部分。

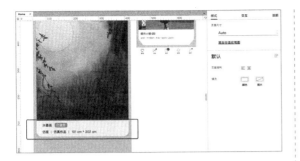

要制作每张图片下的堆叠效果，通过拖入"矩形"来完成。拖入"矩形 1"，在"样式"面板中设置坐标为（78,762）、尺寸为 320×20；无线段；"圆角"的"半径"为 20，仅显示左下角和右下角的圆角；无须命名。

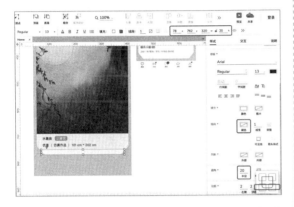

同时单击"填充"的"颜色"按钮，在弹出的取色面板中将矩形的"不透明度"设置为 80%。

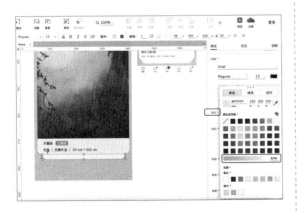

复制该矩形，在"样式"面板中设置其坐标为（93,780）、尺寸为 290×20；单击"填充"的"颜色"按钮，在弹出的取色面板中将矩形的"不透明度"设置为 60%；无须命名。

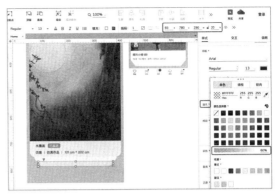

根据之前的分析，区域①需要完成照片滑动的交互，即：

a. 当向左拖动图片时，如果图片到达某个特定位置，则图片右上角显示"关闭"元素；如果拖动结束，则隐藏图片。

b. 当向右拖动图片时，如果图片到达某个特定位置，则图片左上角显示"爱心"元素；如果拖动结束，则隐藏图片。

首先设置"第一张"动态面板的拖动效果。选中"第一张"动态面板，单击"新建交互"按钮。

将交互"事件"设置为"拖动时"，将"元件动作"设置为"移动"。

将"目标"设置为"当前元件"，将"移动"设置为"跟随拖动"，单击"确定"按钮。

通过预览，可以发现"第一张"动态面板能够被拖动了。

可是这里有一个问题，假设在手机里显示，那么被拖动的图片一定不会在手机外显示，因此为了保证原型的高仿真度，需要模拟出这种场景。

拖入"动态面板"，在"样式"面板中设置其坐标为（50,50）、尺寸为375×812；无须命名，即位置与尺寸和背景的一样，完全覆盖所有元件，同时，把所有元件剪切、粘贴进该动态面板内。

再次进行预览，会发现"第一张"动态面板，并不像之前那样被拖到原型外面去了，原型有了边界的概念。

根据交互叙述，在"第一张"动态面板中，设置"关闭"和"爱心"元件。因为涉及显示和隐藏的交互，所以，"关闭"和"爱心"元件，需要分别装进动态面板中进行设置。

拖入"矩形1"，选中，单击鼠标右键，在弹出的快捷菜单中选择"选择形状"命令。

选择心形，将"爱心"拖至坐标（30,30）的位置，尺寸为48×44；填充色为红色；无线段。

接着，选中心形，单击鼠标右键，在弹出的快捷菜单中选择"转换为动态面板"命令。

转换之后，将其命名为"第一张心形"。

同理，设置"关闭"元件。拖入"圆形"，将"圆形"拖至坐标（280,28）的位置，尺寸为 48×48；填充色为白色；无线段；在圆形内输入字母"X"，字号为 28，字体颜色为深灰色。

选中"圆形"，单击鼠标右键，在弹出的快捷菜单中选择"转换为动态面板"命令，并且将其命名为"第一张关闭"。

默认状态下，"爱心"和"关闭"元素均是隐藏的，因此设置两个元件为隐藏状态。

根据交互的叙述——"如果图片到达某个特定位置"。对于"某个特定位置"，使用"热区"元件来表示。

拖入"热区"，拖至坐标为（0,0）的位置，尺寸为 1×812；将其命名为"左热区"。

选中"第一张"动态面板，单击"新建交互"按钮，将交互"事件"设置为"移动时"，将"元件动作"设置为"显示 / 隐藏"。

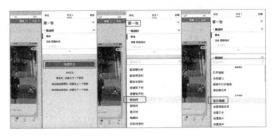

将"目标"设置为"第一张关闭"，将"元件动作"设置为"显示"，单击"确定"按钮。

当然，显示"关闭"元素是有前提条件的，

即移动"第一张"动态面板时，接触到了左热区，即触发显示"关闭"元素的交互。单击 +IF，设置条件。

单击"确定"按钮，再次单击 +IF，进行如下图所示的设置。

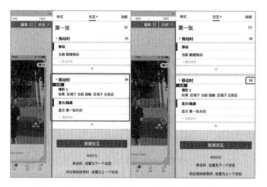

"第一张"动态面板未接触到左热区。

单击"确定"按钮后，再单击"+"按钮，将"元件动作"设置为"显示/隐藏"。

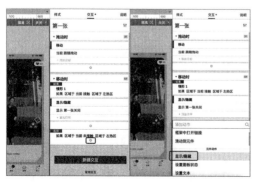

将"目标"设置为"第一张关闭"，将"元件动作"设置为"隐藏"。

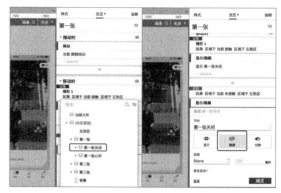

接着在该交互上单击鼠标右键，在弹出的快捷菜单中选择"切换为［如果］或［否则］"命令，将"否则"改为"如果"，预览效果。如果感觉"关闭"元素的显示或隐藏比较突兀，则可以设置过渡动画。

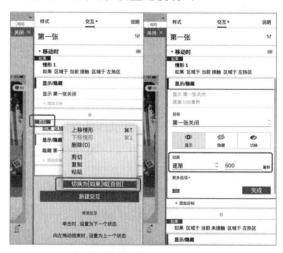

设置完成的交互条件。

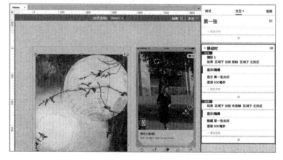

按照上述方法，设置"爱心"元素的显示和隐藏。

基本思路是，复制左热区，拖至原型区域的最右侧，并改名为"右热区"。选中"第一张"

动态面板，在"移动时"的条件下设置"第一张"动态面板接触或未接触到右热区的交互。即接触到右热区，显示"爱心"；未接触到右热区，隐藏"爱心"右热区。

复制、粘贴左热区，拖至坐标为（374,0）的位置，尺寸为 1×812；将其命名为"右热区"。

选中"第一张"动态面板，单击"移动时"的 +IF，增加判断条件。

设置"第一张"动态面板的范围"接触"到"右热区"的范围，单击"确定"按钮。

插入动作，将"元件动作"设置为"显示 / 隐藏"。

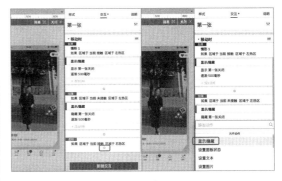

将"目标"设置为"第一张心形"，将"元件动作"设置为"显示"，将"动画"设置为"逐渐，500 毫秒"，单击"确定"按钮。

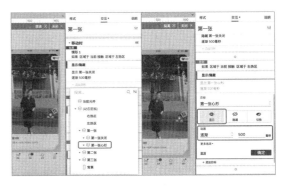

继续单击"移动时"的 +IF，增加判断条件。

设置"第一张"动态面板的范围"未接触"到"右热区"的范围，单击"确定"按钮。

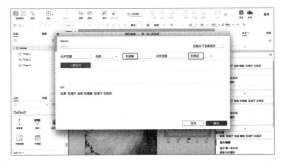

插入动作，将"元件动作"设置为"显示 / 隐藏"。

将"目标"设置为"第一张心形",将"元件动作"设置为"显示",将"动画"设置为"逐渐,500毫秒",单击"确定"按钮。

此时需要通过单击鼠标右键,在弹出的快捷菜单中选择"切换为[如果]或[否则]"命令,将"否则"改为"如果"。

预览交互效果。此时设置仍未结束。

继续设置:当拖动结束时,"第一张"动态面板的范围"接触"到"左热区"或"右热区",则隐藏"第一张"动态面板。

结合 c 交互设置:如果图片在被拖动过程中,未到达某个特定位置,则返回原始位置,并隐藏"关闭""爱心"。

选中"第一张"动态面板,单击"新建交互"按钮,将交互"事件"设置为"拖动结束时"。

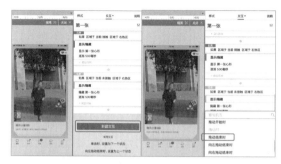

将"元件动作"设置为"显示/隐藏",将"目标"设置为动态面板"第一张"。

选择"隐藏",将"动画"设置为"逐渐,500毫秒"。单击"确定"按钮,仍然需要设置前置条件,单击 **IF**。

设置"第一张"动态面板的范围"接触"到"左热区"。

隐藏"第一张"动态面板。继续单击 **IF**。

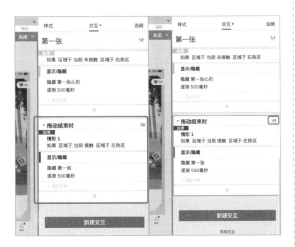

设置"第一张"动态面板"未接触"到"左热区",单击"确定"按钮。

插入动作,将"元件动作"设置为"移动"。

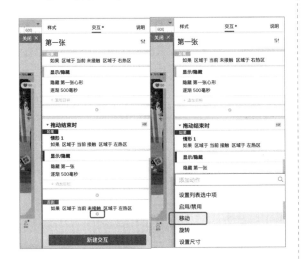

将"目标"设置为"第一张"动态面板,将"移动"设置为"回到拖动前位置"。

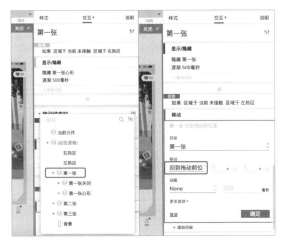

单击"确定"按钮后,把"否则"改为"如果",然后继续单击"拖动结束时"的 **+IF**。

设置"第一张"动态面板的范围"接触"到"右热区"的情况,然后单击"确定"按钮。

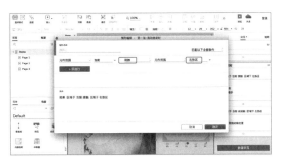

插入动作,将"元件动作"设置为"显示 / 隐藏"。

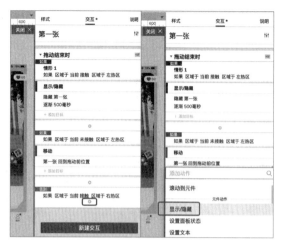

将"目标"设置为"第一张"动态面板；选择"隐藏"，将"动画"设置为"逐渐，500毫秒"，然后单击"确定"按钮。

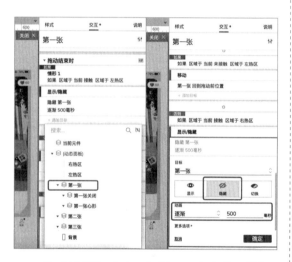

将"否则"改为"如果"，继续单击 +IF 。

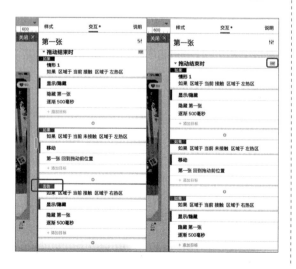

设置"第一张"动态面板"未接触"到"右热区"的情况，然后单击"确定"按钮。

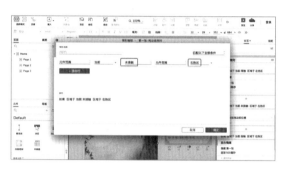

插入动作，将"元件动作"设置为"移动"。

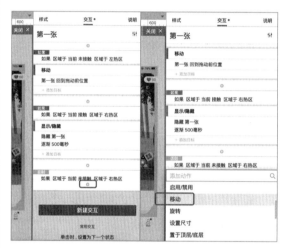

将"目标"设置为"第一张"动态面板，将"移动"设置为"回到拖动前位置"。

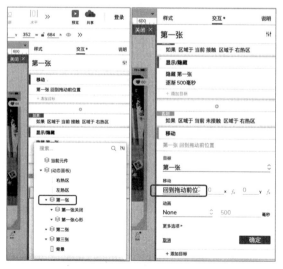

单击"确定"按钮后，把"否则"改为"如果"。至此，制作完毕，浏览效果。

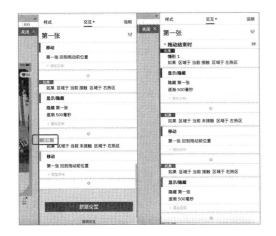

可以发现，向右拖动"第一张"动态面板，与右热区接触，并且拖动结束松开鼠标时，"第一张"动态面板并未隐藏，说明是存在问题的。

然而根据逻辑，制作思路并没有问题。原因在于，Axure 软件存在交互执行的先后顺序，此处的交互设置应进行合并处理，即在什么条件下"第一张"动态面板隐藏，在什么条件下"第一张"动态面板回到拖动前的位置，需要合并设置。设置的效果如下图所示。

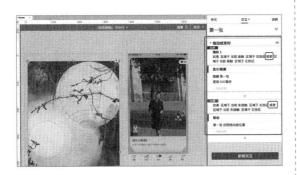

条件设置是：两个条件是"或"的关系，而不是"且"的关系。

对这一细节要特别注意。

还有一个细节需要处理，选中"第一张"动态面板，在"拖动时"下面插入动作，选择置顶"第一张"动态面板。这样做的目的是，在拖动"第一张"动态面板时，不会被堆叠效果的矩形遮挡。

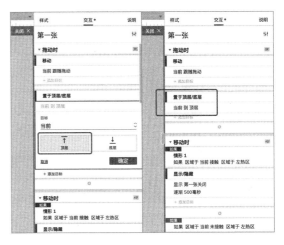

按照上述方法，完成"第二张"和"第三张"动态面板的交互设置。

区域①内的 a、b、c 交互已经完成，下面完成 d：图片在右侧隐藏，即显示"爱心"元素后隐藏，则"爱心"的数字加 1。

拖入"矩形 1"至"State1"动态面板，在"样式"面板中设置其坐标为（315,52）、尺寸为 60×30；无线段；"圆角"的"半径"为20，左上角和左下角为圆角，右上角和右下角为直角。

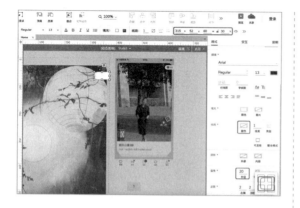

复制、粘贴第一张心形，在"样式"面板中设置坐标为（326,59）、尺寸为 19×17；无须命名。

拖入"文本标签"，在"样式"面板中设置其坐标为（352,57）、尺寸为 9×20；字体颜色为红色；文字内容为 0；在"交互"面板中设置"文本标签"的名称为"计数"。

拖入"动态面板"，在"样式"面板中设置其坐标为（316,52）、尺寸为 60×30；在"交互"面板中设置"动态面板"的名称为"计数器"，并且把之前的矩形、心形、计数等元件一起装入"计数器"动态面板中。这样做的目

的是，在图片被拖动时，计数器需要被设置为置顶状态，不会因图片的滑动而被遮挡。

选中"第一张"动态面板，在"拖动时"下的"置于顶层/底层"的位置，单击"添加目标"，将"目标"设置为"计数器"。

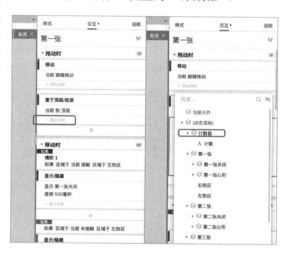

选择"顶层"，完成设置。

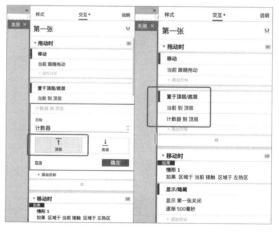

选中"第一张"动态面板，单击"新建交互"按钮，将"交互"设置为"向右拖动结束时"。

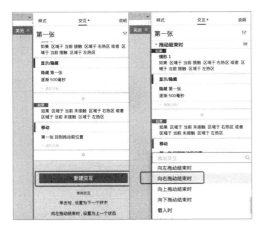

将"元件动作"设置为"设置文本"，将"目标"设置为"计数"。

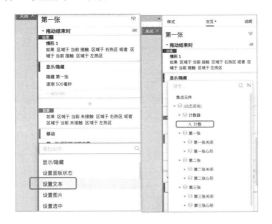

单击 *fx*。

单击"添加局部变量"选项。

选择"计数"，并且要注意是"元件文本"，不是元件。

把 0 删除，并且单击"插入变量或函数"选项。

选择刚刚生成的局部变量。

选择后的结果如下图所示。

把 [[LVAR1]] 改为 [[LVAR1+1]]，然后单击"确定"按钮。

设置完毕,可以在预览之后,向右拖动"第一张"动态面板,松开鼠标查看交互效果。

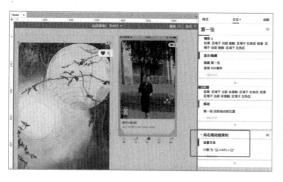

同理,完成"第二张"和"第三张"动态面板的交互。

至此,区域①大体上完成。案例中的浮标(装入动态面板,单击"关闭"图标即隐藏浮标)及显示照片数量的 icon 可以自行补充。

下面开始制作区域②。

拖入"矩形 1",在"样式"面板中设置其坐标为(0,762)、尺寸为 375×50;无线段;无须命名。以此作为选项卡式导航的背景。

按照以往的方法,要拖入 icon 和"文本标签"完成各种分类的选项卡,但此处为了排版方便,可以直接设置相等宽度的矩形——这种

方法取决于背景的宽度,本案例中作为背景的矩形的宽度为 375,而选项卡的分类数量正好是 5 个,因此每个分类的宽度为 375÷5=75。可以直接复制、粘贴作为背景的矩形,改变尺寸和位置。分为 5 等份,宽度的总和仍是 375。

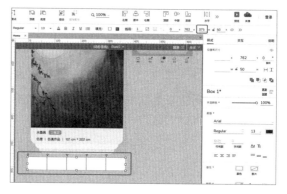

在每个矩形中输入对应的文字,通过按回车键将文字下沉。第一个矩形内的文字颜色为红色,字号为 12。

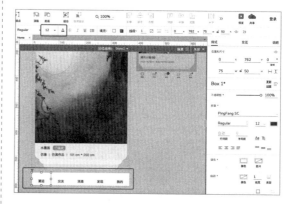

从前述的 iconfont.cn 获取 icon。

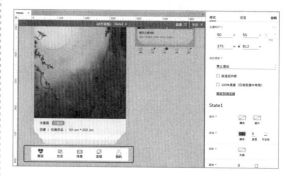

使用"圆形"完成气泡效果，对"交友"分类不做气泡效果。

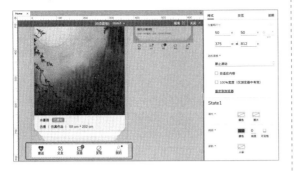

本案例 App 的以往版本，在选项卡中有圆形环绕着"发现"分类循环绕圆，并且还有倒计时显示。

因此先完成区域②的第一个交互。

a. 当载入页面时，圆形环绕着"交友"分类循环绕圆。

看见"循环"两个字，可以考虑使用"动态面板"。取一个月牙形的元件，假设绕一圈为 360°，设置 10 个以 36°为基数递增变化的状态，即 0°，36°，72°，…，360°，再设置"页面载入时"，自动循环切换动态面板的状态。

拖入"圆形"，在"样式"面板中，设置尺寸为 44×44——正好覆盖文字及 icon。同时，再复制一个同等大小的圆形。

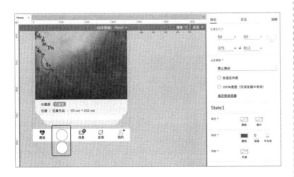

将两个圆形按照如下方式堆叠在一起。

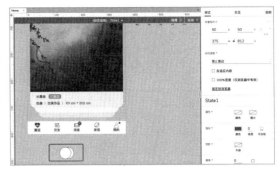

全选两个圆形，单击鼠标右键，在弹出的快捷菜单中选择"变换形状"→"去除"命令。

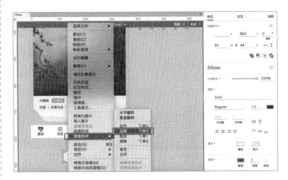

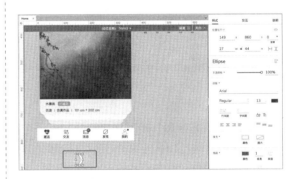

获得的新形状的填充色为红色，无线段。

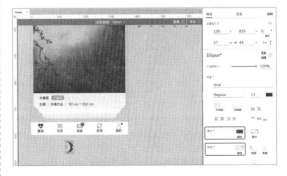

选中该形状，单击鼠标右键，在弹出的快捷菜单中选择"转换为动态面板"命令。

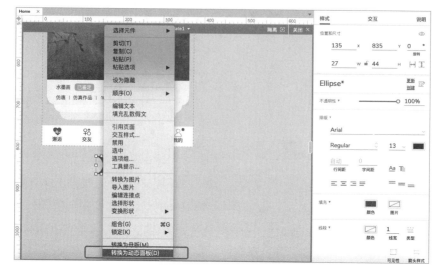

将新的"动态面板"命名为"动态循环"。

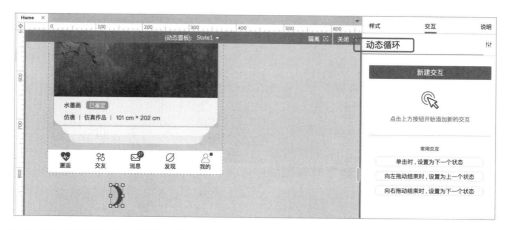

双击"动态循环"动态面板,将"State1"改名为 0,即表示该状态下形状的角度为 0°;新增一个状态,将新状态改名为 36,即表示该状态下形状的角度为 36°。

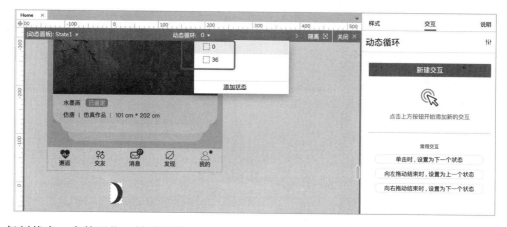

复制状态 0 中的形状,粘贴至状态 36 中,并且选中该形状,在"样式"面板中设置旋转角度为 36°。

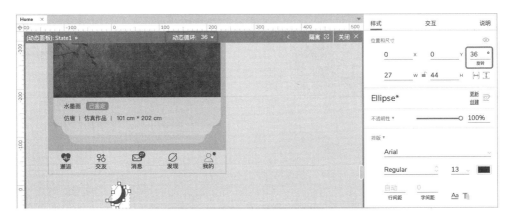

按照这种方法，设置剩余的状态。不过这里需要注意一点：后续所有需要设置角度的形状，建议从状态 0 中复制、粘贴，再设置形状的角度，因为状态 0 中的形状，旋转角度是 0°，是原始度数，设置方便。

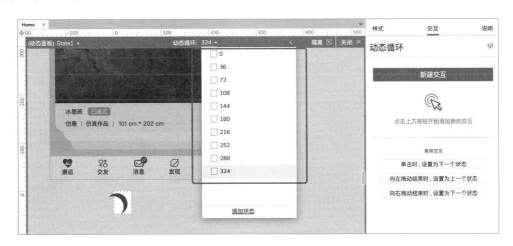

将"动态循环"动态面板置于合适的位置，坐标为（99，765）。

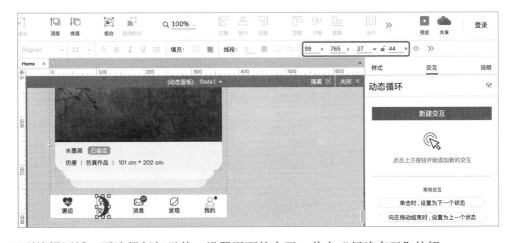

回到编辑区域，不选择任何元件，设置页面的交互，单击"新建交互"按钮。

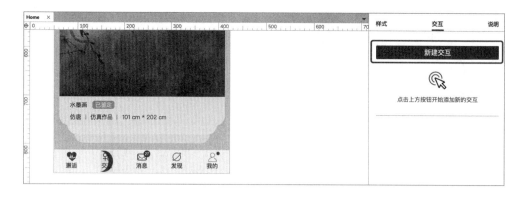

将交互"事件"设置为"页面载入时",将"元件动作"设置为"设置面板状态"。

将"目标"设置为"动态循环"动态面板;将"状态"设置为"下一项",勾选"向后循环""循环间隔 100 毫秒"和"首个状态延时 100 毫秒后切换"复选框。单击"确定"按钮。

预览交互效果。

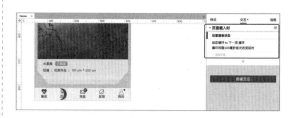

本案例中所取的形状以及形状的不透明度等,建议根据个人喜好或判断,做出相应调整和完善。制作方法相同。

接下来,完成区域②中第二个交互:b. 当载入页面时,倒计时开始。

有别于跳板式导航中的案例携程 App,使用动态面板完成倒计时的做法,在本案例中,使用另外一种做法来完成倒计时的制作。

在"State1"动态面板中拖入"矩形 1",在"样式"面板中设置其坐标为(128,764)、尺寸为 40×18;填充色为红色;无线段;"圆角"的"半径"为 10;无须命名。以此作为倒计时的背景。

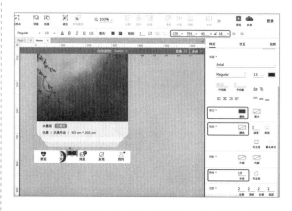

其次,拖入"文本标签",在"样式"面

板中设置其坐标为（133,768）、尺寸为 9×11；设置其字号为 8；设置其字体颜色为白色；文字内容为 10；将其命名为"时"。同时，复制、粘贴两次该文本标签，依次排列，将其命名为"分""秒"，其中"分"文本标签的内容为00、"秒"文本标签的内容为 10，即 10 点 00分 10 秒。时、分、秒之间的距离相等。如果字体过小，设置不方便，则可以像本案例一样，把编辑区域放大 200%。

拖入"动态面板"，在"样式"面板中设置其坐标为（135,785）、尺寸为 26×18；将其命名为"开关"。其实该动态面板的坐标和尺寸不固定，只需能够找到并可以设置即可，在本案例中把它放在了时间的下方。

选中"开关"动态面板，单击"新建交互"按钮。

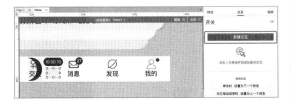

将交互"事件"设置为"显示时"，将"元件动作"设置为"设置文本"。

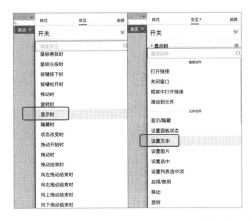

将"目标"设置为"秒"文本标签，单击 f_x。

第一步，单击"添加局部变量"选项。本案例中使用默认局部变量的名称"LVAR1"，此处可以根据自己的情况设置局部变量的名称，即元件"秒"的文字内容使用名称为"LVAR1"的变量值来表示。

第二步，单击"插入变量或函数"选项。直接选择局部变量 LVAR1，同时在变量内设置 -1，可以理解为"秒"文本标签自身的文字内容进行减法计算，每次减 1。

设置完毕，单击"确定"按钮。

那么在什么条件下，执行这样的交互呢？继续设置，单击 IF。

选择"秒"这个元件的文字，设置大于值为 00 的文本时，执行上述交互。

单击"确定"按钮，再次单击 +IF。

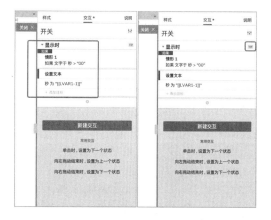

根据上述设置方法，设置"分"文本标签的条件和交互。

同时要记得，按照时间的规律，分每减 1，秒就会从 59 开始倒数。因此，在分每减 1 的交互下，插入动作，设置"秒"文本标签的内容为 59。此处无须把"否则"改为"如果"，保留"否则"的逻辑。

根据分和秒的设置，完成时。同理，当小时每减 1 时，分、秒就会从 59 开始倒数。

当数字从 59，58，57，…，渐渐变为 11、10 时，下一个数字将会显示为 9。我们发现，从 59 到 10，数字均为两位，从 9 开始便为一位，但时间一般使用两位表示，即使是 9，也会表示成 09。因此此处也需要对此进行规范设置。

思路是，当时、分、秒的内容长度小于 2 时，设置其内容为"0[[变量值]]"。

继续单击"显示时"右侧的 +IF。

选择"值"。

考虑一下，是谁的值？单击 f_x。

设置秒的文字长度。对于 Length 可以直接手动输入，也可以从"插入变量或函数"中选择。

秒的文字长度的值小于 2 时设置如下图所示。

插入动作，将"元件动作"设置为"设置文本"。

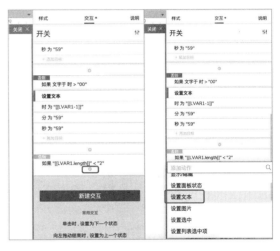

将"目标"设置为"秒"，单击 f_x。

添加局部变量，选择"元件文字""秒"。同时，在值的区域输入"0[[LVAR1]]"。

插入动作，将"元件动作"设置为"显示/隐藏"。

设置完成，同时需要把"否则"改为"如果"，并按照上述方法，完成"分"和"时"的设置。

接着，继续单击"显示时"右侧的 +IF，设置切换显示和隐藏的开关。

将"目标"设置为"开关"，选择"切换"。

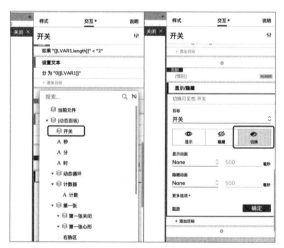

删除条件。

将"否则"改为"如果"。同时，还需要在开关隐藏时，设置切换的交互。单击"新建交互"按钮。

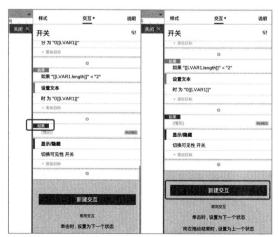

将"元件动作"设置为"隐藏时",选择"等待",选择"1000 毫秒"。

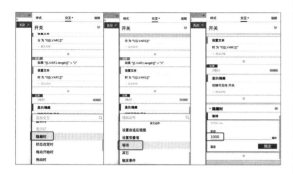

同时,再插入动作,将"元件动作"设置为"显示 / 隐藏"。

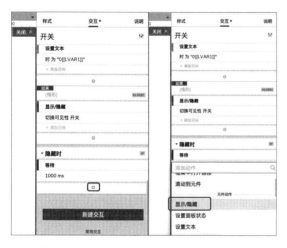

将"目标"设置为"开关"动态面板,选择"切换"。

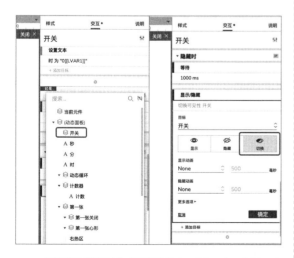

回到编辑区域"页面载入时"下,插入动作,将"元件动作"设置为"显示 / 隐藏"。

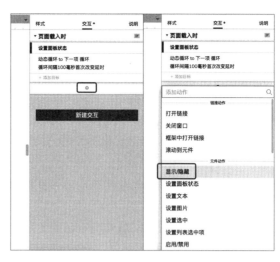

将"目标"设置为"开关",选择"切换"。

完成后,预览交互效果。

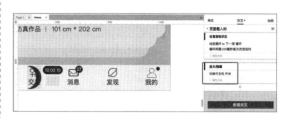

至此,区域②完成。同时,本案例完成。

思考与总结:

(1)通过本案例的临摹,学习到了哪些知识和技能?请回顾并写出来。

(2)尽可能多地列举出具有选项卡式导航的产品,建议亲自体验。

(3)如果将案例中的堆叠效果做成动态的,

那么该如何描述并且制作？提供一个思路：使用动态面板。当滑动任何一张图片时，移动动态面板内的矩形，矩形移动的距离与被拖动图片的拖动距离是等比例的。

（4）关于案例中所指的某个特定位置，还能试用哪些方法作为可参照的标准？提供一个思路：元件的 left 值或 right 值。

（5）在新增相似条件时，除了单击 +IF，还有什么快捷方法？该方法同样适用于设置相似的交互、相似的元件等。

（6）从逻辑上考虑，if 和 if else 的关系，你能够梳理清楚吗？

（7）本案例中，图片每次隐藏时的效果制作得并非完美，应如何改善？

（8）如果有必要，把时∶分∶秒中间的两个"∶"，也使用动态面板完成吧！

作业：

（1）"饿了么"这款 App 集合了跳板式导航和选项卡式导航。请结合本节学到的知识与方法，完成以下界面的临摹，并且在"发现"的分类上，制作循环绕圆效果以及倒计时效果。

（2）从"思考与总结"列举的产品中挑选一款进行原型制作。

3.4　陈列馆式导航（优酷）

陈列馆式导航的要点在于，它更适用于视频、图片类的内容型客户端。该导航的常见布局如下图所示。

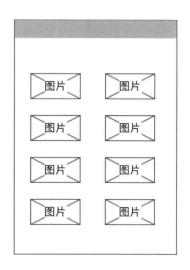

陈列馆式导航通过显示各个内容项来实现导航的目的。

从上图中可以发现，选项卡式导航＋陈列馆式导航＋搜索框，非常适合信息更新频繁的产品。

3.4.1　案例分析

优酷 App 首页导航属于陈列馆式导航，直接展示默认分类的视频内容。与跳板式导航不同的是，陈列馆式导航缩短了用户获取内容的路径，而后者展示的是内容入口。

本案例需要完成的任务有 3 个：第一，该案例的静态页面；第二，制作视频播放的交互效果；第三，设置底部选项卡的分类，在被选中时或未被选中时的尺寸变化。

3.4.2　案例制作思路

1. 划分区域

将页面划分为两个区域：区域①为内容区，区域②为固定选项卡区。

2. 分解

拆分每个区域的构成元素，用 Axure 的语言来描述它们。

区域①的构成元素：包括但不限于 icon、矩形、文本标签、图片、内联框架等。

区域②的构成元素：包括但不限于 icon、矩形、文本标签等。

3. 识别交互

本案例需要完成的交互任务如下。

（1）区域①，视频播放的交互。交互叙述如下：

当载入页面时，实现播放某个视频。

（2）区域②，分类 icon 及字体颜色的交互。交互叙述如下：

a. 当单击任意分类时，该分类的字体颜色发生变化，同时其他 4 个分类的字体颜色为默认状态。

b. 当单击任意分类时，该分类的 icon 尺寸变大，其他 icon 的尺寸恢复原样。

4. 构建元素的来源

构建元素的来源为元件库、iconfont.cn 和网络图片。

3.4.3　案例操作

首先制作背景。

拖入"矩形 1"，在"样式"面板中设置其坐标为（50,50）、尺寸为 375×812；设置为无边框；无须命名。

拖入"矩形 2"，在"样式"面板中设置其坐标为（50,50）、尺寸为 375×100；使用取色笔获取优酷 App 页头的颜色；无须命名。

拖入"圆形",在"样式"面板中设置其坐标为(60,60)、尺寸为15×15;使用取色笔在优酷 App 截图中获取对应元件的颜色;无须命名。

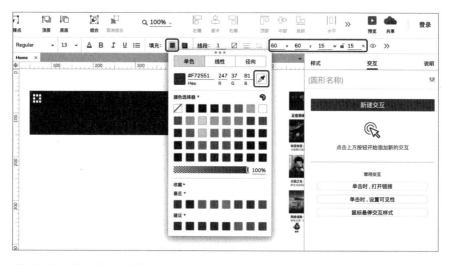

复制、粘贴该圆形,使用同样的方式设置蓝色的圆形,其坐标为(75,60)、尺寸为15×15;无须命名。

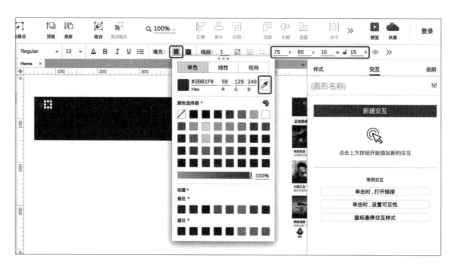

　　拖入"文本标签"，编辑对应的文字。每个文本标签的间距为 30。同时，拖入"圆形"，设置尺寸为 5×5，并设置为无边框，置于"精选"下方，同时与"精选"居中对齐；元件均无须命名。

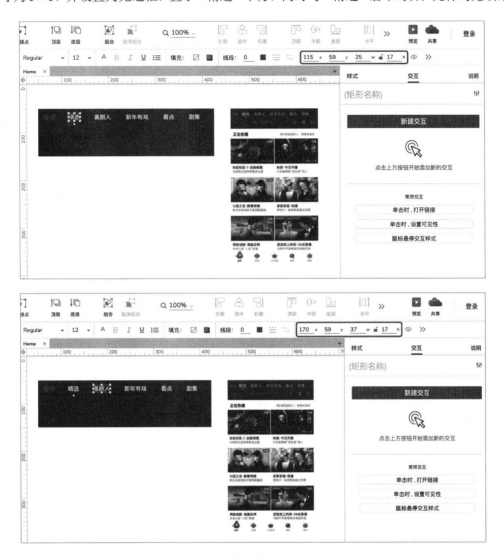

全选后面 4 个文本标签，设置"不透明度"值为 80%。

拖入"矩形1"，在"样式"面板中设置其坐标为（60,100）、尺寸为280×30；设置其"不透明度"值为20%；设置其"圆角"的"半径"为20；无须命名。

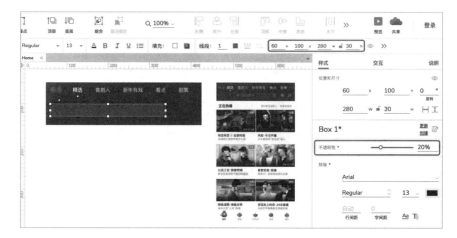

拖入"圆形"，在"样式"面板中设置其坐标为（345,100）、尺寸为30×30；设置其"不透明度"值为20%；无须命名。

再拖入"圆形"，在"样式"面板中设置其坐标为（380,100）、尺寸为30×30；设置其"不透明度"值为20%；无须命名。

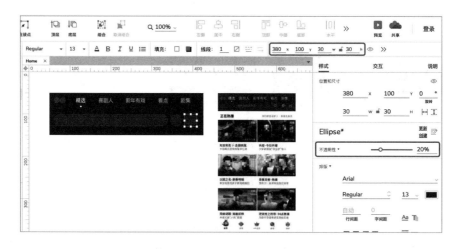

下载 icon 元素，并拖入"文本标签"和"垂直线"，置于合适的位置。这里需要注意的是，对于这些元素要适当设置"不透明度"，使其能够在视觉上与搜索框、圆形背景相融。

拖入"三级标题"和"文本标签"，编辑文字，设置字号、字体颜色，并置于合适的位置。

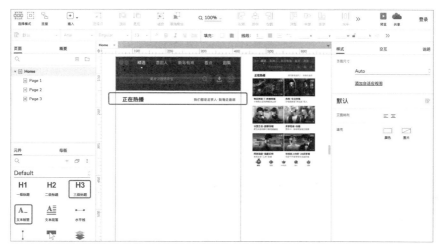

接下来的视频封面，在实际操作时可以直接使用计算机登录优酷网，通过截图或审查元素的方法获取对应视频的原图。此处使用的是网络图片。每行两张图片，左侧图片靠左对齐，右侧图片靠右对齐，因为原型宽度为 375，所以 375=187×2+1。每张图片的宽度为 187，中间正好留白（宽度为 1）；图片下方的文字坐标与图片坐标保持距离为 10 即可。图片尺寸统一定为 187×105。

按照这种方式，完成内容区的设置。注意预留最后一个封面图的位置，完成区域①的交互任务。

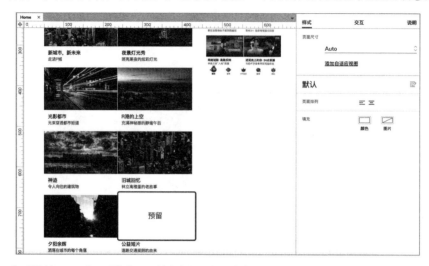

拖入"内联框架"，在"样式"面板中设置 X 坐标值与纵向封面图的 X 坐标值相同、Y 坐标值与横向封面图的 Y 坐标值相同，尺寸为 187×105；在内容框架部分，勾选"隐藏边框"复选框，选择"按需滚动"和"视频"。

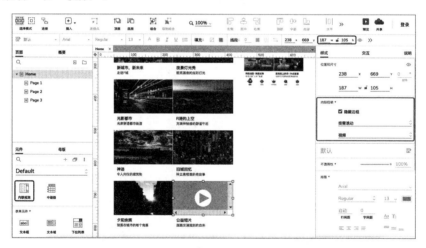

通过计算机打开优酷网站，单击任意视频封面，进入视频观看页面。将鼠标指针悬停在"分享"按钮上，单击"复制 Flash 代码"按钮。

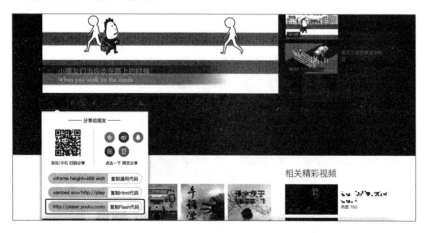

将复制好的链接粘贴至内联框架内。具体操作是双击内联框架，选择"链接一个外部的 URL 或文件"单选按钮，粘贴链接。

单击"确定"按钮，预览交互效果。用作预览的浏览器需要安装 Flash 插件。

至此区域①完成。

继续完成区域②。

根据列表式导航和选项卡式导航制作底部导航的经验，拖入"矩形"、"文本标签"和 icon 进行制作。

拖入"矩形 1"，在"样式"面板中设置其坐标为（50,812）、尺寸为 375×50；将边框"可见性"设置为仅上边框可见；线框颜色为淡灰色；无须命名。

同样，为了排版方便，复制 5 个矩形，每个矩形的宽度为 375÷5=75。

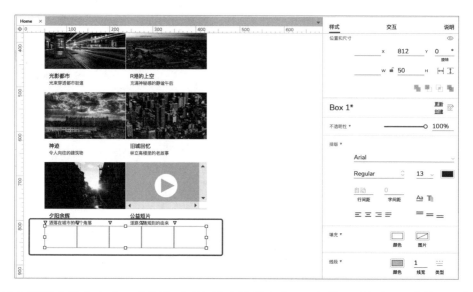

直接在矩形中输入文字,分别为"首页""发现""VIP 会员""星球""我的",字体颜色为淡红色,字号为 10,并且通过按回车键使文字下沉到矩形底部。

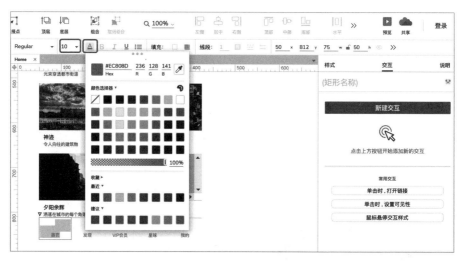

全选 5 个"矩形"——这里有 6 个矩形,对于底部长矩形可以不用管,在设置过程中也不会涉及。在"交互"面板中,单击"多个元件"右侧的 ⅲ 按钮。

在"选项组"中随意输入数字，以对 6 个矩形进行编组——输入的数字有别于其他分组即可。

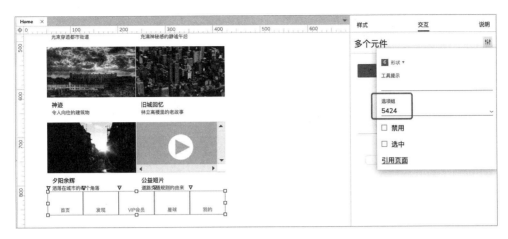

编组完成后，单击"新建交互"按钮。

选择"选中"交互样式。

勾选"字色"复选框，选择红色。

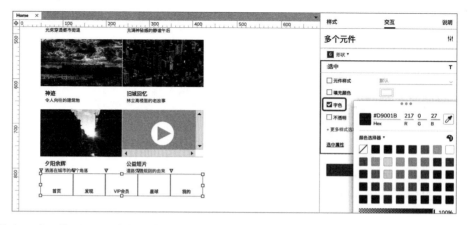

再拖入 5 个"热区",尺寸与 5 个"矩形"相同。把 5 个"热区"想象成 5 个盖子,先置于 5 个"矩形"下方,因为还未将 icon 拖进"矩形"中。"热区"的作用在于能够使单击操作覆盖整个分类。

选中第一个"热区",单击"新建交互"按钮。

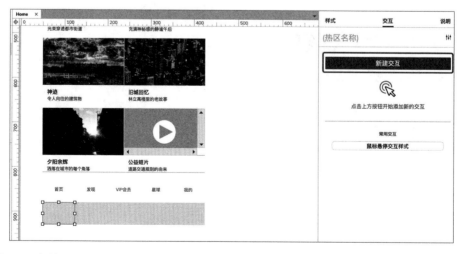

将交互"事件"设置为"单击时",将"元件动作"设置为"设置选中"。

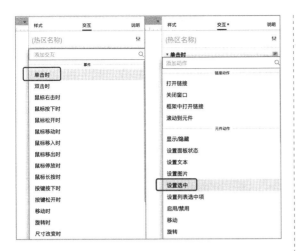

将"目标"设置为"首页"，单击"确定"
按钮。

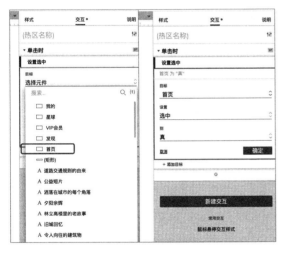

用相同的方法设置剩余 4 个热区的交互。

在访问首页时，默认选中了第一个分类，
因此，在编辑区域不选择任何元件，在"页面
载入时"下，设置"设置选中"为"首页为'真'"。

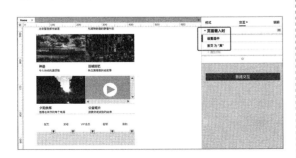

预览交互效果，完成区域②中的交互 a。
接着完成交互 b。

拖入文字对应的 icon，每个 icon 的原始
尺寸是 15×15，并且为每个 icon 以"分类 +
icon"的方式进行命名。

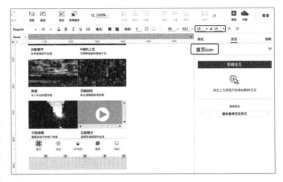

选中首页对应的热区，单击"+"按钮。

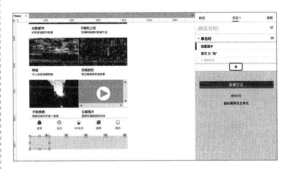

将"元件动作"设置为"设置尺寸"，将
"目标"设置为"首页 icon"。

设置"尺寸 + 锚点"为 20×20，自中心
点变化尺寸，同时，设置其他 4 个 icon 仍然是
15×15 的默认尺寸。当然，也必须是自中心变
化的。

对剩余 4 个"热区",也按照这种方法进行设置,以"发现"热区为例。

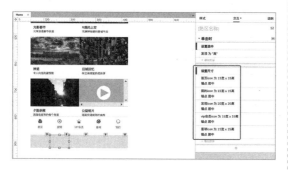

设置完毕后,预览交互效果。

如果交互效果没有问题,记得把 5 个"盖子"盖在 5 个分类上,同时把所有盖子置于顶层。

最后,别忘了在载入页面时,设置"首页icon"的尺寸效果。

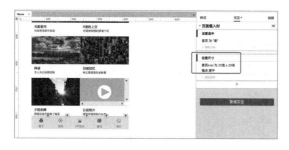

至此,区域②完成。

本案例完成。

思考与总结:

(1)通过本案例的临摹,学习到了哪些知识和技能?请回顾并写出来。

(2)尽可能多地列举出具有陈列馆式导航的产品,建议亲自体验。

(3)案例中的封面图 + 文字描述均是统一格式,对于这种规律性的陈列,有没有其他方法进行设置?(中继器)

(4)案例中添加的是网络视频,那么如何添加本地视频?

作业:

(1)网易公开课的首页也采用了陈列馆式导航,并且底部选项卡的 icon,也会随着单击的切换而发生变化。请结合本节学到的知识与方法,完成以下界面的临摹。

(2)从"思考与总结"列举的产品中挑选一款进行原型制作。

3.5 表盘式导航(随手记)

什么是表盘式导航?想象一下汽车或飞机的仪表盘。表盘式导航为关键数据或信息提供了可视化视角,通常在金融类产品、运动类产品中可以见到表盘式导航,它很适合用于数据展示、商业分析等,如银行的投资渠道分类、财务的支出分类等。该导航的常见布局如下图所示。

下面 3 款产品都采用了表盘式导航。

| 支付宝 | 招商银行 | Keep |

3.5.1　案例分析

随手记 App 中有一页是图表浏览，将用户所记录的数据，通过饼图或者条形图的方式进行显示。同时，还可以从不同维度对数据进行分类，如支出图表、收入图表、资产图表、月度图表等。

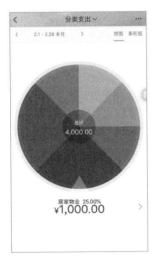

本案例需要完成的任务有 5 个：第一，该案例的静态页面；第二，制作显示数据的分类页面；第三，转动饼图；第四，制作悬浮按钮移动的交互效果；第五，制作按月切换图表的交互效果。

3.5.2　案例制作思路

1.划分区域

本案例界面默认的元素较少，并且各功能区关联性较强，不适合做区域划分。

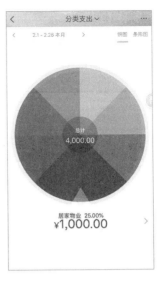

2.分解

构成元素包括但不限于矩形、icon、饼图、文本标签、动态面板、热区、水平线等。

3.识别交互

本案例需要完成的交互任务如下：

a. 当单击"分类支出"区域时，自上而下出现资金分类的页面，同时箭头向上。再次单击"分类支出"，自下而上隐藏资金分类的页面。

b. 当转动饼图时，显示饼图所展示区域的数据。

c. 悬浮按钮可以被拖动，但拖动的范围不能超过页面的左、右、顶、底 4 个边界。同时，以页面宽度的一半作为标准，当拖动结束时，若悬浮按钮处于页面左侧，悬浮按钮移动到页面左侧，与页面左侧对齐，同时在一秒后，自动隐藏其一半内容。当拖动结束时，若悬浮按钮处于页面右侧，悬浮按钮移动到页面右侧，与页面右侧对齐，同时在一秒后，自动隐藏其一半内容。单击悬浮按钮，弹出弹窗的界面交互可以忽略不做。

d. 单击条形图，页面自右向左滑动，显示条形图内容；当显示为条形图时，单击饼图，页面自左向右滑动，显示饼图内容。

4.构建元素的来源

构建元素的来源为元件库、Excel 和 iconfont.cn。

3.5.3 案例操作

首先制作背景。

拖入"矩形 1",在"样式"面板中设置其坐标为(50,50)、尺寸为375×812;设置为无边框;无须命名。

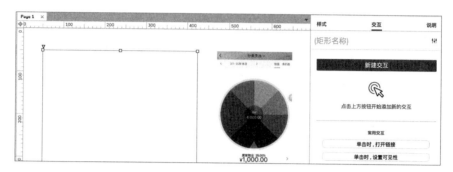

复制"矩形 1",在"样式"面板中设置其坐标为(50,50)、尺寸为375×50;使用取色笔获取 App 界面截图页头的颜色;无须命名。

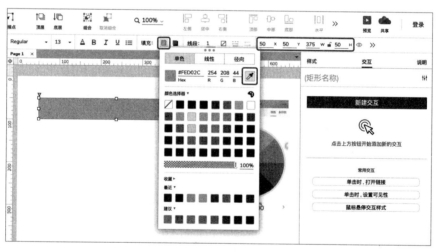

拖入"水平线",其宽度为15、角度为30°。

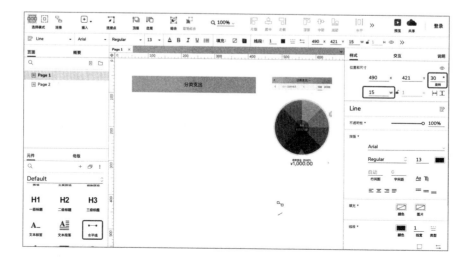

拖入另外一条"水平线",宽度为 15,角度为 −30°,即 330°。

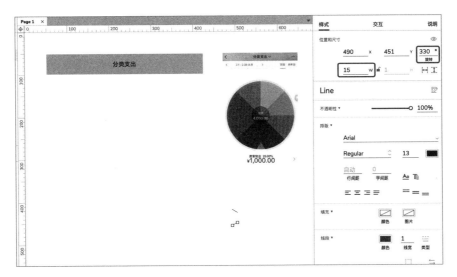

将两条水平线调整到合适的位置,全选,单击鼠标右键,在弹出的快捷菜单中选择"组合"命令。

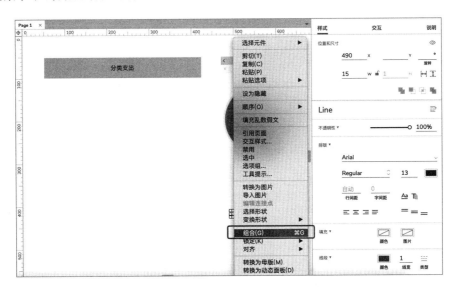

将组合后的箭头与页头矩形进行中部对齐,同时参考 App,将其置于合适的位置。

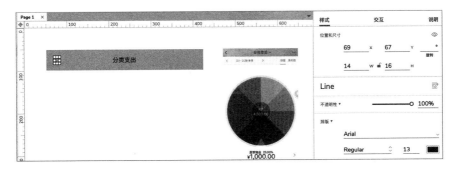

复制箭头组合,取消组合,将新增的两条水平线宽度设置为 10,将角度改为 45°及 −45°(315°)。

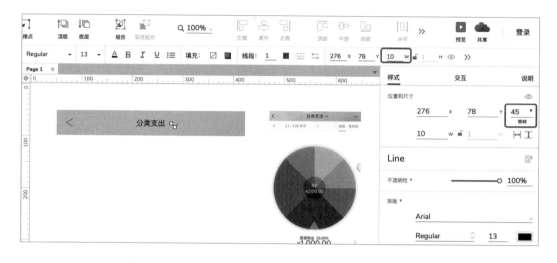

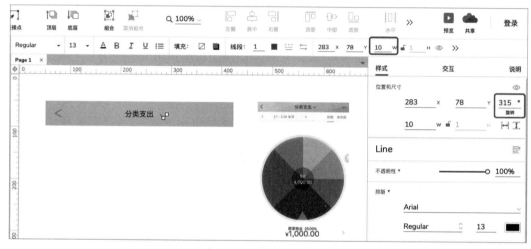

重新组合水平线，并参考 App，将其置于合适的位置。

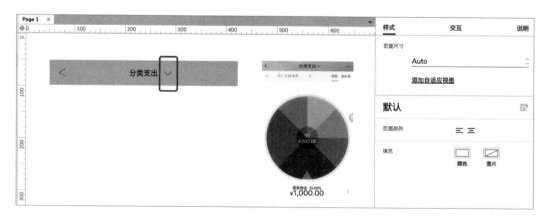

　　拖入"圆形"，设置填充色为黑色，边框为无。复制另外两个圆形，参考 App，将每个圆形等距排列，并置于合适的位置。

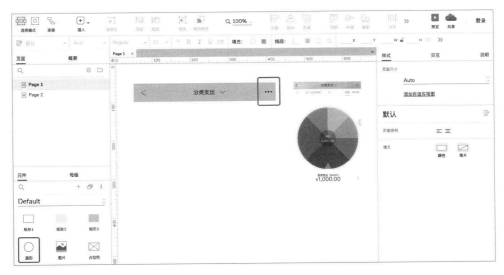

复制页头黄色矩形，粘贴至其下方，使用取色笔从 App 获取填充色。

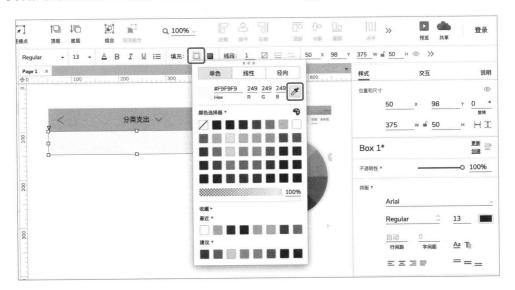

同时使用上述制作箭头组合的方法，对该区域的箭头进行设置。

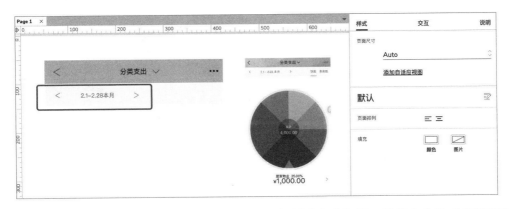

继续拖入"文本标签"，输入文字"饼图"。再复制该文本标签，编辑文字为"条形图"。全选两个"文本标签"，单击"新建交互"按钮。

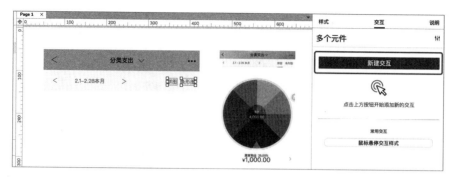

将"交互样式"设置为"选中"，勾选"字色"复选框，选择橙色。

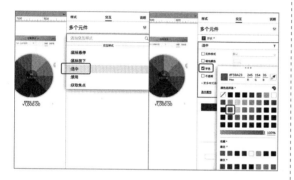

将"目标"设置为"当前元件"，单击"确定"按钮。

单击"多个元件"右侧的 ||†|，输入唯一标记信息进行分组。

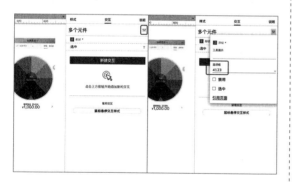

在交互条件上单击鼠标右键，在弹出的快捷菜单中选择"复制"命令。

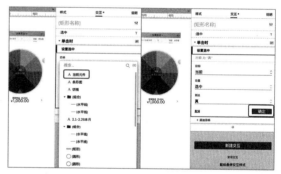

单独选中"饼图"文本标签，单击"新建交互"按钮。

选中"条形图"文本标签，使用"Ctrl+V"组合键粘贴。

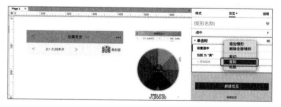

将交互"事件"设置为"单击时"，将"元件动作"设置为"设置选中"。

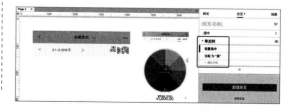

取消选中所有元件，单击"新建交互"按钮。

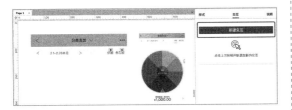

将交互"事件"设置为"页面载入时"，将"元件动作"设置为"设置选中"。

将"目标"设置为"饼图"，单击"确定"按钮。

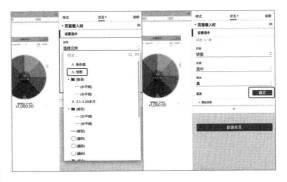

拖入"矩形 2"，填充色为橙色，宽度与文本标签"饼图"相同，高度为 2 个单位，具体坐标位置为 X 轴与文本标签"饼图"对齐，Y 轴与灰色矩形底部对齐；将其命名为"底部条"。

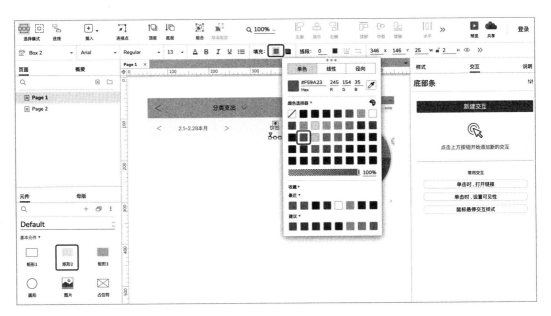

接下来根据需要完成的交互任务，逐一制作。

首先制作交互 a：单击"分类支出"区域时，自上而下出现资金分类页面，同时箭头向上。再次单击"分类支出"时，自下而上隐藏资金分类的页面。

拖入"矩形 2"，在"样式"面板中设置其坐标为（50,99）、尺寸为 375×764；设置其"不透明度"值为 80%；无须命名。

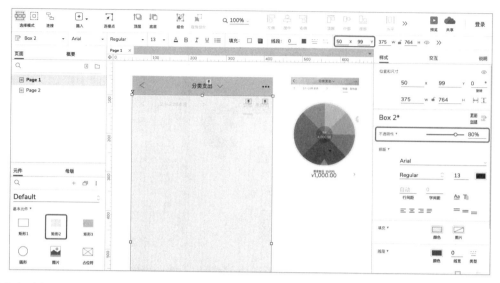

选中该矩形，单击鼠标右键，在弹出的快捷菜单中选择"转换为动态面板"命令。

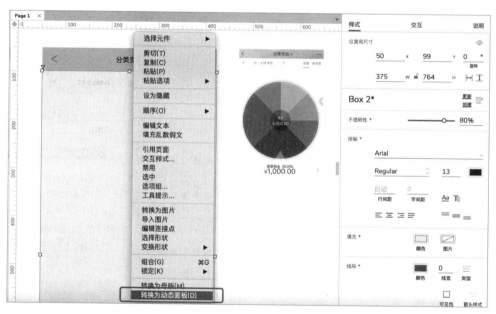

选中该动态面板，将其命名为"资金分类"。

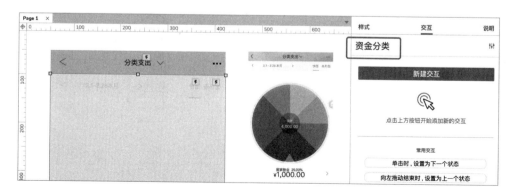

双击"资金分类"动态面板，使用 icon 和"文本标签"完成页面内容，在此不再赘述。在本案例中拖入图片元件以代替实际内容。

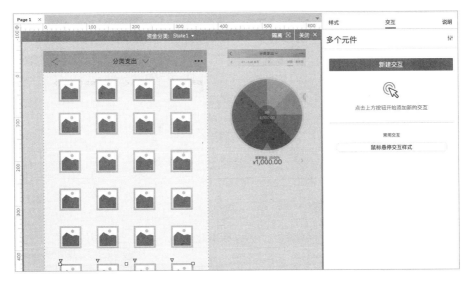

返回编辑区域，选中"资金分类"动态面板，单击"隐藏"按钮 ◎。

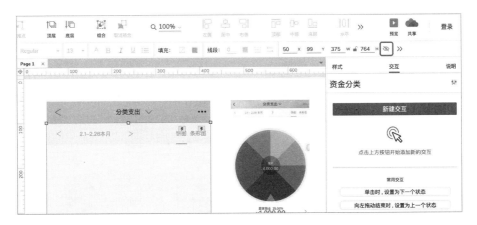

这里需要注意的是，当单击"分类支出"时，显示资金分类界面，同时"分类支出"右侧的向下箭头，转变成了向上箭头，即再次单击时，资金分类的界面自下而上地隐藏收起。因此还需要制作箭头变化的交互。

拖入"动态面板"，与顶部页头矩形居中对齐，将其命名为"分类支出"。

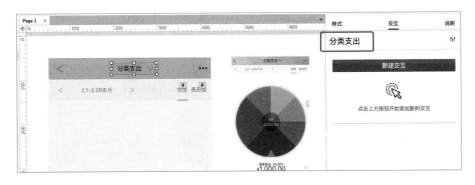

为"分类支出"动态面板设置两个状态:"状态 1"的内容是向下箭头,将其命名为"向下";"状态 2"的内容是向上箭头,将其命名为"向上"。

选中"分类支出"动态面板,单击"新建交互"按钮。

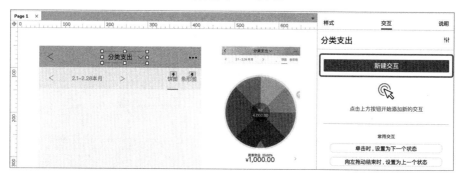

将交互"事件"设置为"单击时",将"元件动作"设置为"显示/隐藏"。

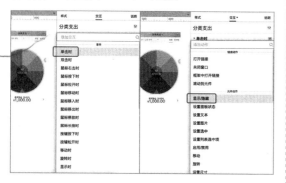

将"目标"设置为"资金分类"动态面板,继续单击"+"按钮。

选择"切换",将"显示动画"设置为"向下滑动,500 毫秒,线性";将"隐藏动画"设置为"向上滑动,500 毫秒,线性";勾选"置于顶层"复选框。

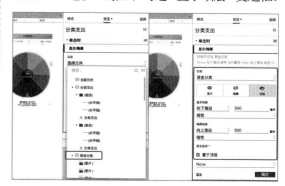

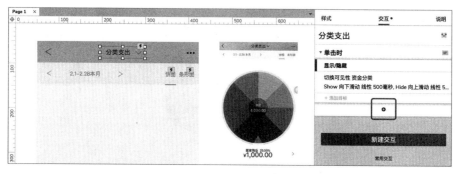

将"元件动作"设置为"设置面板状态"，将"目标"设置为"分类支出"。

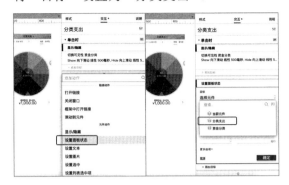

选择"下一项"，勾选"向后循环"复选框，单击"确定"按钮。

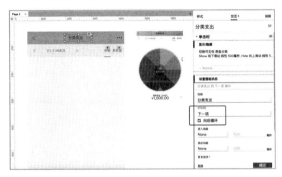

预览交互效果，完成交互 a。

然后完成饼图的交互。

说到饼图，容易让人联想到 Excel。本案例确实需要使用 Excel 来制作饼图。为了方便，将 4 个相等的区域组成饼图。

打开 Excel，输入 4 个相等的数据，例如 500。全选数据，在"插入"菜单中选择"饼图"命令。

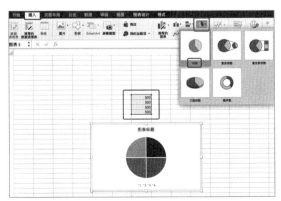

尽可能沿着切线截图，并将饼图复制、粘贴进编辑区域。

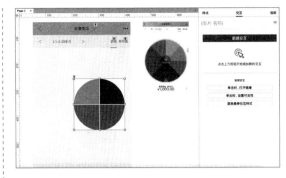

先把"资金分类"动态面板拖至一边，为设置饼图预留出空间。设置饼图与背景"居中"和"中部"对齐。

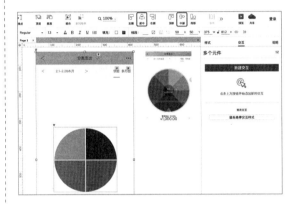

用户在转动饼图的过程中，下方的指针以及饼图中心显示总计金额的圆是固定不动的。先把饼图从"图片"转换为"动态面板"。选中饼图，单击鼠标右键，在弹出的快捷菜单中选择"转换为动态面板"命令，并将其命名为"饼图"。

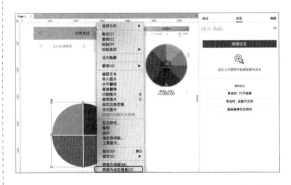

拖入"矩形 2"，单击鼠标右键，在弹出的快捷菜单中选择"选择形状"命令，并在弹出的菜单中选择三角形。

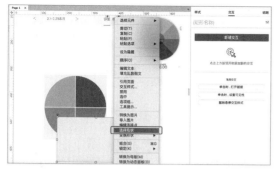

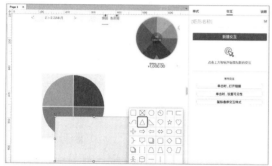

将指针置于合适的位置，设置其尺寸为 30×30，设置其填充色为白色、"不透明度"值为 60%。

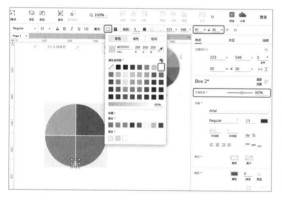

拖入"圆形"，与饼图水平、垂直对齐，设置其尺寸为 70×70，并且无边框，设置其填充色为黑色系的"#2A2A2A"、"不透明度"值为 60%，并编辑相应的文字。

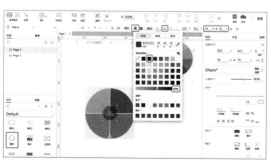

接下来制作饼图下方的文字说明。拖入"矩形 1"，将边框设置为"无"。

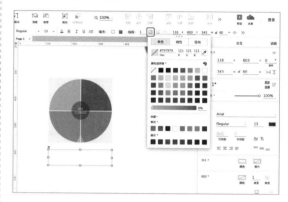

编辑相应的文字。注意改变字体大小和颜色，以及置入向右的箭头。

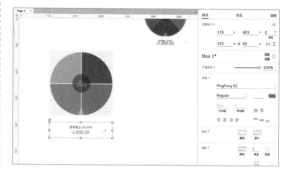

因为饼图有 4 个区域，所以我需要编辑 4 个矩形。同时，当指针指向某一区域时，显示该区域的文字。因此，需要进一步把矩形置入动态面板中，并且添加 3 个新的状态，置入其他 3 个矩形，并编辑文字。

拖入"动态面板"，其坐标及尺寸与矩形相同，将其命名为"说明文字"。

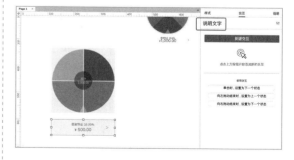

将对应橙色区域的矩形及箭头，拖入"说明文字"动态面板的"状态 1"中，将"状态 1"命名为"橙色"，再为"说明文字"动态面板添加 3 个状态，分别命名为"蓝色""黄色""灰色"，

并且复制状态 1 "橙色" 中的矩形和箭头，分别置入其他 3 个状态中，改变对应文字及颜色。

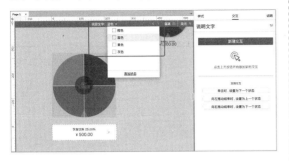

下面开始设置饼图的旋转交互。

选中 "饼图" 动态面板，单击 "新建交互" 按钮。

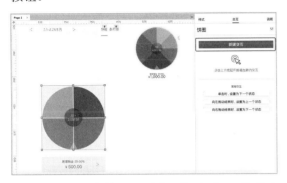

将交互 "事件" 设置为 "拖动时"，将 "元件动作" 设置为 "旋转"。

将 "目标" 设置为 "当前元件"，其他选项保持不变，单击 𝑓x。

选择 "DragX"，然后单击 "确定" 按钮。

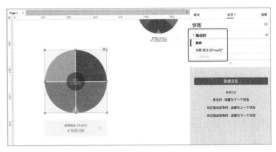

在这里可能会遇到两个问题：第一，当饼图被拖动时，其旋转起来会出现类似离心的效果。试着使饼图尽可能地沿着切线截，或者改变饼图的大小，弱化这种视觉感；第二，饼图是一张图片，其在旋转时，背景的边角也在旋转。在本案例中，背景色是白色，饼图图片的背景色也是白色，如果在旋转期间不会与其他有色元件发生接触，则从视觉上看不出差异，但如果在旋转期间与其他有色元件发生接触，则会看到饼图旋转时出现重叠的异常效果。

因此，借助白色背景，将 "文字说明" 动态面板与饼图拉开一些距离，以避免出现异常效果。

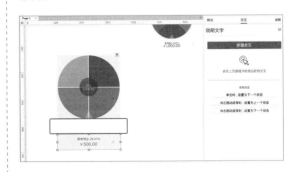

圆有 360°，将圆分为 4 等份，每份 90°。具体设置为：鼠标指针进入橙色区域的角度范围是 0°～90°，鼠标指针进入蓝色区

域的角度范围是 90°～180°，鼠标指针进入黄色区域的角度范围是 180°～270°，鼠标指针进入灰色区域的角度范围是 270°～360°。

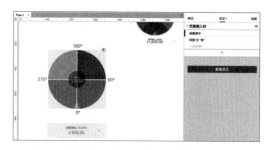

选中"饼图"动态面板，单击"新建交互"按钮，选择"旋转时"。

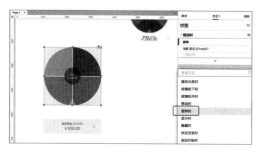

先不设置动作，单击 **IF** ，添加判断条件。

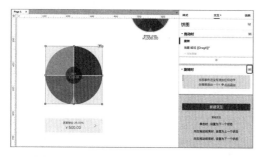

选择"值"，添加局部变量，选择"元件""饼图"（由于选中的就是饼图，也可以直接选择"当前元件"），在"插入变量或函数"中，选择"rotation"。注意：rotation 前的名称与下方局部变量的名称（LAVR1）必须一致。

单击"确定"按钮后，再添加一行条件，进行同样的局部变量的设置。注意运算符号，需要将"饼图"动态面板中橙色区域的旋转角度设置为 0°～90°。

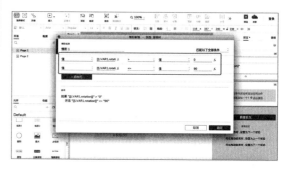

单击"+"按钮，将"元件动作"设置为"设置面板状态"。

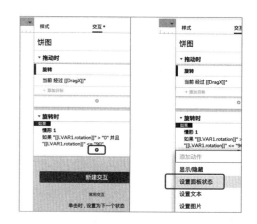

将"目标"设置为"说明文字"动态面板，将"状态"设置为"橙色"。

继续设置"饼图"与"说明文字"动态面板的交互。

将"饼图"动态面板中蓝色区域的旋转角度设置为 90°～ 180°，显示"说明文字"动态面板中的状态"蓝色"；将"饼图"动态面板中黄色区域的旋转角度设置为 180°～ 270°，显示"说明文字"动态面板中的状态"黄色"；将"饼图"动态面板中灰色区域的旋转角度设置为 270°～ 360°，显示"说明文字"动态面板中的状态"灰色"。

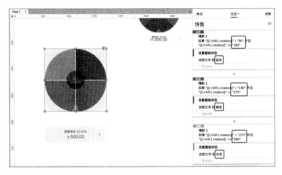

预览交互效果。

完成交互 b。

继续完成交互 c。

在制作交互 c 之前，先选中背景矩形，将其命名为"背景"。

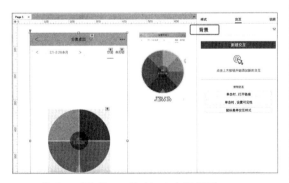

拖入"圆形"，将其尺寸设置为 30×30，设置为无边框。

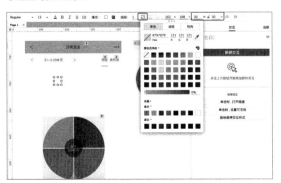

单击鼠标右键，将其转换为动态面板，并将其命名为"悬浮按钮"。

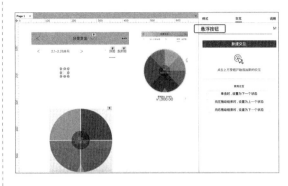

双击"悬浮按钮"动态面板，选中内部圆形，将圆形的尺寸设置为 25×25，将填充色设置为橘色，编辑文字为"财"。

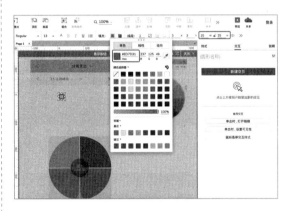

选中"悬浮按钮"动态面板，单击"新建交互"按钮。

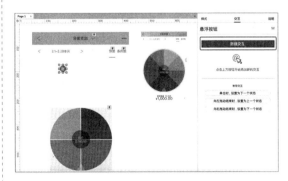

将交互"事件"设置为"拖动时"，将"元件动作"设置为"移动"。

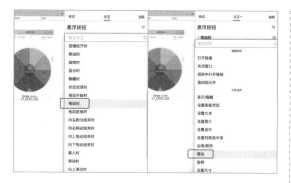

选择"当前元件"或"悬浮按钮"动态面板，默认选择"跟随拖动"，但必须要给"悬浮按钮"动态面板设置一个拖动范围，不能无限制地拖动，否则可能拖动到原型外了，单击"更多选项"。

单击"添加界限"，默认先设置"顶部"。

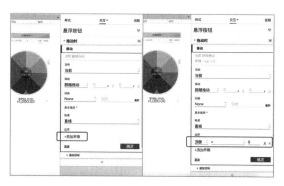

在案例中，顶部的界限设置相对复杂。之前命名了背景矩形，需要借助背景矩形，将悬浮按钮的移动界限控制在背景矩形的顶部下方、底部上方、左侧右方、右侧左方所形成的区域范围内。

背景矩形的顶部，可以设置为"[[背景 .top]]"。但是如果这样设置，悬浮按钮就会跑

到页头的黄色矩形上去。

再考虑横向、纵向坐标轴，越往箭头的方向，数值越大。

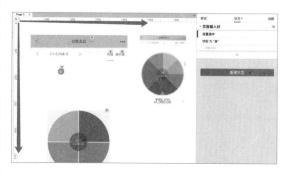

因此，如果想要将悬浮按钮控制在空白区域，就需要在"[[背景 .top]]"的基础上，再加 100——两个矩形的高度均是 50，50+50=100。

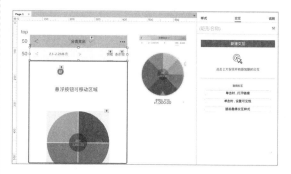

设置"顶部"，单击 fx 按钮，添加局部变量，默认变量的名称，选择"元件"，选择"背景"矩形。

选择"背景"矩形的"top"，同时编辑表达式，即顶部边界距离矩形的 top 值再加上 100 的位置。

单击"确定"按钮。仅仅是距离还不能说明问题是在这个边界之上，还是在这个边界之下，所以这里需要给出的是"＞"，即代表顶部边界距离矩形的 top 值再往下移 100 的位置，记住纵坐标的朝向。

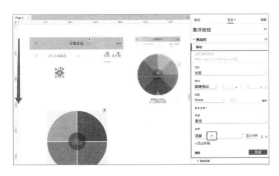

根据这个思路，继续添加界限。底部的界限是"背景"矩形的底部。

但要注意设置的条件中是"＜"。

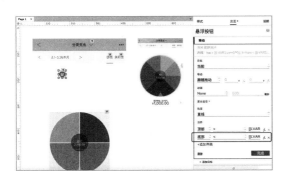

继续添加界限，设置左侧的参数。

对于左右两侧需要留意横坐标，越往右坐标值越大。因此对于左侧，设置"＞"。

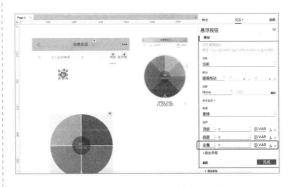

继续添加界限，设置右侧的参数。

对于右侧，设置的条件是"＜"。

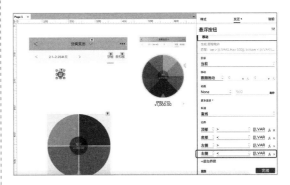

单击"完成"按钮，预览交互效果。

接下来，以"背景"矩形的宽度的一半作为基准数值，当拖动结束时，如果悬浮按钮落于背景左侧与基准数值之间，则将悬浮按钮移动到页面左侧，与页面左侧对齐，同时在一秒后，自动隐藏其一半内容。先完成左侧，再用相同方法设置右侧。

可以使用两种方式表示基准数值。

第一，"背景"矩形的宽度为 375，基准数值为 375÷2=187.5，约等于 188。

第二，表达式为"[[背景 .width/2]]"。

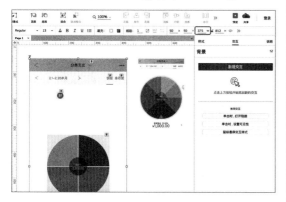

选中"悬浮按钮"动态面板，单击"新建交互"按钮。

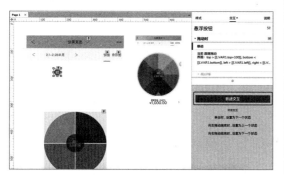

将交互"事件"设置为"拖动结束时"。

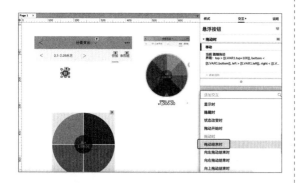

单击 IF，设置条件。

单击第一个值后面的 f_x，设置悬浮按钮的 x 值。

单击第二个值后面的 f_x，设置背景 width 值的一半，或者直接设置为 188。

单击"+"按钮，将"元件动作"设置为"移动"，将"目标"设置为"当前元件"或"悬浮按钮"动态面板。

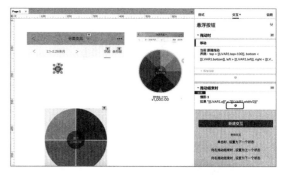

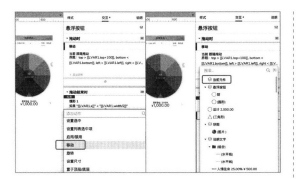

将"移动"设置为"到达",再分别设置 x 值的"fx"和 y 值的"fx"。

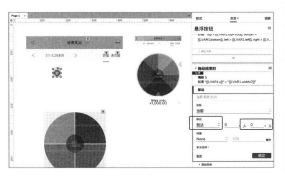

在 x 值的"fx"中,设置为"背景"矩形的"left"。

在 y 值的"fx"中,设置为"悬浮按钮"动态面板或"当前元件"的 y 值。

单击"确定"及"完成"按钮,预览交互效果。

按照这种方法,完成右侧的交互。

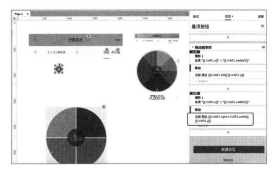

这里要注意的是,在 x 值的"fx"中,需要把表达式设置为矩形的右边值减去"悬浮按钮"动态面板的自身宽度,否则悬浮按钮就会跑到原型之外。

继续细化交互动作。当"悬浮按钮"的左(右)侧坐标值与"背景"的左(右)侧坐标值相等时,等待1秒,隐藏悬浮按钮一半的内容。

选中"悬浮按钮"动态面板,继续在"拖动结束时"交互下新增条件。

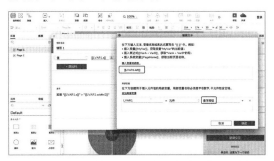

单击"+"按钮。

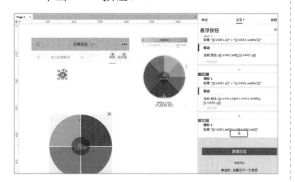

将"其他动作"设置为"等待",选择"1000毫秒"。

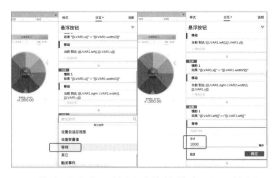

单击"确定"按钮后继续单击"+"按钮,选择"移动",将"目标"设置为"当前元件"或"悬浮按钮"动态面板。

将"移动"设置为"经过,-15",将"动画"设置为"线性,500毫秒"。

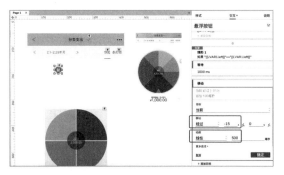

单击"确定"按钮,浏览交互效果。发现悬浮按钮确实向左侧移动了,距离为15,但是并未有隐藏的效果出现,因此仍需要借助"动态面板"以明确原型的区域概念。

将整个原型装进动态面板中,该动态面板的坐标与尺寸和"背景"矩形的相同。

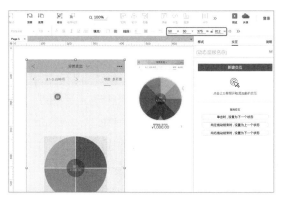

此时再预览交互效果。

使用同样的方法制作右侧的交互,将"left"改为"right",距离同时是15,不再是-15。

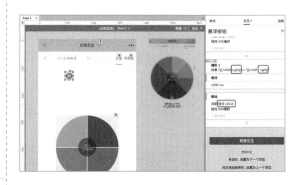

预览交互效果。

交互 c 完成。

完成交互 d:单击条形图,页面自右向左滑动,显示条形图内容;当显示为条形图时,单击饼图,页面自左向右滑动,显示饼图内容。

拖入"动态面板",设置为坐标为(0,98)、尺寸为375×714,并将其命名为"饼图+条形图"。

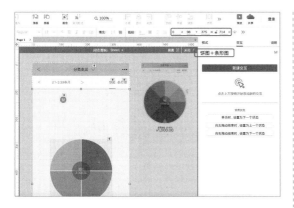

"饼图＋条形图"动态面板有两个状态，分别为状态 1"饼图"和状态 2"条形图"。将饼图和说明文字拖入状态 1"饼图"。注意："悬浮按钮"动态面板不用拖入。

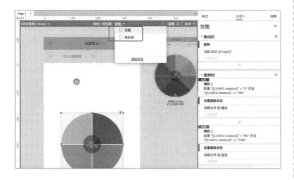

进入状态 2"条形图"，通过"文本标签""矩形"等元件，完成静态页面的制作。

之前已经做好了"饼图""条形图"等文字的样式交互。回到编辑区域，选中"饼图"文字，单击"+"按钮，在"单击时"交互下，完成 3 个动作，一是矩形"底部条"的移动位置设置，二是"饼图＋条形图"动态面板的状态变换，三是"底部条"矩形的尺寸变换。

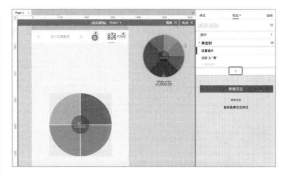

注意："饼图"和"条形图"的字数不同，元件宽度不同。因此，底部条的宽度也不同。而底部条的宽度与文字的宽度相同。

设置"元件动作"为"设置面板状态"，将"目标"设置为"饼图＋条形图"动态面板。

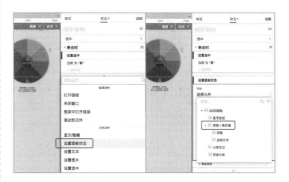

选择状态 1"饼图"，将"进入动画"设置为"向右滑动，500 毫秒，线性"；将"退出动画"设置为"向左滑动，500 毫秒，线性"，之后继续单击"+"按钮，增加动作。

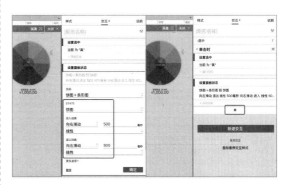

将"元件动作"设置为"移动"，将"目标"设置为"底部条"矩形。

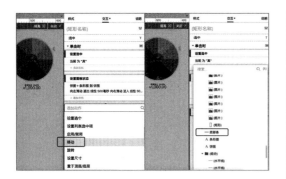

当前位置即底部条移动到的位置，坐标为
（296,96）。

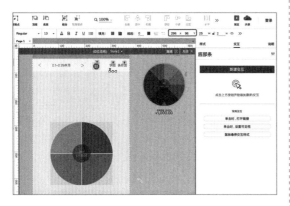

设置"移动"方式为"到达，（296,96）"，
设置"动画"为"线性，500毫秒"。

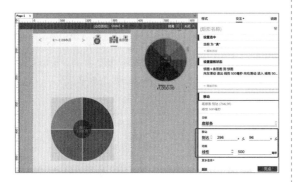

继续单击"+"按钮，选择"设置尺寸"。

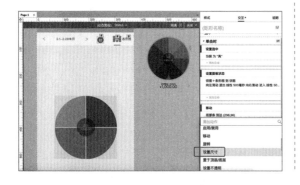

将"目标"设置为"底部条"矩形，默认
当前的尺寸，但需要选择锚点居中。

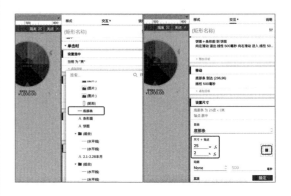

单击"确定"按钮，"饼图"下的底部条
设置完毕。

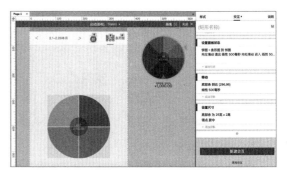

继续设置"条形图"下的底部条。这里
有一个小技巧，即复制一个底部条，置于"条
形图"下方，与"条形图"文本标签的宽度
保持一致，目的是假设当底部条滑动到"条形
图"下方时，它的坐标和尺寸分别是多少。下
图所示为复制、粘贴的底部条，记住它的位置
及尺寸，坐标为（328,96），尺寸为37×2。记
住之后删除它。

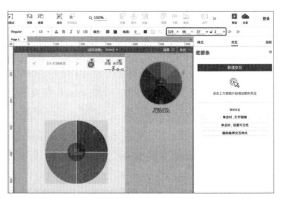

选中"饼图"文字，复制"设置面板状态""移动""设置尺寸"等 3 个交互。

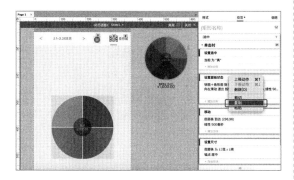

选中"条形图"文字，直接粘贴。当然，粘贴之后还需要调整、设置。

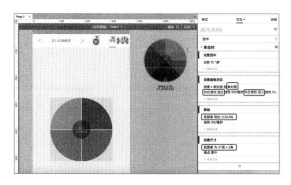

预览交互效果。

此时，动态面板切换的方式仍然存在问题。因此，选中"饼图"文字，将"设置面板状态"的动画均调整为"向右滑动"，如果觉得滑动过慢，则可以将数值"500"调整得更小一些。

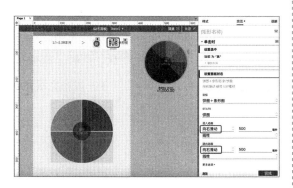

同样，选中"条形图"文字，将"设置面板状态"的动画均调整为"向左滑动"。

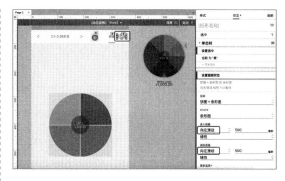

设置完成后"饼图"文字的交互及"条形图"文字的交互如下图所示。

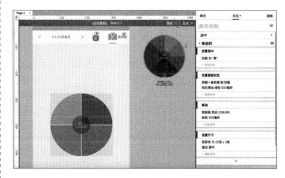

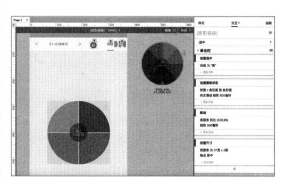

预览交互效果。

至此，交互 d 完成。

本案例完成。

思考与总结：

（1）通过本案例的临摹，学习到了哪些知识和技能？请回顾并写出来。

（2）尽可能多地列举出具有表盘式导航的产品，建议亲自体验。

（3）通过角度转动的交互设置对应的动作，对你有哪些启发？

（4）当将某个元件移动到另外一个元件的左侧、右侧、顶部或底部等位置时，除了通过

"[[某个元件 .x]]"的方式设置，还有什么方法？（案例中交互 d 使用的方法）

（5）动态面板的"进入动画"及"退出动画"的设置，你掌握了吗？

作业：

（1）鲨鱼记账 App 通过图表的方式展示了资金的收支，同时，每个统计周期的节点处会显示当前节点的明细信息。请结合本节学到的知识与方法，完成以下界面的临摹。

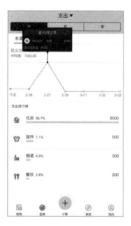

（2）从"思考与总结"列举的产品中挑选一款进行原型制作。

3.6 暗喻式导航（节气）

暗喻式导航通过拟物化的界面来表达产品的用途或意义，如文件夹、日记本、日程表等产品。这种导航方式在游戏中比较常见。不过，在产品设计过程中，还是尽可能少用此类导航，如果对产品理解得不够透彻，则往往容易弄巧成拙，反而有将产品设计失败的风险。该导航的常见布局如下图所示。

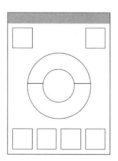

下面 3 款产品都采用了暗喻式导航。

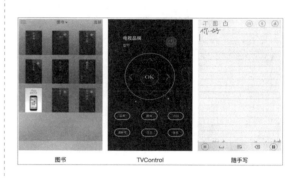

| 图书 | TVControl | 随手写 |

3.6.1 案例分析

节气 App 通过模拟地球绕太阳公转的画面，显示公历及农历的日期，根据日期显示不同的节气，同时在画面上显示当前节气的特点。例如，惊蛰时，画面上出现闪电；谷雨时，画面上出现雨水。

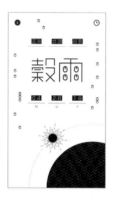

本案例需要完成的任务有 4 个：第一，该案例的静态页面；第二，界面动态循环效果（以谷雨为例）的设置；第三，可沿着曲线拖动太阳这一效果的制作；第四，在拖动太阳时，农历日期以及公历日期发生变化，同时，地球也呈现动态交互。

3.6.2 案例制作思路

1. 划分区域

本案例默认界面元素较少，并且各功能区关联性较强，不适宜做区域划分。

2. 分解

构成元素包括但不限于矩形、圆形、文本标签、动态面板、水平线等。

3. 识别交互

本案例需要完成的交互任务如下：

a. 界面显现下雨效果，雨水向下移动数秒后，自上而下逐渐消失；谷雨的"雨"字中的4 个点在数秒内逐渐出现，逐渐消失；等待数秒后，整个界面循环播放。

b. 太阳自转。

c. 拖动太阳时，太阳向右上轨道移动，同时公历日期、农历日期自上而下递进。

d. 拖动太阳时，地球的波纹发生移动；拖动结束时，波纹停止移动。

4. 构建元素的来源

构建元素的来源为元件库。

3.6.3　案例操作

首先制作背景。

拖入"矩形 1"，在"样式"面板中设置其坐标为（50,50）、尺寸为 375×812；暂时保留边框，便于设置；无须命名。

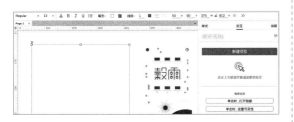

拖入"圆形"，在"样式"面板中设置其坐标为（75,75）、尺寸为 20×20；设置其填充色为黑色；无边框；无须命名；输入字母"i"，文本颜色为白色。

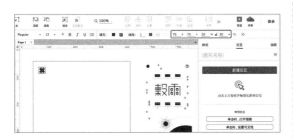

拖入"圆形"，在"样式"面板中设置其坐标为（380,75）、尺寸为 20×20；无填充色；设置其边框为黑色，将"线段"设置为 2；无

须命名；拖入"水平线"和"垂直线"，调整至合适的尺寸和位置。

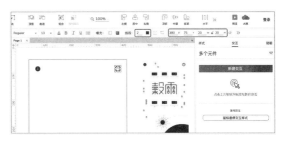

拖入"矩形"，设置其尺寸为 50×20；设置其填充色为黑色；无边框；无须命名。复制该矩形，粘贴另外两个相同尺寸的矩形，3 个矩形等距，距离为 80，并且在 3 个矩形内分别输入文字"二月""初八""乙亥"。

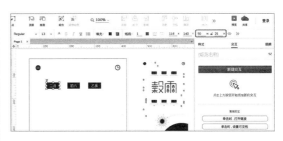

全选 3 个矩形，拖至与背景居中对齐。

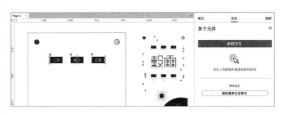

拖入"水平线"，设置其尺寸为 70×1；设置其填充色为灰黑色，与第一个矩形居中对齐，同时与第一个矩形的间距为 10。

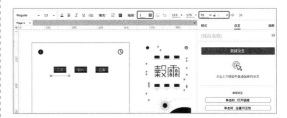

按照这种方法，继续设置第二、三条水平线。

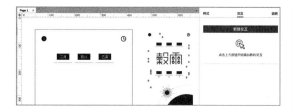

拖入"文本标签",输入文字"谷"。同时将字号调整为72,文本框的坐标自定义,待"雨"字完成后,同"雨"字一起,调整到合适的位置。

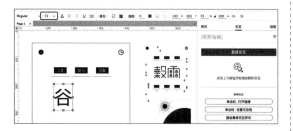

拖入"垂直线"和"水平线",凑成"雨"字的框架。这里要注意:第一,段段的宽度是4,颜色是黑色;第二,将5条线段组合,尺寸比照"谷"字的大小。

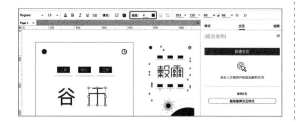

调整两个字的位置。第一步,将两个文字组合;第二步,选中背景矩形;第三步,选中文字组合;第四步,单击"居中"按钮。

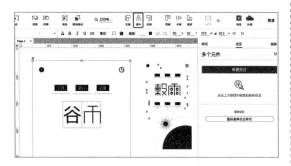

复制上方的矩形和水平线,置于文字下方,编辑矩形内的文字,尽可能地将上、下矩形与文字设置为等距。

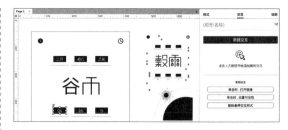

拖入"文本标签",输入文字"M",代表月份,并与矩形保持居中对齐。复制、粘贴该文本标签,分别设置日期和年份,即"D"与"Y"。

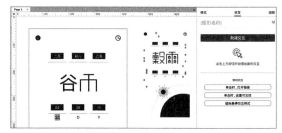

下面开始设置雨点。

拖入"圆形",设置其尺寸为10×15;拖入"垂直线",设置其高度为5。圆形与垂直线居中对齐。因为元件尺寸过小,所以此处是将编辑区域放大到300%进行设置的。

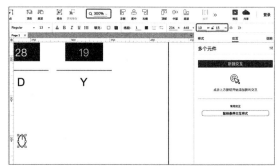

拖入"动态面板",设置其尺寸为15×20,将雨点放入该动态面板中,将该动态面板命名为"雨1"。

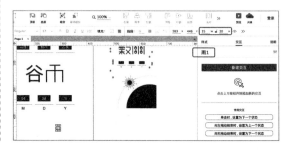

将"雨 1"动态面板，置于"雨"字中。

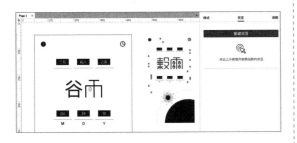

为了保证"雨"字的线条等粗，先复制"雨1"动态面板，作为"雨"字之外的雨点元素。而作为"雨"字内的雨点元素，需将线条加粗至 2（由于元素尺寸过小，不适合设置为 4），同时设置为黑色。

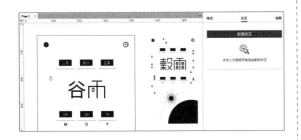

复制"雨 1"动态面板，粘贴出 3 份。将右上方的动态面板命名为"雨 2"，将左下方的动态面板命名为"雨 3"，将右下方的动态面板命名为"雨 4"。对于 4 个动态面板的坐标，不做统一规定，相互间水平对齐、垂直对齐即可。

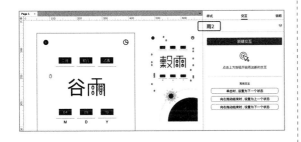

将"雨"字外的雨点元素改名为"外 1"，复制并粘贴"外 1"动态面板，雨点元素的数量、位置如案例中所示。

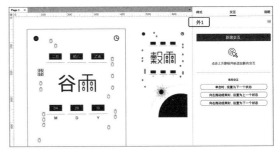

拖入"圆形"，在"样式"面板中设置其坐标为（70,520）、尺寸为 700×700；将边框颜色设置为灰色；将其命名为"大圆"。

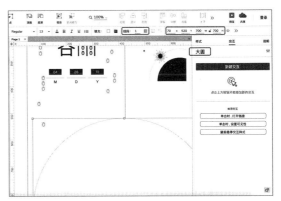

复制圆形"大圆"，将粘贴后的圆形命名为"小圆"，在"样式"面板中设置其坐标为（120,570）、尺寸为 600×600。

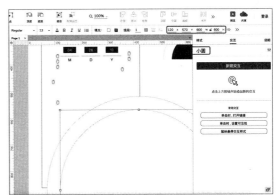

拖入"圆形"，在"样式"面板中设置其坐标为（123,623）、尺寸为 50×50；设置其边框颜色为无、填充色为黑色；将其命名为"太阳"。

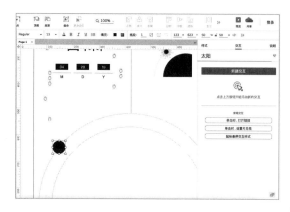

静态页面大致完成。

下面开始完成交互 a。先完成"雨"字内的雨点交互效果。

隐藏"雨 1"、"雨 2"、"雨 3"和"雨 4"动态面板。

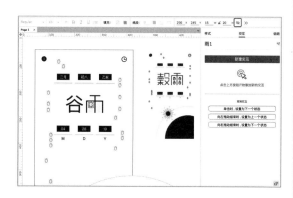

拖入一个"动态面板"作为控制交互效果的开关，对它的位置和尺寸没有任何要求，只要找得到就行，将其命名为"开关"。

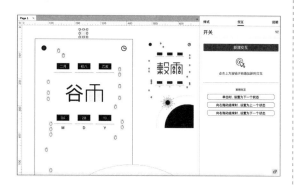

为"开关"动态面板添加一个状态，添加后共两个状态。

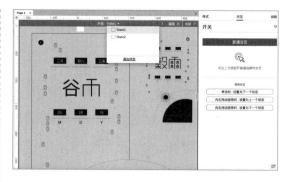

回到编辑区域，不选择任何元件，单击"新建交互"按钮。

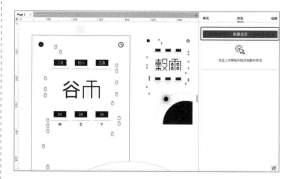

将交互"事件"设置为"页面载入时"，将"元件动作"设置为"设置面板状态"。

将"目标"设置为"开关"动态面板，选择"下一项"，勾选"向后循环""循环间隔10000 毫秒"复选框。

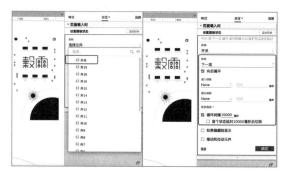

单击"确定"按钮后显示如下图所示。

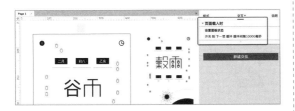

在此需要把雨点出现和消失的逻辑理解清楚。

将 4 个雨点隐藏不显示，直到页面载入时，开关启动：

显示"雨 1"，等待 1 秒；

显示"雨 2""雨 3"，等待 1 秒；

显示"雨 4"，等待 5 秒；

隐藏"雨 1"，等待 1 秒；

隐藏"雨 2""雨 3"，等待 1 秒；

隐藏"雨 4"。

选中"开关"动态面板。

将交互"事件"设置为"状态改变时"，将"元件动作"设置为"显示 / 隐藏"。

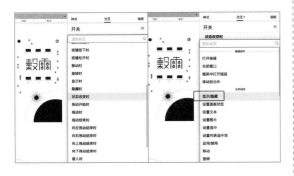

选择"显示雨 1"，按上述逻辑，通过单击"+"按钮来完善交互。在添加过程中，注意同一个交互下，单击"添加目标"按钮以增加其他元件的交互。

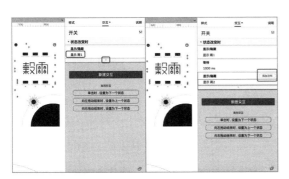

设置好之后，预览交互效果，如下图所示。

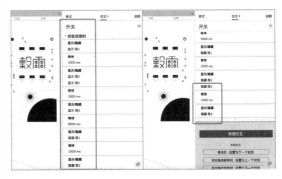

接下来是"雨"字之外雨点元素的交互。仍然需要先把雨点出现和消失的逻辑理解清楚。

页面中的雨点逐步由上往下散开移动。所有雨点在移动固定距离后，停止不动，直至最下部的雨点停止移动，则最上部的雨点开始消失，直至最下部的雨点消失完毕。之后重新出现雨点，再次由上往下散开移动。如此往复循环。

案例中雨点元素较多，并且设置条件较多，在此不一一赘述。设置方法与"雨"字内的 4 个动态面板的设置方法相同。

下面通过设置一个案例来简单说明方法。

拖入"动态面板"，用作"雨"字外的雨点交互效果的开关，将其命名为"开关 2"。

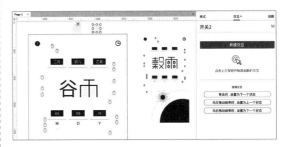

增加一个状态，使得动态面板"开关 2"具有两个状态。

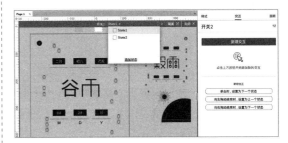

回到编辑区域，不选择任何元件，单击在"页面载入时"下方的"+"按钮。

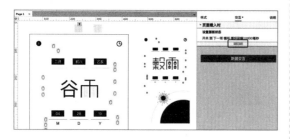

将"元件动作"设置为"设置面板状态"，将"目标"设置为"开关 2"动态面板。

使用与前一个开关相同的设置方法进行设置。

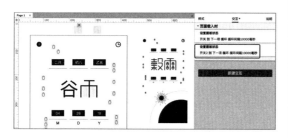

选中"开关 2"动态面板，单击"新建交互"按钮，选择"状态改变时"。

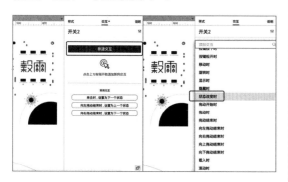

将"元件动作"设置为"移动"，将"目标"设置为移动靠前的雨点元素，即"外 19"动态面板。

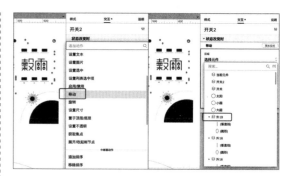

具体设置："经过，（0,20）"，"线性，5000 毫秒"。然后单击"+"按钮，设置"其他动作"为"等待"，设置为"1000 毫秒"。

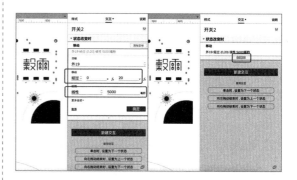

继续单击"+"按钮，将"移动"设置为"外 19 经过（0,-20）"。

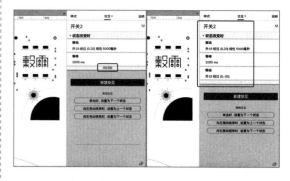

预览交互效果。可以以此为基准，略微调整交互效果。至此，完成交互 a。

下面制作交互 b "太阳自转"。

选中太阳，单击鼠标右键，在弹出的快捷菜单中选择 "转换为动态面板" 命令。

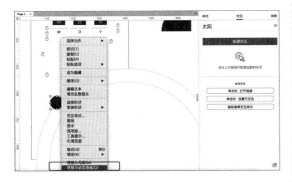

将新的动态面板命名为 "太阳"，同时将其尺寸调整为 60×60。

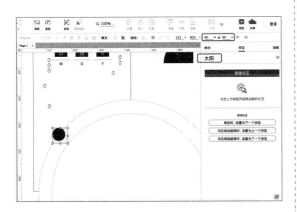

双击 "太阳" 动态面板，将矩形调整到中心的位置，同时拖入 "水平线"，设置成 45°旋转，复制、粘贴该水平线，将粘贴后的水平线设置成 135° 旋转。

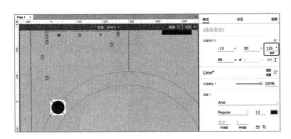

复制矩形和两条水平线，新增 "太阳" 动态面板的 "状态 2"，将 45° 和 135° 旋转的两条水平线的旋转角度改为 0° 和 90°。

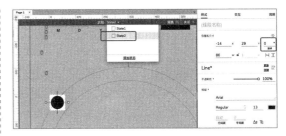

回到编辑区域，在 "页面载入时" 下方，单击 "+" 按钮，将 "元件动作" 设置为 "设置面板状态"，选择 "太阳"。

设置 "状态" 为 "下一项"，勾选 "向后循环" 复选框，在 "更多选项" 中，勾选 "循环间隔 100 毫秒" 复选框，同时调整 "太阳" 动态面板的位置——将其置于大圆的轨道上。

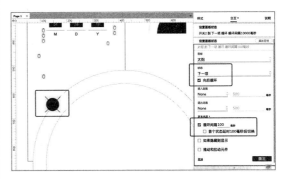

单击 "确定" 按钮后，结果如下图所示。

最后可以预览交互效果。

完成交互 b。继续完成交互 c：拖动太阳时，太阳向右上轨道移动，同时公历日期、农历日期自上而下递进。

先了解弧度计算公式。

rad 表示弧度。一个圆有 360°，换作弧度表示为 2π rad，即

2π rad=360°

那么，

rad=180° /π，

因此 a 角对应的 rad 为：

$a*$（π/180°）

再了解圆上点的坐标。

假设一个圆的圆心坐标是(a,b)，半径为r，则圆上每个点，

X 坐标 $=a + Math.cos(rad)*r$，

Y 坐标 $=b + Math.sin(rad)*r$。

先制作"太阳"动态面板，沿着轨道滑动。因此首先要明确若干个数值。

"太阳"动态面板的半径为 30（以动态面板的宽度为准）。

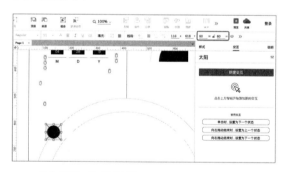

"大圆"的半径是 350。

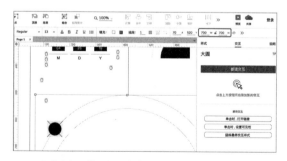

"大圆"的圆心坐标是（70+350,520+350），即（420,870）。

接下来，需要在拖动时设置的交互动作：①角度变化的值；②设置弧度的值和圆心坐标的值；③太阳移动的距离。

在菜单栏中找到项目，选择"全局变量设置"。

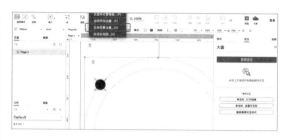

设置 4 个全局变量，a 表示角度，默认值是 0，rad 表示弧度，X 表示圆心 X 坐标值，Y 表示圆心 Y 坐标值。

选中"太阳"动态面板，单击"新建交互"按钮。

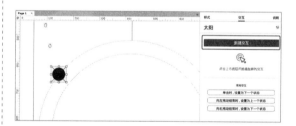

将交互"事件"设置为"拖动时"，将"其他动作"设置为"设置变量值"。

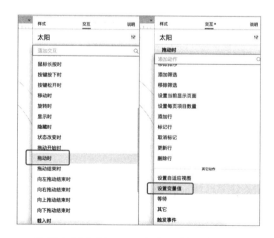

选择全局变量 a，即角度，然后单击 f_x。

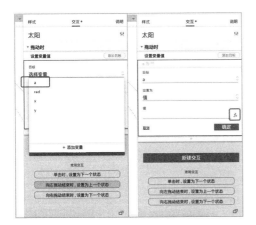

单击"插入变量或函数"选项，选择全局
变量 a。

在"[[a]]"的基础上加 1，表示拖动太阳
时角度的变化。

单击"确定"按钮，单击"添加目标"按
钮，选择全局变量 rad。

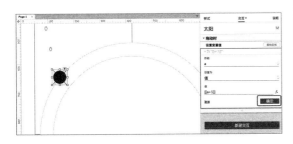

单击 fx，选择全局变量 a。

根据之前的弧度公式，进行如下图所示的
设置。

单击"确定"按钮，继续单击"添加目标"
按钮。

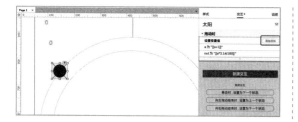

选择 x，单击 f_x。

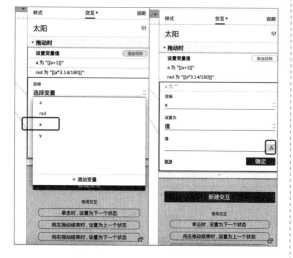

在"编辑文本"对话框中选择"cos(x)"。

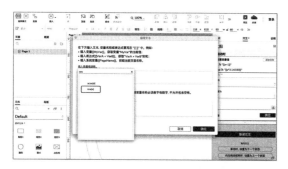

根据公式，进行如下图所示的设置。

单击"确定"按钮后继续添加目标，选择全局变量 y。

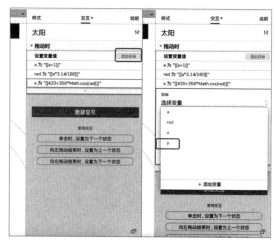

单击 f_x，在弹出的对话框中选择"sin(x)"。

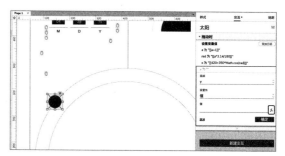

根据公式，进行如下图所示的设置。

根据公式，进行如下图所示的设置。

变量值设置完毕，参数如下图所示。

单击"+"按钮，将"元件动作"设置为"移动"，将"目标"设置为"太阳"动态面板。

设置"移动"方式为"到达"，单击 f_x。

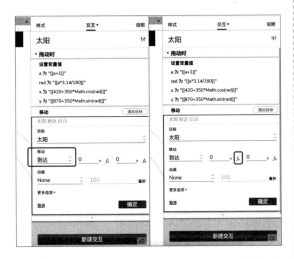

选择全局变量 x，并且减去太阳的半径"30"。

对 y 坐标采用相同的设置方法。

设置"动画"为"线性，100 毫秒"。

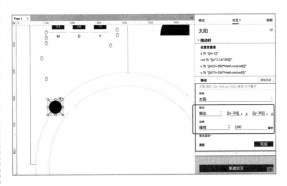

预览交互效果，如下图所示。

不难发现，交互有些问题，下面将"x，y"公式中的"+"变为"-"。

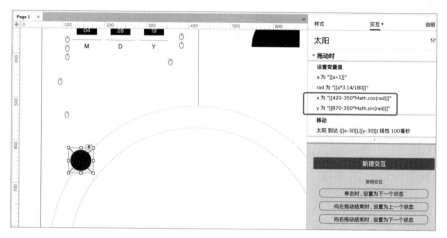

预览交互效果，完成太阳在右上轨道移动的交互。

接着完成太阳在拖动时，公历日期、农历日期的变化。

当拖动太阳时，无论是公历还是农历，对应的日期都会发生变化。先调整农历日期中的"初八"。

选中"初八"，设置文字为"左端对齐"。

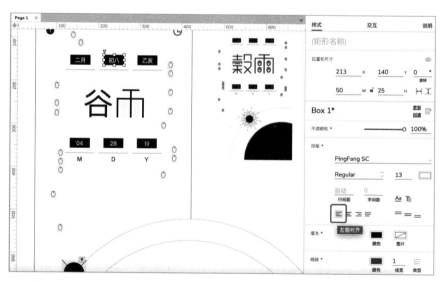

该矩形内的文字左对齐后，使用空格键，空出两个空格。

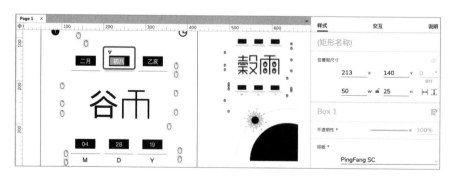

删除文字"八"。

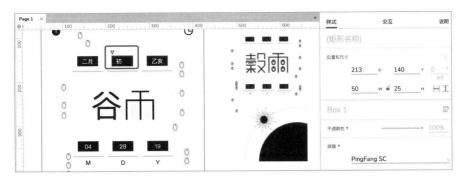

拖入"文本标签",将其与"初八"对齐,与文字"初"保持合适的距离,同时输入文字"八",使其自动适合文本高度和宽度。在本案例中,该文本标签的坐标为(237,143),尺寸大小为15×20。

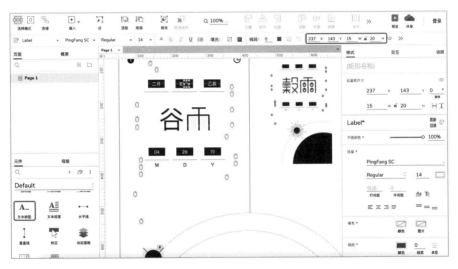

继续选中该文本标签,单击鼠标右键,在弹出的快捷菜单中选择"转换为动态面板"命令。

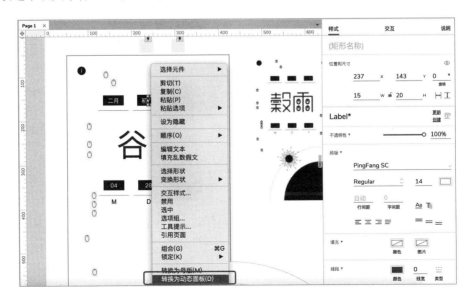

设置新动态面板的名称为"农历初"。

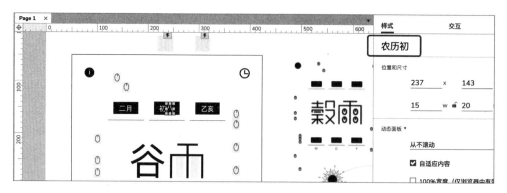

复制"农历初"的"状态1"，新增"状态2"和"状态3"，文本内容分别是"九"和"十"，代表变化时，由"初八"变换到"初十"。

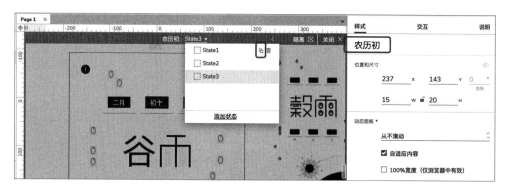

选中"太阳"动态面板，单击"新建交互"按钮。

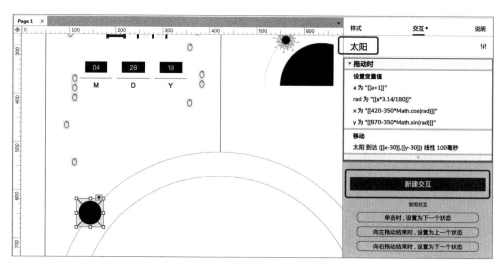

将交互"事件"设置为"拖动结束时"，将"元件动作"设置为"设置面板状态"。

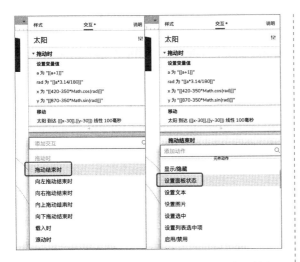

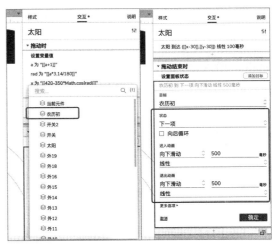

将"目标"设置为"农历初"动态面板，设置"状态"为"下一项"，设置"进入动画"和"退出动画"均为"向下滑动500毫秒，线性"。

单击"确定"按钮后，浏览交互效果。

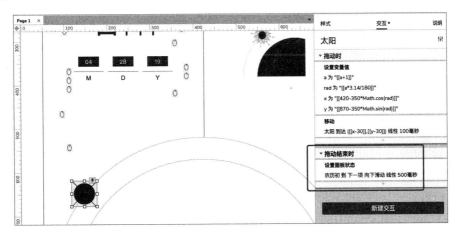

按照这种方法，再对公历日期中的"28"进行设置，并将设置后的动态面板命名为"公历日"。

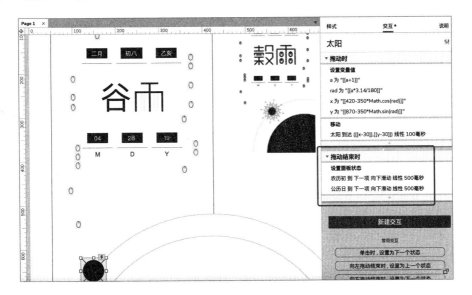

预览交互效果。至此，完成交互 c。

至于交互 d，采用与农历日期、公历日期相同的交互设置方法。

设置的思路如下：选中小圆，通过单击鼠标右键将其变换为动态面板，将其命名为"小圆"，并且生成两个状态，两个状态中的小圆都布满波浪线，但区别是第一个状态中的小圆位置略低，第二个状态中的小圆位置略高。当"太阳"动态面板被拖动时，设置"小圆"动态面板向下一项循环切换，以表示小圆内部波浪线的移动变化。

具体做法在此不再赘述和演示。

最后，完善细节。

（1）隐藏背景矩形的边框。

（2）使用空白的矩形，把超过背景以外的元素遮住。

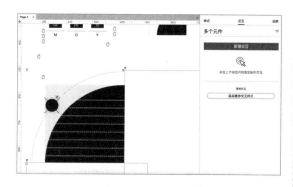

至此，本案例完成。

思考与总结：

（1）通过本案例的临摹，学习到了哪些知识和技能？请回顾并写出来。

（2）尽可能多地列举出具有暗喻式导航的产品，建议亲自体验。

（3）请据此制作出地球围绕太阳转的效果。

（4）通过雨点交互效果，能够联想到哪些场景？

作业：

（1）通过对运气转盘预设相关内容，以转盘的方式展示预设信息。同时，用户可以转动转盘以达到娱乐的目的。请结合本节学到的知识与方法，完成以下界面的临摹。

（2）从"思考与总结"列举的产品中挑选一款进行原型制作。

3.7　多选项式导航（当当）

多选项式导航一般用于菜单中分类内容较多的产品，通常分为一级菜单和二级菜单，能够起到筛选内容的作用。因此在使用该导航设计产品时，应首要考虑产品的分类架构。目前使用该导航的产品，以电商类、生活服务类产品居多。该导航的常见布局如下图所示。

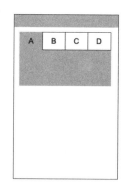

下图所示3款产品都采用了多选项式导航。

3.7.1　案例分析

当当 App，在底部选项卡的分类内容中，通过多选项式导航，根据特定算法，由上至下展示了平台上所有商品的分类，如"图书""童书""电子书"等一级分类。在此分类基础之上，又做了二级分类，以"图书"分类为例，该分类下有"榜单""小说""文学""青春文学""动漫／幽默"等子分类。以左右分屏的方式为用户提供了清晰、便捷的导航指引。

本案例需要完成的任务有 4 个：第一，该案例的静态页面；第二，一级分类的纵向滑动；第三，二级分类的纵向滑动；第四，一级分类与二级分类的联动。

3.7.2　案例制作思路

1. 划分区域

将案例分为 3 个区域完成：①页面头部、页面底部；②一级分类区域；③二级分类区域。

2. 分解

构成元素包括但不限于矩形、文本框、文本标签、动态面板、icon 等。

3. 识别交互

本案例需要完成的交互任务如下：

a. 一级分类纵向滑动，但滑动时的距离有上边界和下边界的约束。

b. 二级分类纵向滑动，但滑动时的距离有上边界和下边界的约束。

c. 当单击某个一级分类时，右侧显示该一级分类下的二级分类内容。

4. 构建元素的来源

构建元素的来源为元件库和 iconfont。

3.7.3　案例操作

下面制作背景。

拖入"矩形 1"，在"样式"面板中设置其坐标为（50,50）、尺寸为 375×812；无边框；使用取色笔获取 App 中的灰色背景作为填充色；无须命名。

先制作区域①，即页面头部和页面底部。

拖入"矩形 1"，在"样式"面板中设置其坐标为（50,50）、尺寸为 375×60；无边框；无须命名。

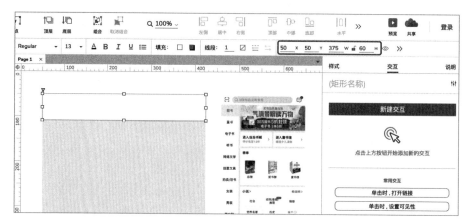

从 iconfont 上获取扫一扫、放大镜、信息等图标,设置合适的线框色以及坐标,所有图标与页面头部的矩形中部对齐。

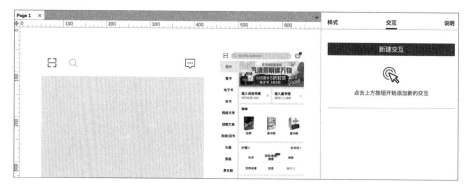

拖入"矩形2",在"样式"面板中设置坐标为(100,65)、尺寸为265×30;"圆角"的"半径"为120;无须命名。

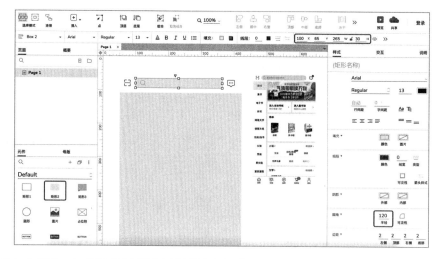

拖入"文本框",在"样式"面板中设置其坐标为(145,68)、尺寸为205×25;使用取色笔获取上一步骤中矩形2的颜色作为填充色;设置为无线框;在"交互"面板中的"提示"下,单击"提示属性"选项,在"提示文本"的位置,输入案例中的文字;无须命名。

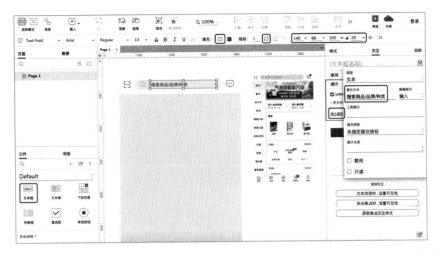

　　拖入"圆形"，位置略微压住 icon 信息的右上角，尺寸为 10×10；其填充色为红色；输入文字 5，其字体颜色为白色，字号为 6；无须命名。

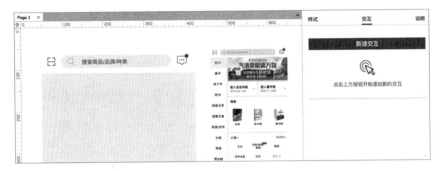

　　复制页面头部的矩形，置于页面底部，其坐标是（50,802）；使用取色笔获取 App 中页面底部的颜色作为填充色；线框色为浅灰色，宽度为 1，同时在"样式"面板的"线段"中，设置"可见性"为只可见上线框。

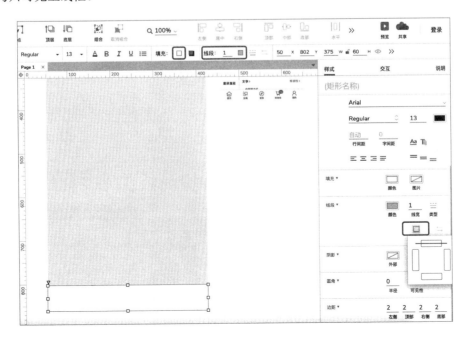

根据跳板式导航中的案例，完成页面底部的元素，注意元件间的对齐。

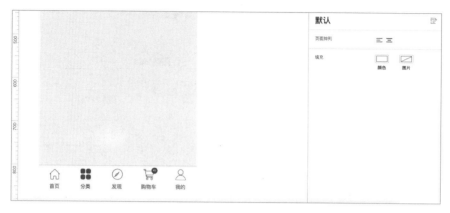

至此，完成区域①，接下来完成区域②。

拖入"动态面板"，在"样式"面板中设置其坐标为（50,110）、尺寸为80×692；将其命名为"左"。

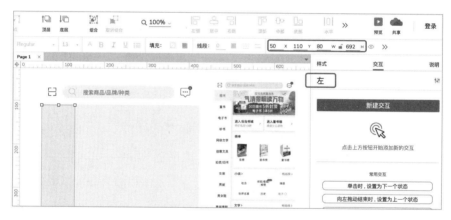

双击"左"动态面板，进入该动态面板。这里需要嵌入一个动态面板，该面板的宽度与"左"动态面板相同，但高度需要进行计算。计算的依据是，所有分类高度的总和。由案例可知，共有30个分类，每个分类使用矩形表示。预设每个矩形的宽度为80，高度为50，即80×50，那么30个分类即高度为1500。

拖入"动态面板"，在"左"动态面板内设置其坐标为（0,0）、尺寸为80×1500；将其命名为"一级菜单"。

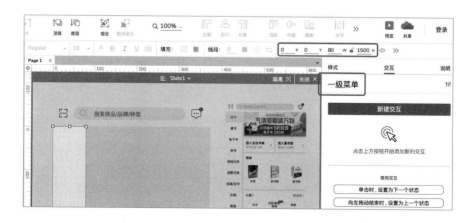

双击"一级菜单"动态面板，拖入"矩形"，在"一级菜单"动态面板内设置其坐标为（0,0）、尺寸为 80×50；无边框；将其命名为"图书"；输入文字"图书"。

选中"图书"，单击鼠标右键，在弹出的快捷菜单中选择"交互样式"命令。

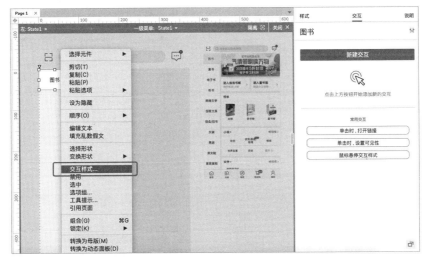

选择"选中"选项卡，勾选"填充颜色"复选框，使用取色笔取 App 背景颜色来设置填充颜色；勾选"字色"复选框，颜色为红色。

单击"新建交互"按钮，将交互"事件"设置为"单击时"，将"元件动作"设置为"设置选中"。

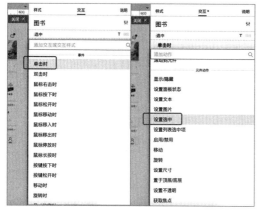

将"目标"设置为"当前元件"，方便后面复制、粘贴。然后单击"确定"按钮。

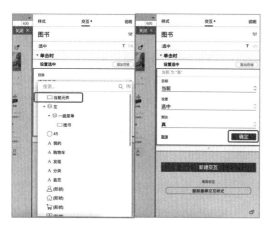

复制"图书"，按照 App 粘贴剩余 29 个分类。这里需要注意矩形之间的对齐方式。因为在本书写作过程中，该版本的 Axure，针对元件对齐调试无效，所以需要手动调整元件之间的位置，确保元件之间没有空隙，虽然会影响矩形的位置，但不会影响正常交互效果。这种调试方法在 Axure 8 中，通过项目设置中的"边界对齐"来调整。

全选 30 个分类，将 30 个分类归为一组。在此以 4 个矩形分类为例，单击说明下方的图标（或通过单击鼠标右键，在弹出的快捷菜单中选择"选项组"命令进行分组），在选项组中输入该原型文件中唯一标识的字符，以达到分组的目的，从而可以实现单选分类的目的。

当所有分类完成后，可以预览各个矩形的位置，并对个别分类矩形的位置以及对"一级菜单"动态面板的高度与位置做出相应调整。

回到编辑页面，选中"左"动态面板，单击"新建交互"按钮。

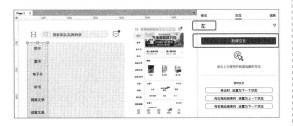

将交互"事件"设置为"拖动时"，将"元件动作"设置为"移动"。

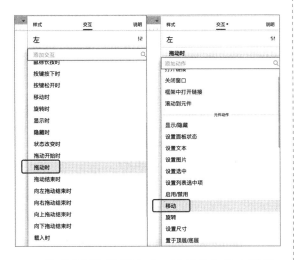

将"目标"设置为"一级菜单"动态面板，将"移动"设置为"跟随垂直拖动"。

单击"确定"按钮，并且预览交互效果，不难发现，一级菜单的分类已经能够纵向滑动了，但有一个问题，即滑动时没有任何约束，

导致一级菜单一直在滑动，这不符合正常产品的使用，也与实际的 App 中的效果大相径庭。因此，需要给一级菜单设置滑动的上限以及下限，通过热区元件和元件范围的条件设置来进行判断。

双击"左"动态面板，拖入"热区"，在"样式"面板中设置其坐标为（0，-19）、尺寸为 80×20；将其命名为"一级菜单上热区"。这里热区甚至可以仅是一条直线，只需使得热区的 y 值为 0~-1 范围内即可。

复制"一级菜单上热区"热区，粘贴至（0，692）的位置，将其命名为"一级菜单下热区"。

回到编辑区域，选中"左"动态面板，单击"新建交互"按钮。

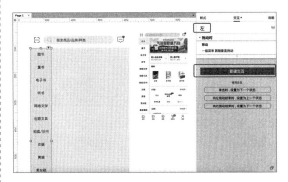

将交互"事件"设置为"向下拖动结束时"，将"动作"设置为"移动"。

将"目标"设置为"一级菜单"动态面板，设置"移动"为"到达，（0,0）"，单击"确定"按钮，再单击"启用情形"按钮，设置前置条件。

如果"一级菜单"动态面板的区域未接触到"一级菜单上热区"的区域，那么移动"一级菜单"动态面板到达（0,0）。

继续单击"新建交互"按钮。

将交互"事件"设置为"向上拖动结束时"，将"动作"设置为"移动"。

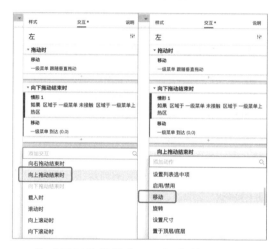

将"目标"设置为"一级菜单"动态面板，设置"移动"为"到达，（0,-700）"，单击"确定"按钮，再单击"启用情形"按钮，设置前置条件。

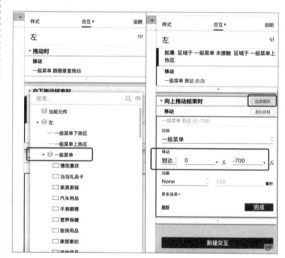

如果"一级菜单"动态面板的区域未接触到"一级菜单下热区"的区域，那么移动"一级菜单"动态面板到达（0,-700）坐标位置。

单击"确定"按钮，预览交互效果。

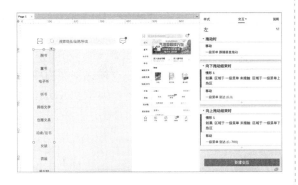

为什么是 -700？双击"左"动态面板，选中"一级菜单"动态面板，用元件模拟一级菜单被向上拖动时，展现最后一个分类矩形时，所处的位置，正好是（0,-700）。

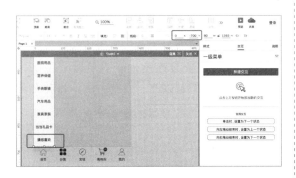

根据案例，当载入页面时，默认选中第一个分类矩形，即"图书"。回到编辑区域，取消选中任何元件，单击"新建交互"按钮。

将交互"事件"设置为"页面载入时"，将"元件动作"设置为"设置选中"。

将"目标"设置为"图书"。

预览交互效果。

案例中仍有一个细节需要注意：当用户单击"拍卖 / 旧书"以下（含"拍卖 / 旧书"）的分类时，根据被单击分类的位置，使一级菜单做出相应距离的移动。类似于"拍卖 / 旧书"的分类处于页面的中心位置，该位置以上的分类被单击时，一级菜单向下移动相应的距离。该位置以下的分类被单击时，一级菜单向上移动相应的距离。例如，在默认状态下，单击"拍卖 / 旧书"时，一级菜单向上移动一个矩形的高度，即"50"；在默认状态下，单击"女装"，一级菜单向上移动两个矩形的高度，即"100"，以此类推。当然，如果在"女装"分类被选中的状态下，用户单击"电子书"，则一级菜单向下移动两个矩形的高度，即"100"。

选中"拍卖 / 旧书"，在单击时，插入动作。

将"元件动作"设置为"移动",将"目标"设置为"一级菜单"动态面板。

将"移动"设置为"到达,(0,-50)",将"动画"设置为"线性,500 毫秒"。

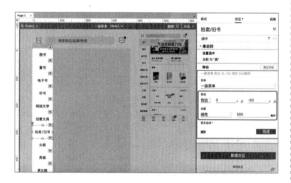

同样,在"图书""童书""电子书""听书""网络文学""创意文具"等矩形的"单击时"交互下,设置"移动"为"一级菜单 到达(0,0) 线性 500 毫秒"。

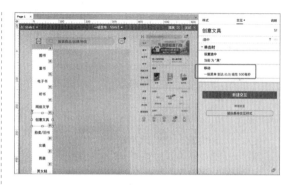

按照这种绝对路径的思路,读者如果感兴趣且有时间,可以把所有分类都设置一下。至此,完成交互任务 a。

继续完成交互任务 b 和 c。

拖入"动态面板",在"样式"面板中设置其坐标为(130,110)、尺寸为 295×692;将其命名为"右"。

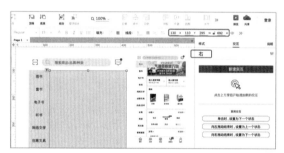

双击"右"动态面板,再拖入"动态面板",在"样式"面板中设置其坐标为(0,0)、尺寸为 295×900。虽然高度 900 不足以还原 App 的真实效果,但足以演示设置方法。将其命名为"二级菜单"。

同时,为该动态面板设置两个状态,便于演示,分别命名为"图书"和"拍卖/旧书"。

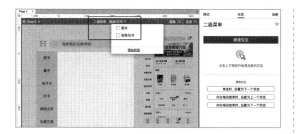

接着进入"二级菜单"动态面板下的状态"图书",完成该状态下的元素搭建。对于搭建的过程不再赘述,主要由 App 的原图以及文本标签、矩形、水平线等构成,注意元件间的等距设置。

同样,进入"二级菜单"动态面板下的状态"拍卖/旧书",完成该状态下的元素搭建。

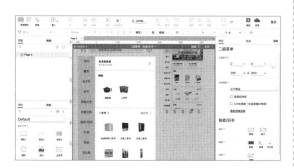

按照"一级菜单"动态面板的设置方法,设置"二级菜单"动态面板。

选中"右"动态面板,单击"新建交互"按钮。

将交互"事件"设置为"拖动时",将"元件动作"设置为"移动"。

将"目标"设置为"二级菜单"动态面板。

将"移动"设置为"跟随垂直拖动"。

同样,需要给二级菜单设定一个垂直移动的约束。

双击"右"动态面板,拖入"热区",在"样式"面板中设置其坐标为(0,-19)、尺寸为 295×20;将其命名为"二级菜单上热区"。

复制"二级菜单上热区"，粘贴至（0,692）的位置，将其命名为"二级菜单下热区"。

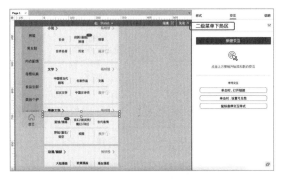

回到编辑区域，选中"右"动态面板，单击"新建交互"按钮。

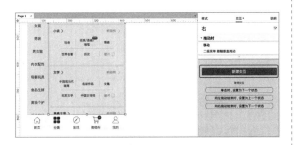

将交互"事件"设置为"向下拖动结束时"，将"动作"设置为"移动"。

将"目标"设置为"二级菜单"动态面板，将"移动"设置为"到达，（0,0）"，并且在完成后，单击"启用情形"按钮来设置前置条件。

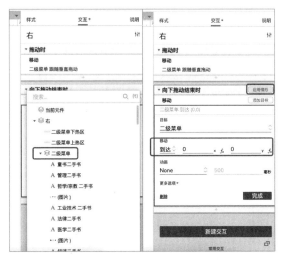

如果"二级菜单"动态面板的区域未接触到"二级菜单上热区"的区域，那么移动"二级菜单"动态面板到达（0,0）坐标位置。

继续回到编辑区域，单击"新建交互"按钮。

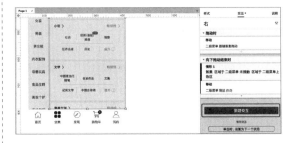

将交互"事件"设置为"向上拖动结束时"，将"动作"设置为"移动"。

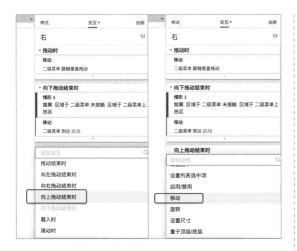

将"目标"设置为"二级菜单"动态面板，将"移动"设置为"到达，（0,-210）"。

单击"确定"按钮，再单击"启用情形"按钮，如果"二级菜单"动态面板的区域未接触到"二级菜单下热区"的区域，那么移动"二级菜单"动态面板到达（0,-210）。

预览交互效果，如右栏上图所示。

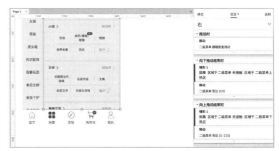

进入"一级菜单"动态面板中，选中"图书"，在"单击时"交互下，单击"+"按钮。

将"元件动作"设置为"设置面板状态"，将"目标"设置为"二级菜单"动态面板。

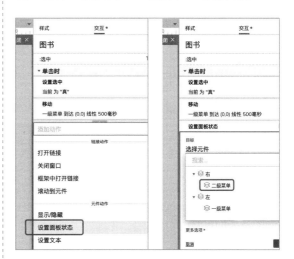

将"状态"设置为"图书"，单击"确定"按钮。

选中"拍卖/旧书"，在"单击时"交互下，单击"+"按钮。

将"元件动作"设置为"设置面板状态"，将"目标"设置为"二级菜单"动态面板。

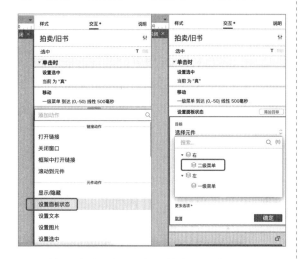

将"状态"设置为"拍卖/旧书"。

单击"确定"按钮后预览交互效果。至此，完成交互任务 b 和 c。

本案例完成。

思考与总结：

（1）通过本案例的临摹，学习到了哪些知识和技能？请回顾并写出来。

（2）尽可能多地列举出具有暗喻式导航的产品，建议亲自体验。

（3）通过本案例相信大家已经学会了内容的纵向滑动，请尝试自己完成横向滑动。

作业：

（1）GAP 的移动客户端，在分类内容中采用了多选项式导航，将其产品分类为"女装""男装""女孩""男孩"等，并且在一级分类中继续细分了二级分类。请结合本节学到的知识与方法，完成以下界面的临摹。

（2）从"思考与总结"列举的产品中挑选一款进行原型制作。

3.8　抽屉式导航（QQ）

抽屉式导航一般采用点击或划动屏幕等交互方式，从屏幕侧边显示扩展的导航。它是为了突出某些重要内容或操作，同时将次要内容收进抽屉里，起到不干扰用户、让用户专注于当前内容或操作的重要作用。以工具型、内容型的产品为主。该导航的常见布局如下图所示。

下图所示 3 款产品都采用了抽屉式导航。

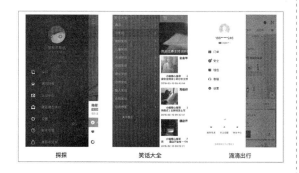

探探　　　笑话大全　　　滴滴出行

3.8.1　案例分析

QQ 是典型的应用抽屉式导航的案例。作为即时通信软件，QQ 的首页界面显示的是对话框以及内部推送的消息，该内容是 QQ 的核心业务。当用户在首页页面向右划动时，从左侧滑出抽屉导航，导航中的操作主要供用户对个人信息进行修改，以及对 QQ 进行设置。主要引导用户使用"了解会员特权""QQ 钱包""个性装扮"等功能，这些功能具备付费转化的条件。

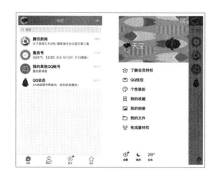

本案例需要完成的任务有 3 个：第一，该案例的静态页面；第二，底部选项卡导航与内容的切换；第三，抽屉式导航的制作。

3.8.2　案例制作思路

1. 划分区域

将案例分为两个区域来完成：①主页面区域，包括页头、页面内容、页底等；②抽屉式导航区域。

2. 分解

构成元素包括但不限于矩形、圆形、文本框、文本标签、动态面板、icon 等。

3. 识别交互

本案例需要完成的交互任务如下：

a. 当单击页面底部的选项卡时，页面内容发生相应的变化。

b. 当向右划动页面时，抽屉式导航从左至右滑入；当显示抽屉式导航时，向左划动或者单击抽屉式导航以外的页面部分，抽屉式导航由右向左滑出。

4. 构建元素的来源

构建元素的来源为元件库和 iconfont。

3.8.3　案例操作

下面制作背景。

拖入"矩形 1"，在"样式"面板中设置其坐标为（50,50）、尺寸为 375×812；无边框；通过取色笔获取 App 中的灰色背景作为填充色；无须命名。

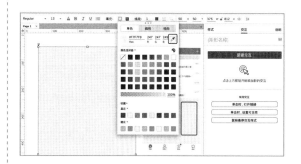

先制作区域①，即主页面区域。

拖入"矩形 1"，在"样式"面板中设置其坐标为（50,50）、尺寸为 375×60；无边框；通过取色笔获取 App 中的渐变蓝色背景作为填充色；无须命名。

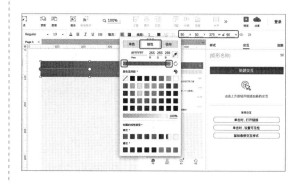

拖入"矩形 1"，单击鼠标右键，在弹出的快捷菜单中选择"选择形状"命令。

接着选择 ╬ 形状。

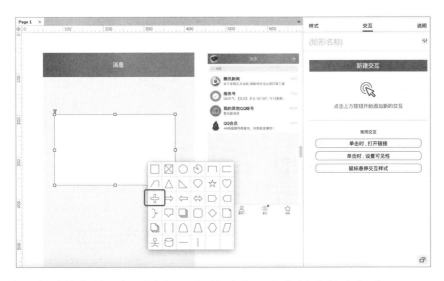

将 ╬ 置于合适的位置，与页头矩形保持对齐。本案例中的坐标为（385,71）、尺寸为18×18，无边框，并且无须命名。

拖入"图片"，在"样式"面板中设置其坐标为（65,55）、尺寸为50×50；设置其"圆角"的"半径"为25；无须命名。

双击图片，从本地导入图片。

拖入"矩形 1"，设置其坐标为（50,109），尺寸暂为 375×40，并且无边框。

拖入"矩形 2"，设置其坐标为（65,116），尺寸暂为 345×26；设置"圆角"的"半径"为 5。

从 iconfont 上获取放大镜 icon，并拖入"文本标签"编辑文字。

拖入"矩形 1"，在"样式"面板中设置其坐标为（50,147）、尺寸为 375×60；无边框；无须命名。

拖入"文本标签""图片"等元件，完成消息元素的搭建。注意：元件要对齐。

按照这种方式，完成其他消息的搭建，可以直接复制第一条消息的元件。通过对齐留空的方法，使得每条消息之间有一条线段，但要注意的是，实际的 App 中，头像下方是没有线段的。

拖入"水平线"，将其置于头像下方，以填补空隙，并设置线段颜色为白色。

拖入"矩形 1"，置于页面底部，设置其坐标为（50,802）、尺寸为 375×60；设置其线段颜色为浅灰色，将"可见性"设置为仅上边线可见。

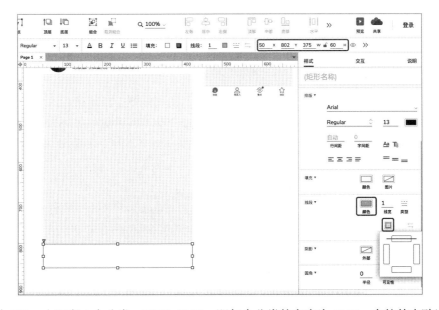

宽度为 375，由于有 4 个分类，375/4=93.75，即每个分类的宽度为 93.75，在软件中默认为 94。

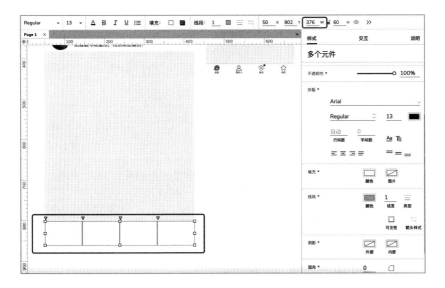

下载并拖入对应的 icon，拖入"文本标签"并将其置于相应位置。

下面不采用"编组、选中元件"的方式设置选项卡的切换效果，而是通过切换动态面板的方式显示效果。将 4 个分类分别装进 4 个动态面板中，每个动态面板均有两个状态，即"未被选中的效果"和"被选中的效果"。案例中将 4 个矩形转换为了动态面板，分别命名为"消息""联系人""看点"和"动态"。

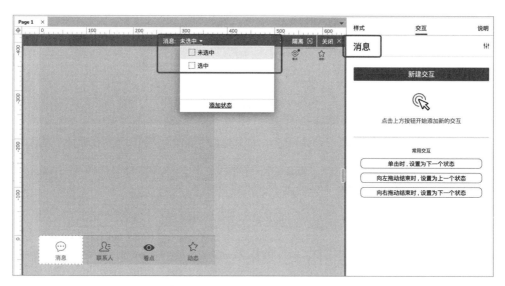

取消选中任何元件，单击"新建交互"按钮。

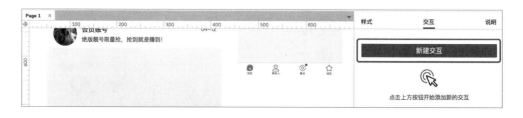

将"交互"设置为"页面载入时"，将"元件动作"设置为"设置面板状态"。

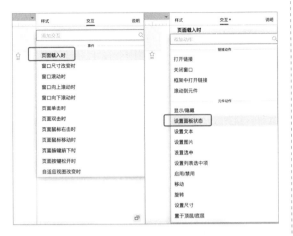
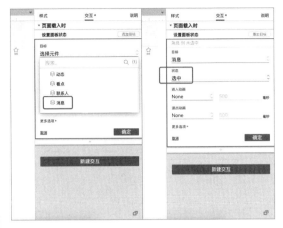

将"目标"设置为"消息"动态面板，将"状态"设置为"选中"。

当使用 QQ 时，单击页面底部的"联系人"选项卡，页头标题变为"联系人"，页头右侧的 icon 变为"添加好友"按钮；单击"看点"选项卡，弹出新页面；单击"动态"选项卡，页头标题变为"动态"，页头右侧的 icon 变为"设置"按钮。因此需要将页头标题和右侧的 icon 设置为动态面板。

拖入动态面板，置于页头标题的位置，将其命名为"页头标题"。

双击"页头标题"动态面板，添加 3 个状态，分别为"消息""联系人""动态"。

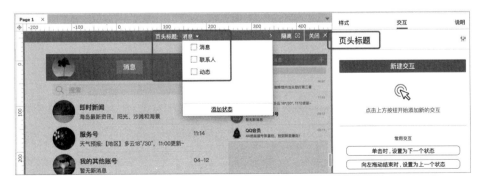

同样，拖入动态面板，置于页头右侧 icon 的位置，将其命名为"右侧 icon"，添加 3 个状态，分别为"加号""加好友""设置"。

接下来介绍关键的思路。第一，将整个原型放入一个动态面板中，这是为了演示抽屉式导航与页面内容的互动：当向右滑动页面时，抽屉式导航自左向右滑入，并占满全屏；当向左滑动页面时，抽屉式导航自右向左滑出，显示页面内容。注意：当页面为"消息""联系人""动态"时是可以滑入、滑出抽屉式导航的，而当页面为"看点"时，则无法滑出抽屉式导航。第二，将各个页面放入一个动态面板中——"消息""联系人""看点""动态"。第三，将抽屉式导航的内容置于另外一个动态面板中，并进行交互设置。

因此要拖入 3 个动态面板，按照层次来划分，分别是整个原型的动态面板→抽屉式导航的动态面板→页面的动态面板。

拖入动态面板，全选所有元件，剪切并粘贴至动态面板中。该动态面板的坐标为（50,50）、尺寸为 375×812，将其命名为"整体"。

在"整体"动态面板中，继续拖入动态面板。

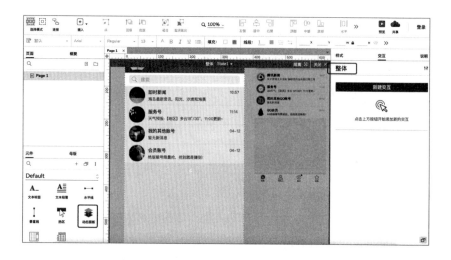

　　拖入"整体"动态面板的新动态面板坐标为（0,100）、尺寸为 375×650，并将其命名为"页面内容"。

　　选中"页面内容"动态面板，添加 3 个状态，分别为"消息""联系人""动态"。

　　根据需要，将"联系人"和"动态"的元素自行填补完整，在此不再赘述。

下面设置底部选项卡。当单击各个分类时，页面呈现相应的内容。选中"消息"动态面板，单击"新建交互"按钮。

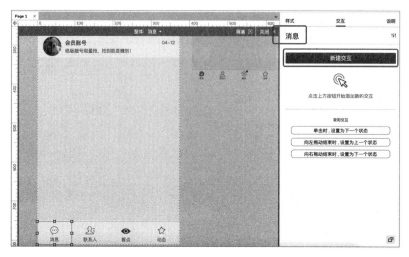

将"交互"设置为"单击时"，将"元件动作"设置为"设置面板状态"。

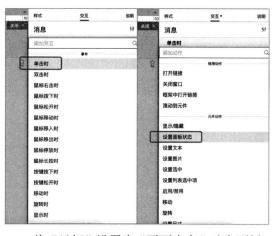

单击"确定"按钮后，单击"+"按钮，继续选择"设置面板状态"。

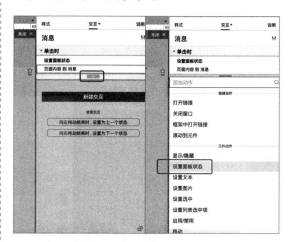

将"目标"设置为"页面内容"动态面板，将"状态"设置为"消息"。

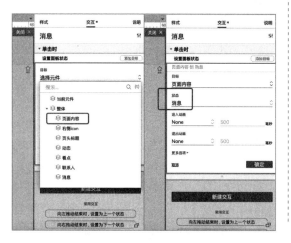

将"目标"设置为"消息"动态面板，将"状态"设置为"选中"。

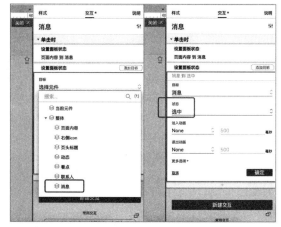

因为是动态面板，没有编组操作，所以同时还要设置其他底部选项卡为未选中的状态，否则底部选项卡会出现两个以上被选中的状态。注意：不要忘了对"页头标题"和"右侧 icon"动态面板的状态变化进行设置。

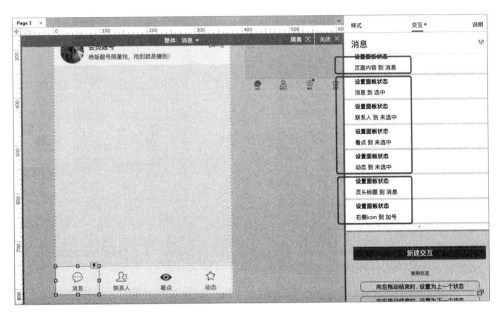

使用相同的方法，完成"联系人"和"动态"的设置。

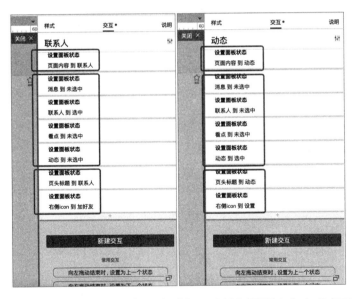

页面底部的"消息""联系人""动态"选项卡，已经与页面内容完成交互。那么"看点"要如何处理？在使用时可以发现，当用户点击"看点"后，除了底部选项卡仍然显示，页面其他区域均显示的是"看点"的内容。如果要做出这样的效果，需要在"整体"动态面板内再拖入一个子动态面板，分为两个状态。"状态 1"是"看点"内容，"状态 2"是"消息""联系人""动态"的内容。

制作之前先明确一下，"整体"动态面板中有一个状态，这里将其命名为"消息"，这是前期做测试时的遗留，是毫无意义的，所以为了避免引起歧义，将其改为默认的"State1"。

在"整体"动态面板内，拖入新的动态面板，坐标为（0，0）、尺寸为375×750，添加两个状态，分别是"其他"和"看点"。本步骤把"页面内容"分为了"其他"和"看点"两类。

将页头的全部元素以及动态面板，剪切并粘贴至"看点与其他"动态面板的"其他"状态中。

进入"看点与其他"动态面板中的"看点"状态，拖入"icon""文本框""文本标签""图片"等元件，完成内容的构建。

回到“整体”动态面板中，选中“看点”动态面板，单击“新建交互”按钮。

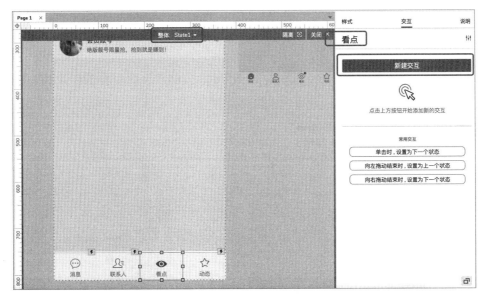

将“交互”设置为“单击时”，将“元件动作”设置为“设置面板状态”。

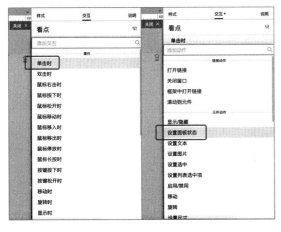

将“目标”设置为“看点与其他”动态面板，将“状态”设置为“看点”。

同时将自身的状态设置为“选中”，将“消息”“联系人”“动态”动态面板的状态设置为“未选中”。

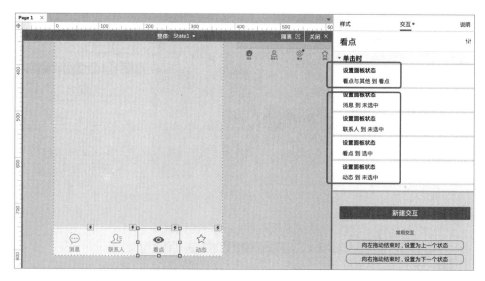

因为加了一层动态面板，所以，"消息""联系人""动态"动态面板需要增加一项设置，即当单击这些动态面板时，先选中"看点与其他"动态面板中的"其他"状态。

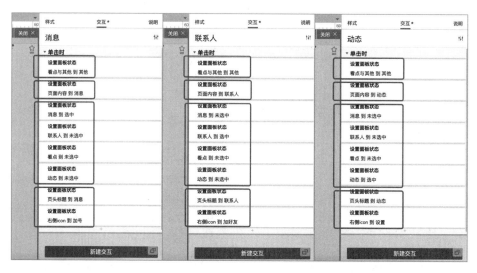

预览交互效果。回到编辑区域，取消选中所有元件，进行页面的交互设置，即当载入页面时，设置"消息"动态面板的状态为"选中"。

至此，完成交互任务 a。

下面完成交互任务 b：当向右划动页面时，抽屉式导航从左至右滑入；当显示抽屉式导航时，向左划动或者单击"关闭"按钮时，抽屉式导航由右向左滑出。当然，只在"消息""联系人"和"动态"3 个页面中会出现这样的交互，在"看点"页面中则不会出现。

抽屉式导航出现后会占满全屏，因此可以在"整体"动态面板内，直接拖入动态面板，设置其坐标为（0,0）、尺寸为 375×812，并将其命名为"抽屉式导航"。

双击"抽屉式导航"动态面板，根据案例构建内容。

回到"整体"动态面板内，选中"抽屉式导航"动态面板，将其隐藏。

临时挪走"抽屉式导航"动态面板，双击"看点与其他"动态面板，选中"页面内容"动态面板，单击"新建交互"按钮。

将"交互"设置为"向右拖动结束时",将"元件动作"设置为"显示 / 隐藏"。

勾选"置于顶层"复选框,选择"推动元件",选择"右侧,线性,50 毫秒"。

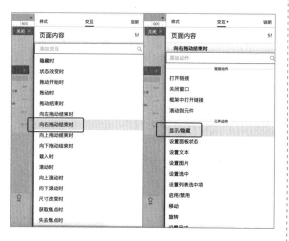

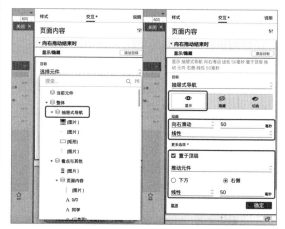

将"目标"设置为"抽屉式导航"动态面板;选择"显示",将"动画"设置为"向右滑动,50 毫秒,线性";在"更多选项"下,

单击"确定"按钮,将"抽屉式导航"动态面板回归原位并选中,单击"新建交互"按钮。

将"交互"设置为"向左拖动结束时",将"元件动作"设置为"显示 / 隐藏"。

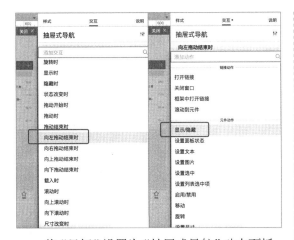

将"目标"设置为"抽屉式导航"动态面板；选择"隐藏"，将"动画"设置为"向左滑动，50 毫秒，线性"；在"更多选项"下选择"拉动元件"；选择"右侧，线性，50 毫秒"。

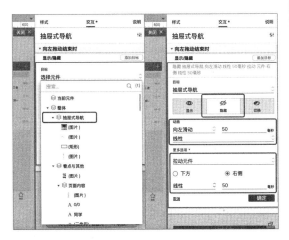

单击"确定"按钮，不要忘记在"抽屉式导航"中，还有一个"关闭"按钮，需要与"向左滑动结束时"一样进行交互设置。

单击"确定"按钮后预览交互效果。至此，完成交互任务 a 和 b。

本案例完成。

思考与总结：

（1）通过本案例的临摹，你学习到了哪些知识和技能？请回顾并写出来。

（2）尽可能多地列举出具有抽屉式导航的产品，建议亲自体验。

（3）掌握嵌套动态面板的方法，务必保持思路清晰。

（4）对于"拉动元件"的设置，还可以应用到哪些产品中？

作业：

（1）"喜马拉雅"这款产品，采用了类似于抽屉式导航的分类导航。当用户单击右上角的 icon 时，分类导航自右向左滑动，占满全屏；当用户单击"后退"按钮或者向右滑动分类导航时，分类导航自左向右收起。请结合本节学到的知识与方法，完成以下界面的临摹。

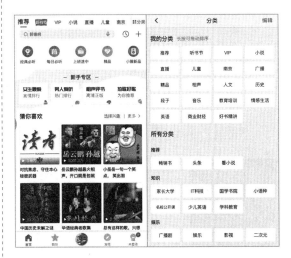

（2）从"思考与总结"列举的产品中挑选一款进行原型制作。

3.9　点聚式导航（Path）

点聚式导航：在页面中一个固定的位置（如页面底部的左、中、右等位置）设置一个按钮，当用户点击时，以各种展现方式（如扇形、矩形等方式）弹出内容入口；当用户再次点击时，将内容入口收回。

实际上，点聚式导航是通过按钮的"点"来显示或隐藏各内容导航的"聚"的。

这种导航的方式比较新颖，但如果界面设计太复杂或界面色彩搭配太丰富，则点聚式导航容易被用户忽略。

导航设计的思路是通过极简化内容或分类的入口，使用户能够专注于当前的页面内容。

相比侧边栏，点聚式导航更能让客户感知其入口的存在。一般来说，点聚式导航与瀑布式导航结合比较多，并且以旅游类、内容类的产品为主。该导航的常见布局如下图所示。

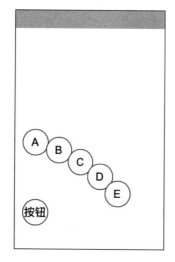

下图所示 3 款产品都采用了点聚式导航。

3.9.1 案例分析

Path 虽然已下架，但其提供的私密社交服务给大多数用户留下了深刻的印象。根据该产品的使用截图，可以发现 Path 是典型的点聚式导航。当用户点击页面底部中央的红色"+"按钮时，页面出现遮罩层，以扇形的方式展示 5 类内容入口。当"+"变为"×"时，点击"×"按钮，则内容入口全部收回隐藏。

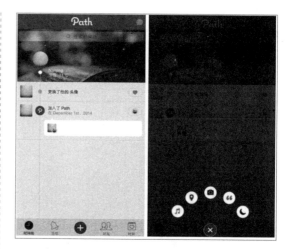

本案例需要完成的任务有如下两个：第一，制作该案例的静态页面；第二，设置点聚式导航。

3.9.2 案例制作思路

1. 划分区域

本案例无须分区，直接完成页头、页面内容、页脚等区域的设置，再设置点聚式导航即可。

2. 分解

其构成元素包括但不限于矩形、圆形、文本标签、动态面板、垂直线、水平线、icon 等。

3. 识别交互

本案例需要完成的交互任务如下：

当用户点击页面底部中央的"+"按钮时，页面出现遮罩层，并且以扇形的方式展示内容入口（每个内容入口的移动路径各不相同，最终形成扇形）。同时，按钮由"+"变为"×"；当用户点击"×"按钮时，以扇形的方式收起内容入口，遮罩层隐藏，按钮由"×"变为"+"。

4. 构建元素的来源

构建元素的来源为元件库和 iconfont。

3.9.3 案例操作

下面制作背景。

拖入"矩形 1"，在"样式"面板中设置其坐标为（50,50）、尺寸为 375×812；无边框；通过取色笔获取案例中的背景色作为填充色。注意：矩形无须命名。

　　拖入"矩形 1"，在"样式"面板中设置其坐标为（50,50）、尺寸为 375×60；无边框；通过取色笔获取案例中页头的背景色作为填充色，该矩形也无须命名。

　　双击矩形，输入"Path"，设置其字号为 28、字体颜色为白色；从 iconfont 上获取信息的图标，设置其填充色为白色、"不透明度"值为 50%，尺寸自定义，并将其置于相应的位置。

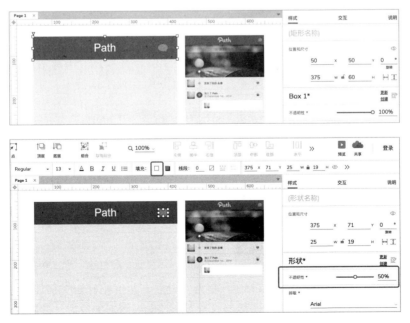

　　从网络上获取图片，将其置于相应的位置，注意图片的左右两侧，在视觉上保持与原型宽度一致。

拖入"矩形1"，使其与背景矩形保持居中对齐，设置"圆角"的"半径"为"5"、"不透明度"值为40%。

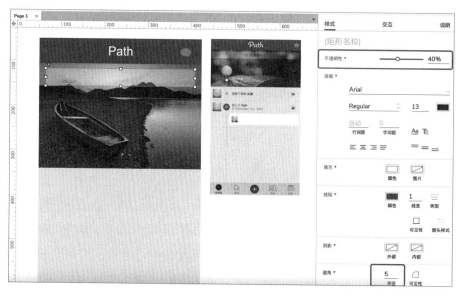

获取放大镜图标，设置放大镜图标的尺寸（13×13），并设置"不透明度"值为40%，在矩形中输入"搜索时间线"等文字，保证文字与图标的组合处于该搜索框矩形的居中位置。

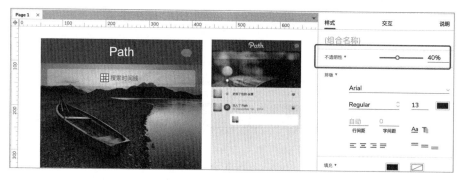

这里可以采用一个小技巧，通过拖入参照矩形，设置其宽度正好为文字与图标的组合宽度，使其与搜索框矩形居中对齐，将文字与图标的组合置于该参照矩形的位置，并删除参照矩形。

　　拖入图片，设置合适的尺寸和位置，坐标为（100,250），尺寸 45×45，将图片上方的三角形向右拖到图片的中间位置，设置"圆角"的"半径"为 250，使图片的角变为圆角。

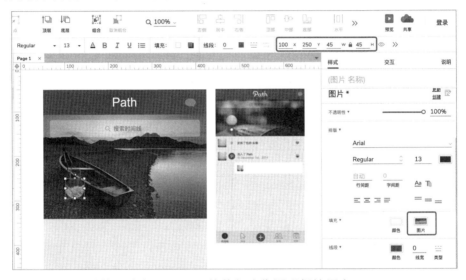

　　拖入"圆形"，设置其尺寸为 15×15，使其与头像圆形保持居中。

拖入"文本标签",编辑相关文字,字号为10,字体颜色为白色。

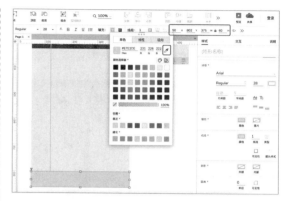

复制圆形头像,将"圆角"的"半径"设置为0,将其置于合适的位置。

拖入"垂直线",设置线段宽度为2,颜色为浅灰色,与圆形保持居中对齐。设置长度时,留有距页底60个单位的高度,此时顺便将页头顶部的矩形复制到页面底部,作为页面底部选项卡的框架,通过取色笔获取案例中底部选项卡的颜色作为填充色。

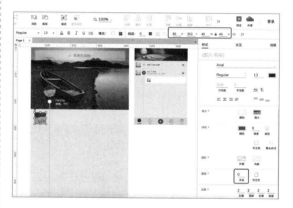

复制白色小圆,将其粘贴至正方形头像右侧,保持两者为中部对齐状态,设置其填充色为淡灰色。

复制"垂直线",使其旋转90°(此处也可以直接拖入"水平线"进行设置),设置其位置和尺寸。

拖入"文本标签"，输入案例中的文字，要注意与上方的文字垂直对齐，与左侧的小圆形水平对齐。

拖入"矩形 1"，自定义坐标位置与尺寸，将其置于合适的位置。具体设置：坐标为（345,358），尺寸为 60×35；填充色为无，线段颜色为浅灰色；"圆角"的"半径"为 20。

拖入"矩形 3"，单击鼠标右键，在弹出的快捷菜单中选择"选择形状"命令，接着选择心形 ♡。

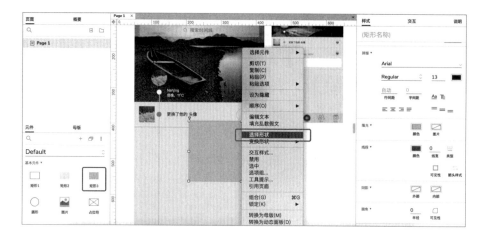

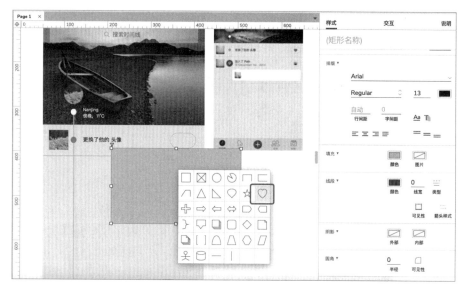

设置心形的尺寸为 20×20，与其外框保持居中和中部对齐。

复制正方形头像，将其粘贴至其下方，坐标位置自定，但要与正方形头像保持垂直居中。

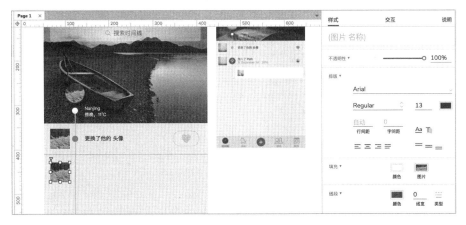

　　拖入"圆形"，尺寸为 25×25，无边框，填充色为红色；在其中输入相应的文字，文字颜色为白色。将该红色圆形与垂直线保持居中对齐，与正方形头像保持水平对齐。

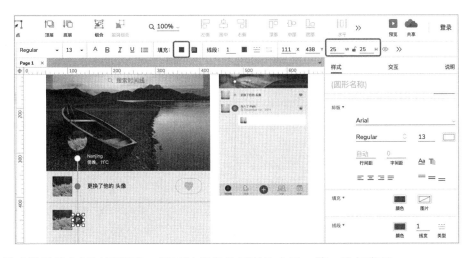

　　如果感觉元素之间过于紧凑，则可以将相关元素选中后，统一进行微调。

　　复制上方的"文本标签"，输入相应的文字，注意字体颜色要有所不同。

复制上方心形的外框，使其与其他元素保持垂直对齐、水平对齐。

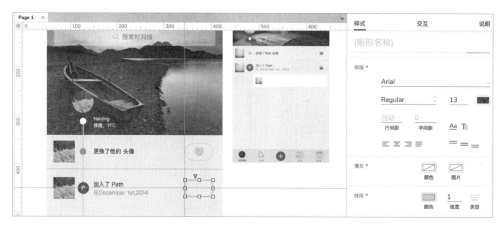

通过输入法或者 icon 设置笑脸表情。

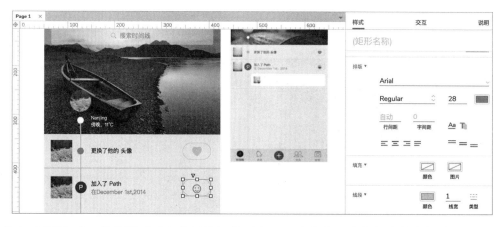

　　拖入"矩形 1"，将其置于"文本标签"的下方，尺寸自定，本案例中的坐标为（150,485），尺寸为 255×80。单击鼠标右键，在弹出的快捷菜单中选择"选择形状"命令。

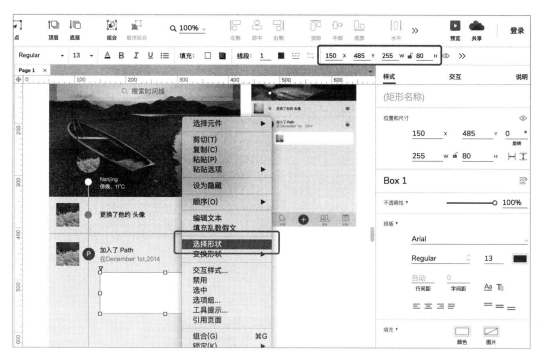

接着选择所需形状，设置其旋转角度为 180°。通过 3 个黄色小圆，调整三角形的位置，并将它们设置为无边框。

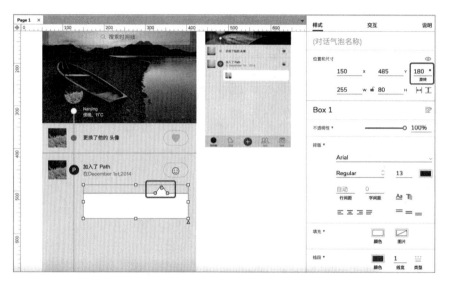

将正方形头像以及笑脸表情复制并粘贴至对话框内，根据实际操作情况调整对话框的位置。

最后，使用相同的方法，即用 5 个同等尺寸的矩形填满底部选项卡框架，并通过 icon 和文本标签，完成页面底部选项卡的制作。

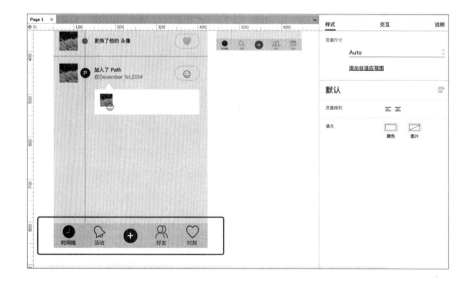

接下来，完成交互效果。

当用户点击页面底部中央的"+"按钮时，页面出现遮罩层，并且以扇形的方式展示内容入口（每个内容入口的移动路径各不相同，最终形成扇形）。同时，按钮由"+"变为的"×"。当用户点击"×"按钮时，以扇形的方式收起内容入口，遮罩层隐藏，按钮由"×"变为"+"。

选中红色"+"按钮，单击鼠标右键，在弹出的快捷菜单中选择"转换为动态面板"命令。

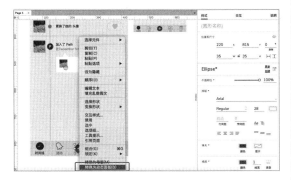

将动态面板命名为"按钮"，并且新增两个状态，将状态分别命名为"+"和"×"。

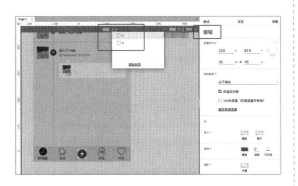

将"+"状态中的红色按钮复制并粘贴至"×"状态中，同时将"+"改变为"×"。

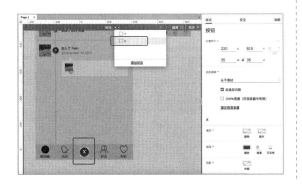

拖入"矩形 1"，将其作为界面的遮罩层。具体设置：坐标为（50,50），尺寸为 375×755，填充色为浅灰色，"不透明度"值为"50%"，将其命名为"遮罩"，设置为无边框。

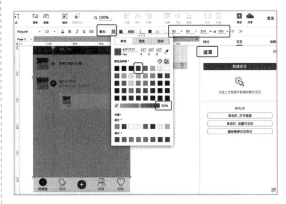

选中矩形"遮罩"，单击鼠标右键，在弹出的快捷菜单中选择"顺序"→"置于底层"命令。

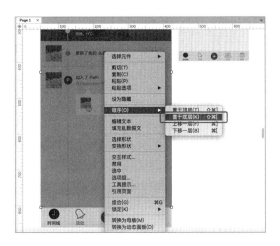

接下来制作内容入口，如"音乐""定位""拍照"等。考虑内容入口都存在移动的交互动作，因此需要通过动态面板来进行设置。先拖入 5 个"圆形"，再将它们转换为"动态面板"。

拖入"圆形"，设置其尺寸为 25×25。复制并粘贴出其他 4 个圆形，按照以下方式进行排列：中间的圆形与背景矩形保持居中对齐，第二排的两个圆形与中间的圆形保持（10,0）的绝对值距离，第三排的两个圆形又分别与第二排的两个圆形保持（10,0）的绝对值差距。目的是保证各圆形之间的水平距离和垂直距离相等。案例中，中间圆形的坐标为（225,647），第二排左边的圆形坐标为（190,672），第二排右边的圆形坐标为（260,672），第三排左边的圆形坐标为（155,697），第三排右边的圆形坐标为（295,679）。

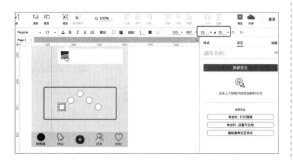

获取 5 个内容入口的 icon，将它们依次排序。

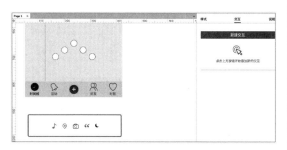

将 5 个圆形的边框去除，并将它们分别转换为动态面板，依次命名为"音乐""定位""拍照""更多""夜晚"。然后将对应的 icon 置入其中，并记住它们现在所处的坐标位置。

当前位置是 5 个内容入口移动后的坐标位置，为了方便后面的交互设置，可以将坐标位置标记在名称栏中，如下图所示。

在进行操作之前，先理清思路。当点击按钮时，按钮的状态会变化，出现遮罩层，同时出现内容入口。再次点击按钮时，按钮变回原来的状态，遮罩层消失，内容入口收起隐藏。这里将按钮的状态转换作为交互设置的前提条

件。单击"按钮"动态面板，设置当它的状态是"+"时，按钮状态会如何；它的状态是"×"时，按钮状态又会如何。

选中"按钮"动态面板，单击"新建交互"按钮。

将"交互"设置为"单击时"，将"元件动作"设置为"设置面板状态"。

将"目标"设置为"按钮"动态面板，将"状态"设置为"×"。

将鼠标指针移至"单击时"右侧，单击"启动情形"按钮。

当"按钮"动态面板的状态为"+"时，单击"+"按钮，将"动作""置于顶层/底层"。

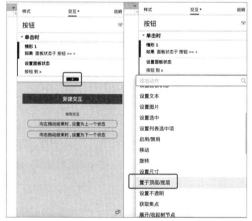

将"目标"设置为"遮罩"，选择"顶层"，单击"确定"按钮。

继续单击"+"按钮，将"元件动作"设置为"移动"。

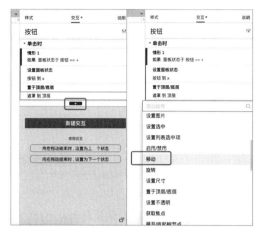

将"目标"设置为"音乐 155 697"动态面板，将"移动"设置为"到达，（155,697）"，将"动画"设置为"线性，500 毫秒"。

按照同样的方法，设置其他 4 个内容入口。

在"置于顶层/底层"的交互设置中,将5个内容入口也置于顶层。

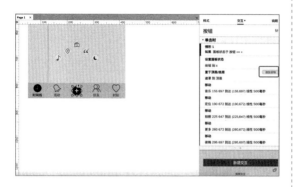

至此,"按钮"动态面板在状态"+"情况下的交互设置完毕,继续设置其状态为"×"时的交互。

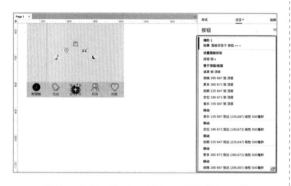

单击"添加情形"按钮,设置当"按钮"动态面板的状态为"×"时,单击"+"按钮,将"元件动作"设置为"设置面板状态"。

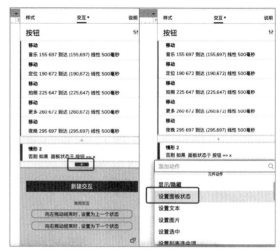

将"目标"设置为"按钮"动态面板,将"状态"设置为"+"。

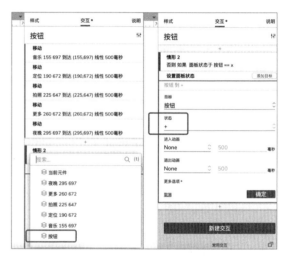

继续单击"+"按钮,将"元件动作"设置为"置于顶层/底层"。

将"目标"设置为"遮罩"，选择"底层"。

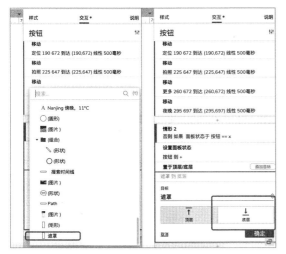

单击"添加目标"按钮，将"目标"设置为"按钮"动态面板或当前元件。

选择"顶层"，在这一步，先暂停设置。将 5 个内容入口都拖至与"按钮"动态面板完全居中的位置，并且做两件事：第一，全部置于底层；第二，记住该处位置的坐标（225,820）。

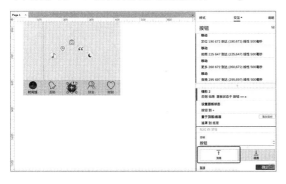

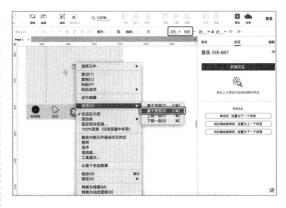

上述操作完成后，重新选中"按钮"动态面板，单击"+"按钮。

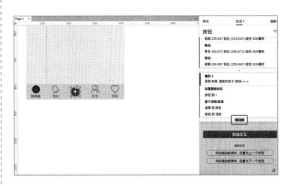

将"元件动作"设置为"移动"，将"目标"设置为"音乐 155 697"动态面板。

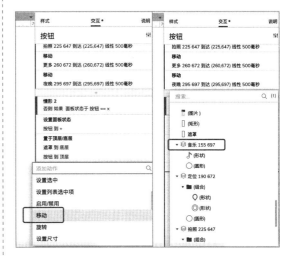

将"移动"设置为"到达，（225,820）"，将"动画"设置为"线性，500 毫秒"，并将其他的 4 个内容入口也进行相同的设置，即"到达，（225,820），线性，500 毫秒"。

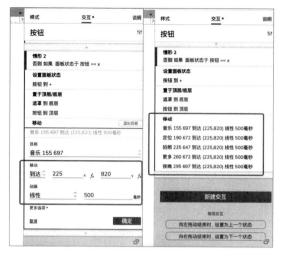

需要注意的是，这里的"情形 2"，是"else if"，而不是"if"。

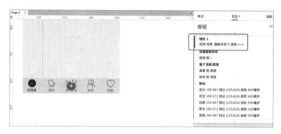

单击"确定"按钮后预览交互效果。至此，完成交互任务。

本案例完成。

思考与总结：

（1）通过本案例的临摹，你学习到了哪些知识和技能？请回顾并写出来。

（2）尽可能多地列举出具有点聚式导航的产品，建议亲自体验。

（3）是否可以使用动态面板、"显示/隐藏"、灯箱效果来完成本案例中的交互？为什么？

（4）除了位置固定的点聚式导航，能否找出浮动的点聚式导航？

作业：

（1）关于"思考与总结"中提到的"浮动的点聚式导航"，可以参考 iPhone 中的 Assistive Touch。用户可以通过指尖任意拖动该浮动按钮，点击时，浮动按钮变为菜单框供用户选择相应操作，点击该菜单框以外的部分，菜单框又变为了浮动按钮。请结合本节学到的知识与方法，完成 iPhone 中浮动按钮的制作。

（2）从"思考与总结"列举的产品中挑选一款进行原型制作。

3.10　瀑布式导航（Nice）

瀑布式导航与选项卡式导航常常捆绑出现在产品中，这也是近年来比较流行的设计趋势之一。它使用户对信息的掌握能够更加全面，体验过程更加流畅，但在使用此类导航时，需要时刻关注用户对其他内容入口是否存在需求。将这类导航用于旅游类、图片类、社交应用类、资讯新闻类产品，比较能够突出其优势。该导航的常见布局如下图所示。

下图所示 3 款产品都采用了瀑布式导航。

小红书　　　　花瓣　　　　马蜂窝

3.10.1　案例分析

Nice 这款产品的首页、"发现"等页面均采用瀑布式导航。用户上下滑动页面，就可以浏览商品或社交信息。页面中的商品或社交信息，通过动态标签吸引用户进入更深一层的类标签信息，再进行浏览或其他操作，以增强用户黏性，延长用户使用产品的频率和时间。当然，卡片式的呈现方式结合瀑布式导航，产品体验非常棒。

本案例需要完成的任务有 3 个：第一，该案例静态页面的制作；第二，瀑布式导航的设置；第三，标签的动态效果设置。

3.10.2　案例制作思路

1. 划分区域

本案例无须分区，页面内容、底部选项卡等区域完成后，再设置瀑布式导航即可。

2. 分解

其构成元素包括但不限于矩形、圆形、文本标签、动态面板、水平线、icon 等。

3. 识别交互

本案例需要完成的交互任务如下：

a. 页面内容支持垂直滑动。当滑动浏览页面内容时，底部选项卡无变化。当向下拉动页面时，会刷新页面内容。

b. 当载入页面时，标签开始出现动态效果。

4. 构建元素的来源

构建元素的来源为元件库和 iconfont。

3.10.3　案例操作

下面制作背景。

拖入"矩形 1"，在"样式"面板中设置其坐标为（50,50）、尺寸为 375×812，无边框，并且无须命名。

拖入"二级标题"，输入文字 nice，与背景矩形保持居中对齐，并且文字 nice 与页面顶部的距离为 25。

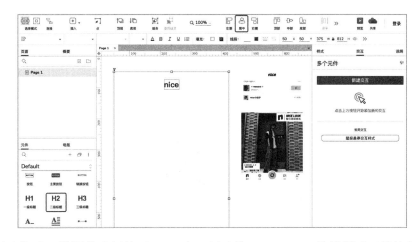

拖入"矩形 1"，设置其坐标为（50,120）、尺寸为 375×120，将线框"可见性"设置为仅上、下两段可见，线框颜色为浅灰色。

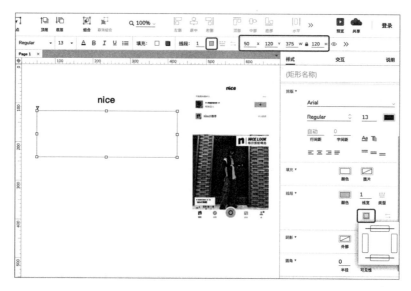

拖入"文本标签",输入相应的文字,坐标为(75,142),文本颜色为灰色。

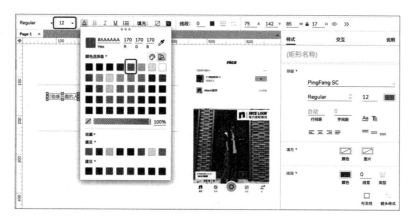

将本地或网络上公开的图片复制并粘贴到编辑区域,设置其坐标为(75,169)、尺寸为 50×50、"圆角"的"半径"为5。

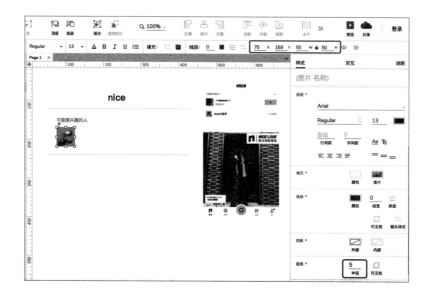

拖入"文本标签",输入用户名,然后复制该文本标签,输入称号文字。用户名文本标签的坐标为(140,172),称号文本标签的坐标为(140,196),文本颜色均为灰色。

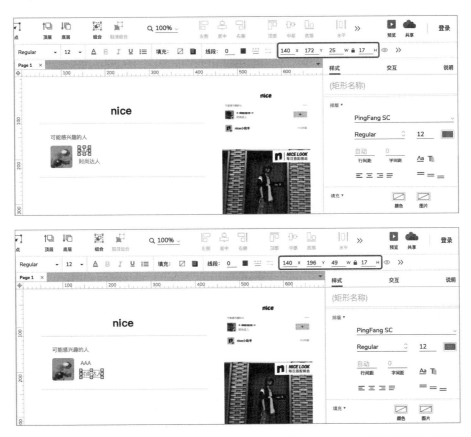

继续拖入"矩形 1",设置其坐标为(350,180)、尺寸为 70×30、"圆角"的"半径"为 5。

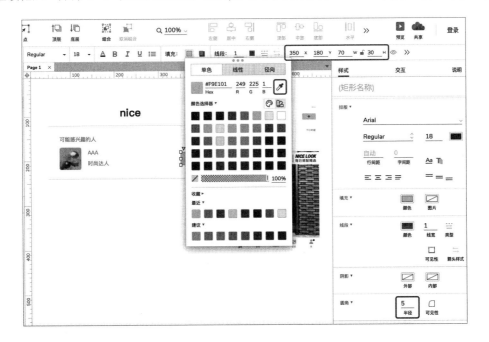

　　拖入"圆形"，设置其尺寸为 8×8，为其填充灰色，与黄色矩形靠右对齐。然后复制并粘贴出另外两个圆形，由右往左依次排列。

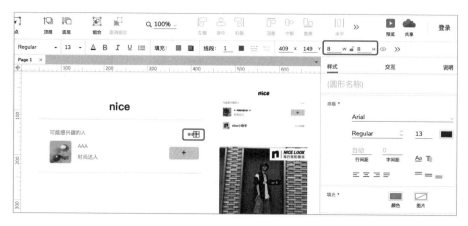

　　接下来全选矩形内部的元素并编组，与矩形垂直及水平对齐。

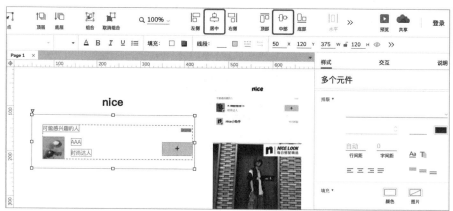

　　拖入"矩形 2"，设置其尺寸为 50×50、"圆角"的"半径"为 5，将其与上方头像图片保持 x 轴对齐，并将其与上方头像的间隔设置为等距。在此，可以拖入固定高度的元件作为度量的工具。

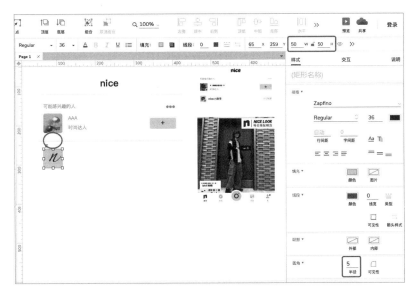

　　复制文本标签"时尚达人"，将其粘贴至右侧，输入相应的文字内容。保持该文本标签与上方黄色按钮靠右对齐，与黄色头像水平对齐。

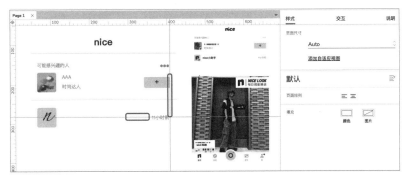

　　拖入本地或网络图片，并根据案例需要添加相应的文本标签，注意图片宽度与背景宽度一致，单击"居中"按钮，使文本标签与背景居中对齐。

　　使用矩形、icon 和图片，完成点赞分享区域的设置。此处有交互，当点击"点赞"按钮时，按钮变为黄色，同时点赞总数由 2 变为 3，点赞头像显示用户的头像。再次点击"点赞"按钮，按钮恢复为灰色，点赞总数由 3 变为 2，点赞头像隐藏用户的头像。该交互通过动态面板实现，在此不做赘述。

　　使用文本标签、icon 和文本框完成评论区域的设置。

　　至此，一条用户发布的信息完成了。在本案例中，在完成该条信息后，内容已经超出了背景的范围。因为要实现内容的垂直移动，所以，考虑使用动态面板。与此同时，要体现页面内容在一定框架范围内实现垂直移动，需要将背景矩形转换成动态面板，在"背景"动态面板内部，嵌入页面内容的动态面板，把刚才做的所有页面元素，都装进"页面内容"动态面板中，再设置该动态面板的交互。

　　选中背景矩形，单击鼠标右键，在弹出的快捷菜单中选择"转换为动态面板"命令。

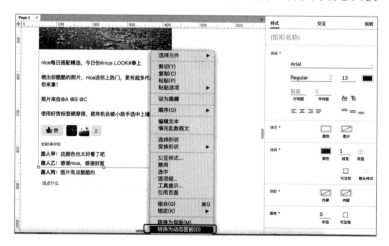

　　将动态面板命名为"背景"。选中除"背景"动态面板外的所有元素，将其剪切并粘贴至"背景"动态面板内。

　　在"背景"动态面板内，继续拖入一个动态面板，坐标为（0,0）、尺寸为 375×1500，将其命名为"页面内容"。这里设置高为 1500，也可以设置为 1400 或者 1600，目的是使面板足够高，从而能够设置更多的页面内容，保证动态面板能够垂直移动。

　　再次剪切除背景矩形外的所有页面元素，粘贴至"页面内容"动态面板中，并且按照第一条信息的格式，复制并粘贴出第二条信息，保证页面内容足够多。

接下来设置底部选项卡。本案例制作的 Nice，无论怎么滑动、操作页面内容，底部选项卡一直固定在页面底部。因此，无须把底部选项卡置于任何动态面板内。回到编辑区域，在"背景"动态面板外部，设置底部选项卡。对于设置底部选项卡的方法不再赘述，同之前的案例基本一致，唯一的区别在于，中间位置的操作元素是圆形而不是矩形。

下面设置交互 a："页面内容支持垂直滑动。当滑动浏览页面内容时，底部选项卡无变化。当向下滑动页面时，会刷新页面内容"。Nice 的刷新方式是页面顶部的 nice 文本闪烁，页面内容刷新完成后，闪烁停止。

选中"背景"动态面板，单击"新建交互"按钮。

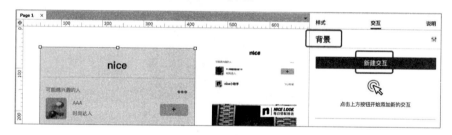

将"交互"设置为"拖动时"，将"元件动作"设置为"移动"。

将"目标"设置为"页面内容"动态面板，将"移动"设置为"跟随垂直拖动"，单击"确定"按钮。

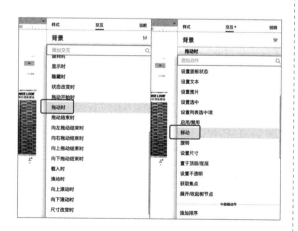

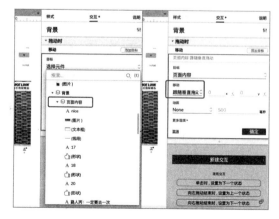

因为页面内容不能无限制地滑动，所以要拖入"热区"，限制页面内容向下拖动时的上边界。本案例不再赘述下边界的设置。

双击"背景"动态面板，拖入"热区"，设置其坐标为（0,0）、尺寸为 375×5，并将其命名为"上边界"。

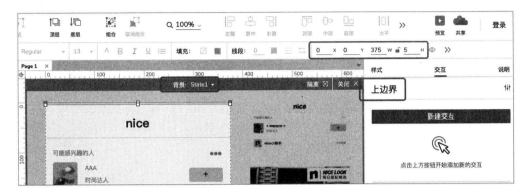

回到编辑区域，选中"背景"动态面板，单击"新建交互"按钮。

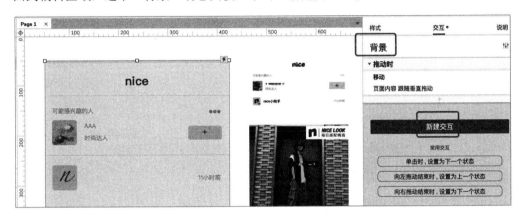

将"交互"设置为"向下拖动结束时"，将"元件动作"设置为"移动"。

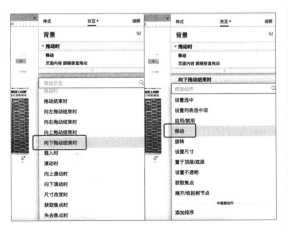

将"目标"设置为"页面内容"动态面板，设置"移动"为"到达，（0,0）"。

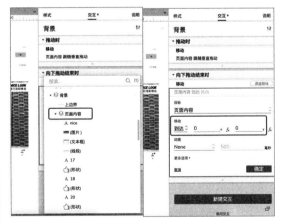

单击"确定"按钮后，单击"启用情形"按钮。

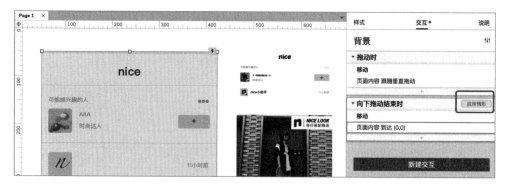

设置情形为"页面内容"动态面板"未接触"到热区"元件范围"的"上边界"。

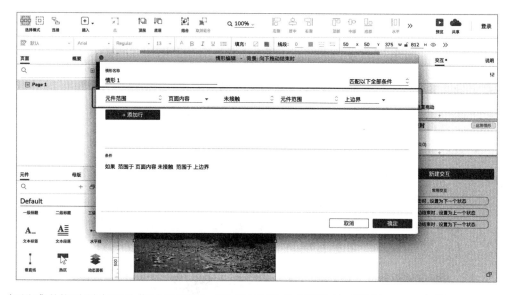

如果感觉拖动时交互动作过于僵硬，则可以设置"动画"为"线性，500 毫秒"。

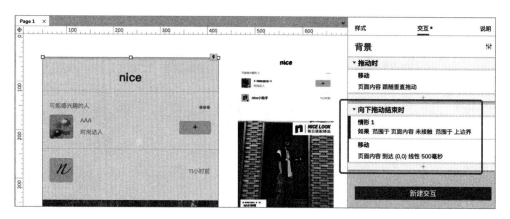

预览效果，可以看到已经完成了向下拖动页面内容时的上边界约束。

下面完成页面刷新的提示，即让页头的文字 nice 产生闪烁效果。使用动态面板的状态循环切换来实现。同时，在闪烁一定的时间后，文字 nice 恢复到默认状态。

选中文字 nice，单击鼠标右键，在弹出的快捷菜单中选择"转换为动态面板"命令，并将其命名为 nice。

为 nice 动态面板新增一个状态，即"状态 2"，将"状态 1"默认状态下的文字 nice，复制并粘贴至"状态 2"中，并且将字体颜色设置为淡灰色。

回到编辑区域，选中"背景"动态面板，单击"向下拖动结束时"交互下的"+"按钮。

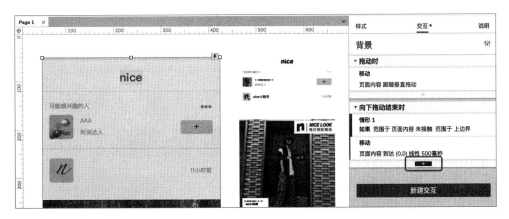

将"元件动作"设置为"设置面板状态"，将"目标"设置为 nice 动态面板。

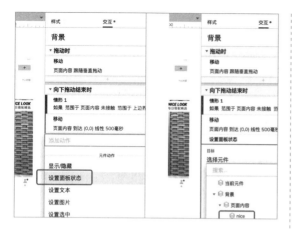

将"状态"设置为"下一项",勾选"向后循环"和"循环间隔 50 毫秒"。

继续单击"+"按钮,设置"其他动作"为"等待",设置等待时间为"2000 毫秒"。

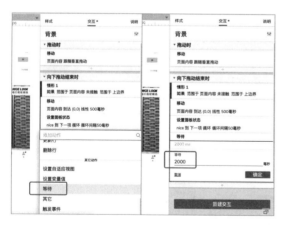

继续单击"+"按钮,将"元件动作"设置为"设置面板状态",将"目标"设置为 nice 动态面板,将"状态"设置为"停止循环"。单击"确定"按钮,设置完毕,可以查看交互效果。

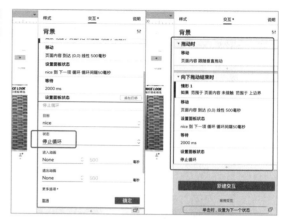

按照设置 nice 动态面板循环切换的方法,制作交互 b,即"当载入页面时,标签开始出现动态效果"。

下面制作标签。拖入"矩形 1",无边框,填充色为黑色,字体颜色为白色,通过单击鼠标右键选择标签形状,尺寸为 40×20。

拖入"动态面板",其右侧与矩形标签的左侧靠近对齐,尺寸为 30×30,将其命名为"动态圆"。

双击"动态圆"动态面板,在"状态 1"中拖入"圆形",设置其尺寸为 15×15、"线段"为 1。

　　新增"状态 2"和"状态 3"，将"状态 1"中的圆形分别复制、粘贴至"状态 2"和"状态 3"中，对于"状态 2"中的圆形，将其边框"线段"设置为 3，对于"状态 3"中的圆形，将其边框"线段"设置为 5，其右侧与矩形标签的左侧均靠近对齐。

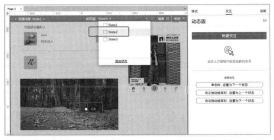

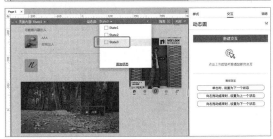

　　回到编辑区域，取消选中所有元件，单击"新建交互"按钮，设置"动作"为"页面载入时"。

　　选择"设置面板状态"，再选择"动态圆"动态面板，设置"状态"为"下一项"，勾选"向后循环"和"循环间隔 300 毫秒"复选框。

　　单击"完成"按钮，预览交互效果。
　　其实思路便是将"动态面板"的状态看作动画制作中的每一帧。状态的连续切换即实现了帧的连续播放，于是形成了动画效果。如果对动画效果要求较高，则可以多增加若干个状态，使动画过渡流畅。
　　至此，完成交互任务。
　　本案例完成。
　　思考与总结：
　　（1）通过本案例的临摹，学习到了哪些知识和技能？请回顾并写出来。
　　（2）尽可能多地列举出具有瀑布式导航的产品，建议亲自体验。
　　（3）垂直或水平滑动页面时的边界约束设置，还可以采用哪种方式完成？
　　作业：
　　（1）"飞地"这款产品，结合了底部选项卡、瀑布式导航以及 Table 标签导航等多种导航方式，将信息直观地呈现给用户。同时，在每条内容的右上角，用户都可以进行收藏或取消收藏操作。请结合本节学到的知识与方法，完成"飞地"首页的制作，并为信息加上动态标签。

　　（2）从"思考与总结"列举的产品中挑选一款进行原型制作。

3.11 页面轮盘式导航（Flink）

页面轮盘式导航通常出现在 App 的引导页。用户通过向左、向右滑动页面，来浏览产品所提供的信息。在产品内部，使用该导航提供重要信息的引导也很常见。当该导航用于引导页时，要注意信息传达的方式是否有效。一般来说，引导页分为功能介绍型、操作说明型、场景故事型等，根据具体需要设计不同的引导页，从而使页面轮盘式导航能够发挥应有效用。该导航的常见布局如下图所示。

下图所示 3 款产品都采用了页面轮盘式导航。

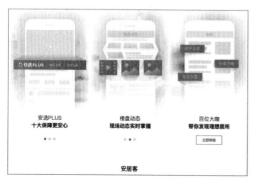

3.11.1 案例分析

Flink 的引导页采用的是页面轮盘式导航，共 3 个页面，展示了该产品的主要功能。与其他产品不同的是，每一个引导页中都有"注册"或"登录"按钮。当然，为了防止用户面对引导页产生负面情绪，产品同时也设置了游客登录的方式（Take a tour）。

本案例需要完成的任务有如下两个：第一，制作该案例的静态页面；第二，设置页面的轮盘式导航。

3.11.2 案例制作思路

1. 划分区域

本案例无须分区，仅完成页面内容临摹即可。

2. 分解

构成元素包括但不限于矩形、圆形、文本标签、动态面板、图片等。

3. 识别交互

本案例需要完成的交互任务如下：

a. 用户向左或向右滑动，页面进行切换。

b. 当页面为第一页时，用户无法向右滑动；当页面为第三页时，用户无法向左滑动。

c. 每页页面与焦点圆对应，当切换页面时，焦点圆也做相应的切换。

4. 构建元素的来源

构成元素的来源为元件库、本地或网络图片。

3.11.3　案例操作

在操作之前确认一点：当切换页面时，不变的是"注册"或"登录"按钮，以及 Take a tour 和焦点圆，变的是其他页面元素。将变化的内容装入"动态面板"，将不变的内容放在"动态面板"外部。

拖入"动态面板"，在"样式"面板中设置其坐标为（50,50）、尺寸为 375×812，并将其命名为"页面"，然后新增两个状态，共 3 个状态。

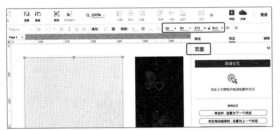

先设置"页面"动态面板外部的元素。

拖入"矩形 1"，设置其尺寸为 80×40，无填充色，线框颜色为白色，设置"圆角"的"半径"为 5，字体颜色为白色，暂时不用考虑坐标，输入文字"Sign up"。

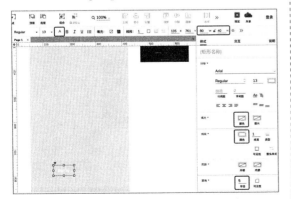

复制、粘贴该矩形，并将文字改为"Login"，将两个矩形之间的间距设置为 10，保持两个矩形水平对齐。

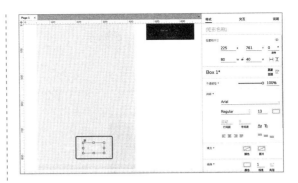

同时选中两个矩形，单击"组合"按钮。

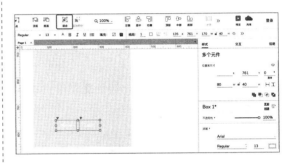

选中"页面"动态面板，再选中矩形组合，单击"居中"按钮。

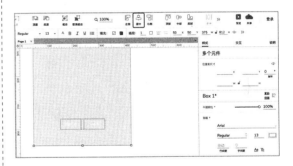

拖入"文本标签"，输入文字"Take a tour"，设置字体颜色为白色，与矩形组合居中对齐，并且与矩形组合的间距为 15。

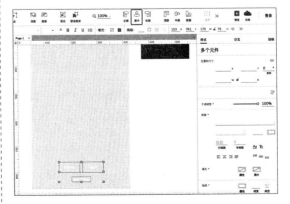

继续制作焦点圆。拖入"圆形",设置尺寸为 10×10,无填充色,线段颜色为白色,将其命名为"焦点圆一"。

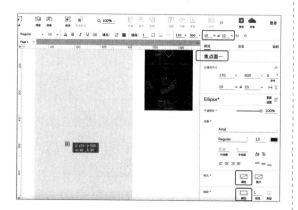

单击鼠标右键,在弹出的快捷菜单中选择"交互样式"命令。

选择"选中"选项卡,勾选"填充颜色"复选框,选择白色。

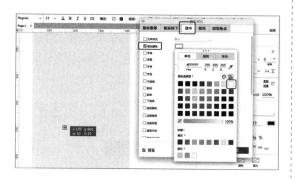

复制并粘贴两个圆形"焦点圆一",分别命名为"焦点圆二"和"焦点圆三"。保持 3 个焦点圆的间距为 10。

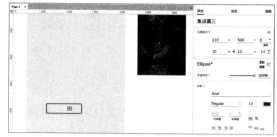

选中 3 个焦点圆,在"选项组"中输入任意数字,保证选项组的唯一性。

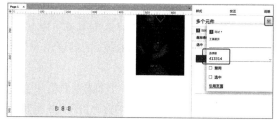

接着,单击"组合"按钮,选中"页面"动态面板,再选中焦点圆组合,单击"居中"按钮。

取消选择所有元件,单击"新建交互"按钮,选择"页面载入时"。

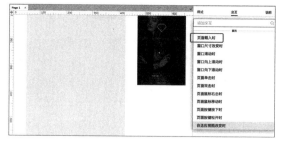

将"元件动作"设置为"设置选中",将"目标"设置为"焦点圆一"。

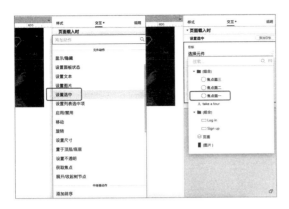

接下来在"页面"动态面板的 3 个状态中输入内容。

在搜索素材的过程中，笔者没能找到适合 375×812 尺寸的图片素材，因此对案例中的原型大小略做调整，对案例操作没有任何影响。读者在参考操作时可以自行选择是否与案例进行同样的操作。

拖入"图片"，设置其坐标为（0,0）、尺寸同"页面"动态面板一致。

拖入"矩形 1"，通过单击鼠标右键先将形状变为菱形，然后通过双击菱形的边，新增锚点，拖出钻石的形状。

设置钻石的填充色为空，边框"线段"为 2，颜色为白色，并且与图片保持居中对齐。

拖入"文本标签"，输入相应的文字，然后返回编辑区域，将焦点圆调整到合适的位置。

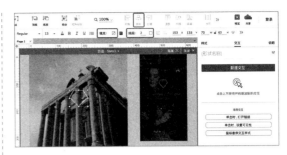

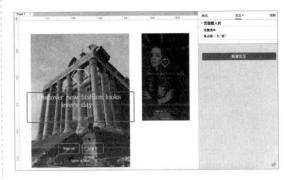

按照上述方式，完成"页面"动态面板的"状态 2"和"状态 3"的设置。

回到编辑区域，选中"页面"动态面板，单击"新建交互"按钮，选择"向左拖动结束时"。

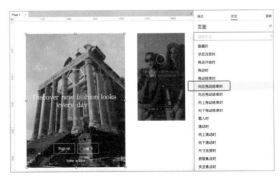

将"元件动作"设置为"设置面板状态"，将"目标"设置为"页面"动态面板。

选择"状态2"，设置"进入动画"和"退出动画"都是"向左滑动，500毫秒，线性"。

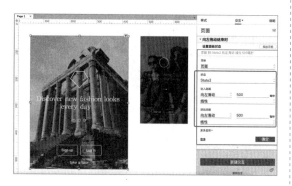

单击"确定"按钮后，单击"启用情形"按钮。当向左滑动结束时，出现"状态2"，必须有一个前提条件，即动态面板是"状态1"的时候才会在向左滑动结束后出现"状态2"。

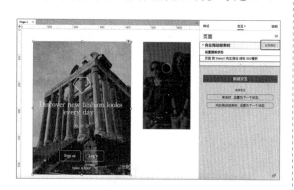

选择"状态1"。

单击"+"按钮，将"元件动作"设置为"设置选中"，这里需要选中"焦点圆二"。

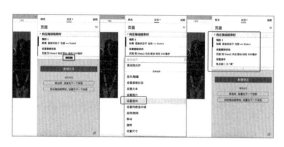

通过上述方式，设置在当前面板状态是"状态2"的情况下，当向左拖动结束时，"页面"动态面板为"状态3"，同时选中"焦点圆三"。

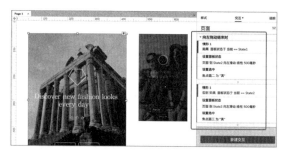

继续单击"新建交互"按钮，设置向右拖动结束时，如果当前面板状态是"状态3"，那么面板状态转换为"状态2"，同时选中"焦点圆二"；如果当前面板状态是"状态2"，那么面板状态转换为"状态1"，同时选中"焦点圆一"。

设置完成后预览交互效果。至此，完成交互任务。

本案例完成。

思考与总结：

（1）通过本案例的临摹，学习到了哪些知识和技能？请回顾并写出来。

（2）尽可能多地列举出具有页面轮盘式导航的产品，建议亲自体验。

（3）思考产品引导页的内容设计。

作业：

（1）微店的引导页与 Flink 的引导页有相似之处，即"注册"与"登录"按钮均显示在页面的固定位置，不随着页面的滑动而发生变化。请结合本节学到的知识与方法，完成微店引导页的临摹。

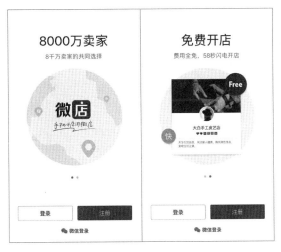

（2）从"思考与总结"列举的产品中挑选一款进行原型制作。

3.12　图片轮盘式导航（猫眼）

图片轮盘式导航集合了图片、文字等页面元素，通过横向交互，供用户动态浏览信息。从交互形态上说，可以认为它是一种"不会循环播放的跑马灯"。

用户可以通过向左或向右滑动导航，浏览该导航所提供的信息。通常该导航呈现的内容数量有限，如果内容过多，则建议采用列表式导航——无止境的滑动操作将会逐步消耗用户的耐心，不如列表式导航直观。因此，应精心挑选图片轮盘式导航所展示的内容，或者增加一个"更多"入口。电影购票类的产品十分适合使用该导航方式，这是因为每次上映影片的数量有限，而且该种导航方式可以使呈现的内容更加形象活泼。该导航的常见布局如下图所示。

下图所示 3 款产品都采用了图片轮盘式导航。

| CCtalk | 中国大学慕课 | 口碑 |

3.12.1　案例分析

"猫眼"首页中的"正在热映""即将上映""热门演出"等栏目，均采用图片轮盘式导航。用户通过筛选进入心仪影院，选择准备观看的电影，以及日期、场次。在"影院"页面中用户可以选择影片，依旧采用了图片轮盘式导航。使得原本可能需要多个页面层级展现的信息，在当前页面即可满足用户的操作需求，大大提升了用户体验。

本案例需要完成的任务有：第一，制作该案例的静态页面；第二，设置图片轮盘式导航；第三，设置日期与场次的交互效果；第四，设置影片、日期和场次的交互效果。

3.12.2 案例制作思路

1. 划分区域

该案例分为 3 个区域：区域一，页头处；区域二，图片轮盘式导航；区域三，日期和场次。

2. 分解

构成元素包括但不限于矩形、圆形、文本标签、动态面板、图片、icon、水平线等。

3. 识别交互

本案例需要完成的交互任务如下：

a. 水平滑动图片轮盘式导航，并且有边界限制。

b. 用户点击不同日期，下方显示不同场次。

c. 当用户点击某一部影片时，关于该影片的图片显示在屏幕中部；图片尺寸变大，图片边框为白色；当图片不在屏幕中部时，尺寸恢复，图片边框取消；在用户点击某一部影片时，轮盘式导航做出相应的移动。

d. 在轮盘式导航左上角，有切换按钮，单击该按钮切换导航方式：图片轮盘式导航与标签导航循环切换。当用户选择一部影片时，无论哪种导航，都显示该影片图片。

4. 构建元素的来源

构建元素的来源为元件库、本地或网络图片和 iconfont。

3.12.3 案例操作

拖入"矩形 1"，在"样式"面板中设置其坐标为（50,50）、尺寸为 375×812，无边框。

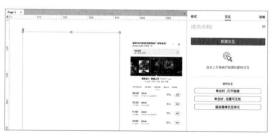

拖入"文本标签"。注意：第一排文字加粗，字号为 13，第二排文字字号为 12，文字颜色为灰色。两排文字靠左对齐。

拖入相应的 icon，将其置于合适的位置。这里需要注意的是，icon 必须与"文本标签"保持水平对齐——可以将"文本标签"进行组合操作，视为一个整体元素，使 icon 以组合后的元素整体作为水平对齐的参照物。最后，将所有元素组合，与背景矩形保持垂直居中对齐。

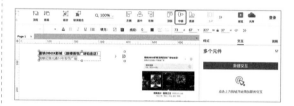

拖入"矩形 1"，边框色与填充色可通过取色笔从案例中获取，矩形高度为 50。继续拖入"文本标签"，输入"观影套餐"等文字，添加冰激凌的 icon，并采用上述方式，使"矩形 1"内的文本标签、icon 与"矩形 1"保持水平对齐。最后，将所有元素组合，与背景矩形保持垂直对齐。

下面开始制作图片轮盘式导航。

由于导航可以横向移动，因此需要借助"动态面板"完成设置，而且需要在母动态面板中，嵌套一层子动态面板。

拖入"动态面板"，设置其坐标为（50,195）、尺寸为 375×150，并将其命名为"母"。

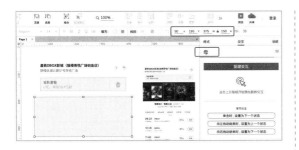

由于后期图片轮盘式导航和标签导航可以互相切换，因此，为"母"动态面板添加两个状态：将第一个状态命名为"图片"，将第二个状态命名为"标签"。

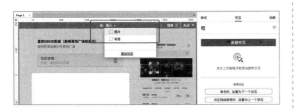

先设置"状态 1"。在图片轮盘式导航下，背景的颜色会随着影片的色系发生变化，不过背景的坐标即位置是固定的。拖入"矩形 1"，坐标为（0,0），尺寸与"母"动态面板的尺寸相同。

通过单击鼠标右键，将背景转换为动态面板。

将其命名为"影片背景"，并添加 5 个状态，这里添加 5 个影片图片。因此，将 5 个状

态分别命名为影片的名称，即"哥斯拉 2""一条狗的使命 2""大侦探皮卡丘""海蒂和爷爷"和"何以为家"。

登录猫眼官方网站，获取 5 部影片的封面图片。

在"影片背景"动态面板中，将状态"哥斯拉 2"的背景矩形，分别复制、粘贴至其他4 个状态中，并且通过取色笔改变填充色。

在此背景的设定下，用户可以水平拖动影片图片。因此，在"母"动态面板的状态图片下，拖入"动态面板"，设置其坐标为（0,0）、尺寸为 500×150，并将其命名为"子"。

将影片封面图片拖入"子"动态面板中。

在本案例中，每张图片的尺寸为 70×97，每张图片的间隔为 15。以"哥斯拉 2"的图片作为起点，"哥斯拉 2"的图片与影片背景水平、垂直对齐，其他影片的图片依次排列。

这样排列后，最后一个影片图片超出了"子"动态面板的范围，因此增加"子"动态面板的宽度。

回到编辑区域，拖入"矩形 1"，通过单击鼠标右键，将形状改变成三角形，置于"母"动态面板的底部，并与"母"动态面板保持垂直对齐，然后将其命名为"中间箭头"。

设置交互 a：水平滑动图片轮盘式导航，并且有边界限制。

本案例图片轮盘式导航的边界在第一个影片图片居于"矩形"中间箭头的上方时的位置和最后一个影片图片居于"矩形"中间箭头的上方时的位置。由当前设置得知，当第一个影片图片位于"矩形"中间箭头的上方时，"子"动态面板的坐标位置是（0,0），最后一个影片图片位于"矩形"中间箭头的上方时，通过参照模拟可知，"子"动态面板的坐标是（-340,0）。

选中"母"动态面板，单击"新建交互"按钮，选择拖动时，移动"子"动态面板，选择"跟随水平拖动"，单击"更多选项"，将"边界"设置为"左侧 ≥ -340，右侧 ≤ 580"。这里的"580"是动态面板"子"的宽度。

交互设置 a 完成。

下面继续完成案例页面的其他部分，因为后续的交互与页面下方的内容存在联系。

在"矩形"中间箭头的下方，设置影片的名称、评分等元素。这部分内容与影片图片一一对应，因此也需要通过"动态面板"来实现。

拖入"动态面板"，设置尺寸为 300×60，与背景矩形保持垂直居中对齐，将其命名为"影片简介"。

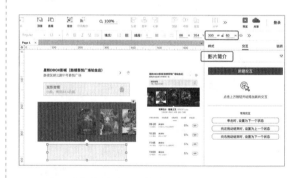

为"影片简介"动态面板添加 4 个状态，分别命名为影片的名称。

拖入"文本标签"，完成相关的影片简介。

通过"矩形"和"文本标签"完成日期的设置。这里需要注意：第一，拖入的矩形左、右两侧的边框不可见；第二，文本标签的间距是 25，与矩形保持水平对齐；第三，对每个文本标签设置样式交互，当选中它们时，文字颜色为红色；第四，将 3 个文本标签编入同一个选项组。

拖入"水平线"，设置"线段"为 2，线框颜色为红色，将其命名为"浮动条"，置于矩形底边框的上部，并且与第一个日期保持垂直居中对齐。

继续设置场次。

拖入"动态面板"，使其紧贴着上方矩形的下边框，占满余下的位置。为"动态面板"新增两个状态，共 3 个状态，分别命名为"5 月 17 日""5 月 18 日"和"5 月 19 日"。

利用上方的矩形设置每个场次的间隔样式。拖入"文本标签""矩形"，制作场次内容，每个状态中的个别元素略微不同，以作区别。

具体设置：当点击不同的日期时，选中该日期，将浮动条移动到目标位置，并且切换"场次"动态面板的状态。

设置"页面载入时"为"今天 5 月 17 日为'真'"。

交互设置 b 完成。

回到"子"动态面板中，为每张图片命名。

全选 5 张图片，在"交互"面板的"选中"交互中，设置"边框宽度"为 1，设置"线段颜色"为白色。

将 5 张图片进行编组。

选中图片"哥斯拉 2"，设置"事件"为"单击时"。

将"元件动作"设置为"设置选中"，将"目标"设置为"当前元件"，设置值为"真"。

接下来设置图片尺寸变大的交互效果。将"单击时"的交互动作设置为"设置尺寸"，将"目标"设置为"当前元件"。

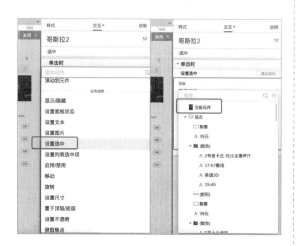

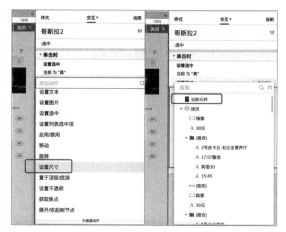

设置尺寸为 80×111（该尺寸通过模拟等比例变大后获得），选择以中点为中心进行变化。

在"设置尺寸"右侧，单击"添加目标"按钮，将其他 4 张图片的尺寸设置为原始尺寸大小。

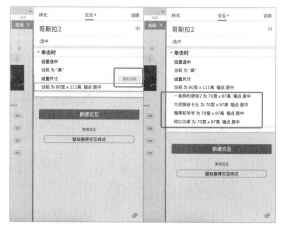

在单击图片"哥斯拉 2"的同时，将"子"动态面板进行移动，到达（0,0）的位置，并且继续单击"+"按钮，选择"设置面板状态"，设置"影片简介"动态面板为"哥斯拉 2"，设置"场次"动态面板为"5 月 17 日"。

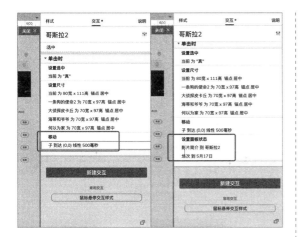

按照同样的方法，对其余 4 张图片进行设置。需要注意的是，当点击图片时"子"动态面板移动的距离。以第二张图片为例，当点击图片"一条狗的使命 2"时，对于"子"动态面板的移动距离，可以用一个元件来模拟测量。

移动距离 = 图片宽度 + 图片的间隔。

下面对"子"动态面板的移动距离进行调整。

最后，回到编辑区域，在"页面载入时"选项下，设置选中图片"哥斯拉 2"，设置图片"哥斯拉 2"的尺寸为 80×111。

交互设置 c 完成。

接下来设置图片轮盘式导航与标签导航的循环切换。注意：无论两种导航切换多少次，两个导航中被选中的影片都要保持一致。

因为切换按钮随着轮盘式导航移动，所以要在"子"动态面板中进行设置。使用"圆形""水平线"进行制作，或者直接拖入 icon，并且选中"菜单"按钮，单击"新建交互"按钮，选择"单击时"下的"设置面板状态"选项，选择"母"动态面板的状态标签。

进入"母"动态面板的状态标签，该状态下的背景色还未设置，并且选择不同的影片标签，其背景色也不相同。因此，可以将"母"动态面板中的动态面板"影片背景"置于"母"动态面板的外部，这样，无论是哪一种状态，都可以灵活设置"母"动态面板。

将"子"动态面板中的"切换"按钮复制、粘贴至"母"动态面板的状态标签中，并将交互设置改为"母"动态面板的状态图片。

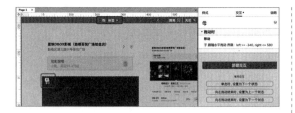

拖入"矩形2",设置"圆角"的"半径"为20、间距为10、填充色为黑色、"不透明度"值为30%;将5个标签全选,进行编组;设置交互样式,选中时,填充色为红色。

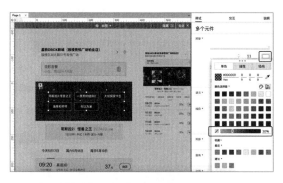

将每个矩形根据影片名称进行命名,参考"××文字"的格式。

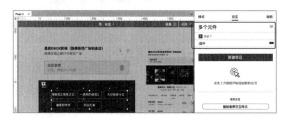

在设置过程中,笔者遗漏了一个细节:之前在调整"影片背景"动态面板的位置时,未

将"矩形"的中间箭头置于顶部,因此,在这一步将其置顶。

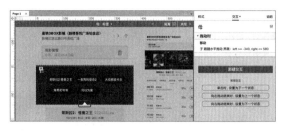

接着选中矩形"哥斯拉2:怪兽之王 文字",进行以下设置。

其实,这一步是将图片"哥斯拉2"的"单击时"的交互设置直接复制、粘贴到矩形"哥斯拉2:怪兽之王 文字"上,同时只需略做调整即可。

既然是切换导航,那么图片"哥斯拉2"的交互,在"设置选中"选项下选中矩形"哥斯拉2:怪兽之王 文字为'真'",同时在"页面载入时"选项下也选中此矩形。

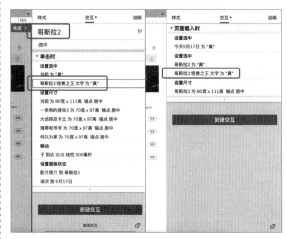

按照同样的方式,对剩余"矩形"的影片

文字以及影片图片进行设置。注意：不要遗漏细节，建议做一个影片的设置，预览查看一下。

交互设置 d 完成。

至此，完成交互任务。本案例完成。

思考与总结：

（1）通过本案例的临摹，学习到了哪些知识和技能？请回顾并写出来。

（2）尽可能多地列举出具有图片轮盘式导航的产品，建议亲自体验。

（3）在实际的案例中，每部影片的排片日期、优惠方式并不相同，在制作的时候并未体现出来，请思考使用本案例的动态面板联动的方法，如何完善这方面的内容。

（4）在实际案例中，当拖动轮盘式导航结束时，若中间箭头正处于两张影片图片的中间位置，那么程序会判断，中间箭头是离第一张图片近一点，还是离第二张图片更近。如果离第一张图片更近，则会默认选择第一部影片；如果离第二张图片更近，则会默认选择第二部影片。如何设置这种交互？（提示：当向左拖动结束时，如果"子"动态面板的 *x* 坐标值在多少数值之间，那么移动动态面板"子"到达某个坐标位置，以此类推。）

作业：

（1）在"脉脉"的"关注"页面，有一个板块叫作"你可能感兴趣的主题"，采用的导航方式与本案例非常相似。同时，页面上方有"好友""关注""职言"等内容入口，存在文字尺寸变化的样式交互。请结合本节学习的知识与方法，完成"脉脉""关注"页面的临摹。

（2）从"思考与总结"列举的产品中挑选一款进行原型制作。

3.13　扩展列表式导航（千牛）

扩展列表式导航可以节省界面空间，通过弹出的方式显示更多细节内容。

用户通过单击分类按钮显示更多详细信息。该导航模式多见于网站的移动版本，代替了传统网站上的级联式列表。使用该导航的 App 产品，以工具类、财务类等产品居多，一般用于 Q&A 的设计较合适。其常见的布局如下。

下图所示 3 款产品都采用了扩展列表式导航。

时间规划局   Monny   文件

3.13.1 案例分析

旧版"千牛"的"工作台设置"页面，由于设置项的种类较多，并且子分类内容也较多，所以，采用扩展列表式导航能够更加直观、全面地使用户找到自己所需要的信息。

本案例需要完成如下 4 个任务：第一，制作该案例的静态页面；第二，设置扩展列表式导航的效果；第三，设置分类名称左侧的箭头交互效果；第四，开关的制作，以及开关与扩展列表式导航、箭头的联动交互。

3.13.2 案例制作思路

1. 划分区域

本案例无须分区，直接设置扩展列表式导航。

2. 分解

构成元素包括但不限于矩形、圆形、文本标签、动态面板、水平线等。

3. 识别交互

本案例需要完成的交互任务有如下 3 项：

a. 用户点击分类名称，显示该分类下的子分类内容，同时向下推动下方列表，再次点击该分类名称时，子分类内容由下向上收起，同时下方列表向上收起。

b. 当分类内容向下推动时，分类名称左侧的箭头向下；当分类内容向上收起时，分类名称左侧的箭头向右。

c. 当分类内容右侧的开关启动时，显示子分类内容，同时左侧箭头向下；当分类内容右侧的开关关闭时，收起子分类内容，同时左侧箭头向右。

4. 构建元素的来源

构建元素的来源为元件库。

3.13.3 案例操作

观察案例界面，背景色是淡灰色，所以，首先拖入"矩形 2"，在"样式"面板中设置其坐标为（50,50）、尺寸为 375×812。

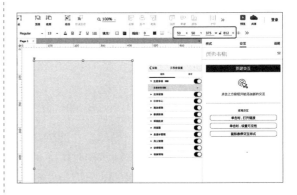

拖入"水平线"和"文本标签"，完成页头的设置。

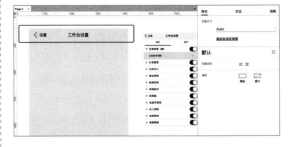

拖入"矩形 1"，因为需要设置两个尺寸

一样的矩形，所以将 375/2=187.5 作为矩形的宽度，高度为 60。将线段"可见性"设置为上、下两个边框可见，线段颜色为灰色，输入相应的文字。

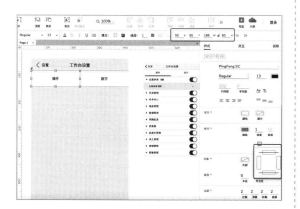

继续拖入"矩形 2"，通过取色笔获取案例中的颜色作为填充色，尺寸为 180×5，与"插件"矩形保持居中对齐。

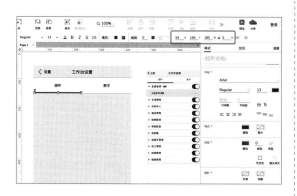

接下来制作扩展列表式导航。

复制上方的"插件"矩形，将其置于坐标为（50,155）的位置，尺寸为 375×60。

拖入"矩形 2"，将其变形为三角形，将尺寸调整至合适的大小，通过单击鼠标右键，转换为动态面板。将新生成的动态面板命名为"生意参谋的箭头"，新增一个状态，两个状态名称分别为"右"和"下"，并将两个状态

中的箭头，通过旋转角度的设置，方向分别为"右"和"下"。

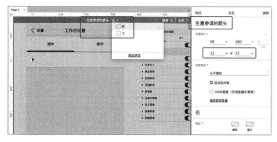

拖入"文本标签"和"矩形"，完成"生意参谋"以及"热门"的标签贴。注意：这里 3 个元素的间距保持为 10，同时与该行的背景矩形保持中部对齐。

拖入"矩形 2"，通过取色笔获取案例的颜色，位置和尺寸自定，但必须与该行的背景矩形保持中部对齐，其"圆角"的"半径"为 150。

通过单击鼠标右键，将其转换为动态面板，将新生成的动态面板命名为"生意参谋开关"，并新增一个状态，将两个状态分别命名为"开"和"关"。

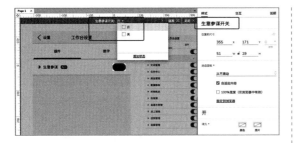

拖入"圆形"，设置其尺寸为 27×27，然后将其置于合适的位置。

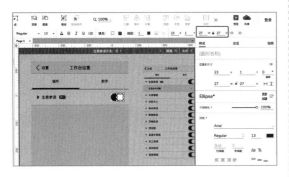

将"开"状态中的元素复制、粘贴至"关"状态中，并且将开关的底色改为灰色，同时将圆形置于左侧。

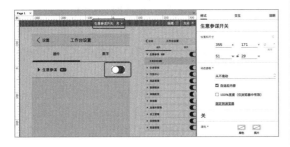

接下来制作"生意参谋"的子分类内容。拖入"动态面板"，设置其坐标为（50,215）、尺寸为 375×60，并将其命名为"生意参谋子内容"。

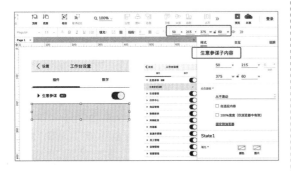

将文字"生意参谋"、标签贴和背景矩形

复制、粘贴至"生意参谋子内容"动态面板中，并将背景矩形设置为无填充色。注意：将文字"生意参谋"的字号略微调小。

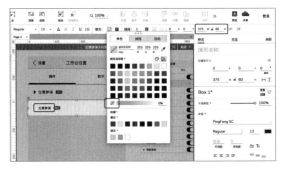

回到编辑区域，将"生意参谋子内容"动态面板先隐藏。然后复制第一行分类的内容，粘贴至第二行，同时覆盖隐藏的内容。注意修改相关元件的名称。

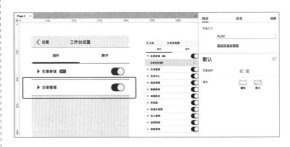

为了保证单击区域的完整性，拖入"热区"，覆盖在第一行分类内容上，无须命名，但需要注意的是，开关区域不能覆盖，因为后续还要制作交互 c。

选中"热区"，单击"新建交互"按钮，在"交互"面板中选择"单击时"，将"元件动作"设置为"显示 / 隐藏"，将"目标"设置为"生意参谋子内容"动态面板，选择"切换"，勾选"置于顶层"复选框，在"推动和拉动元件"下，选中"下方"单选按钮。

继续单击"+"按钮，插入动作。

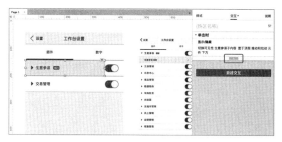

将"元件动作"设置为"设置面板状态"，将"目标"设置为"生意参谋的箭头"动态面板，将"状态"设置为"下一项"，勾选"向后循环"复选框。

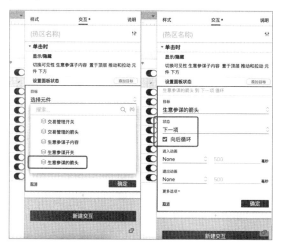

设置完成后可预览交互效果，如下图所示。

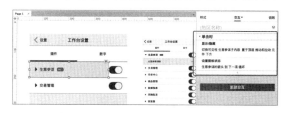

至此，完成 a、b 交互设置。

选中"生意参谋开关"动态面板，单击"新建交互"按钮，选择"单击时"，单击"启用情形"按钮，设置当前的动态面板状态为"开"时的情形。

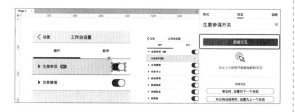

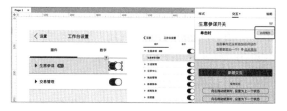

继续单击"+"按钮，插入动作，将"元件动作"设置为"设置面板状态"，将"目标"设置为"生意参谋开关"动态面板。

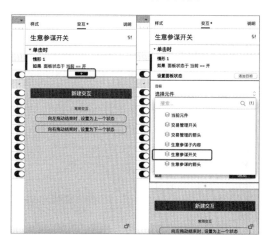

选择"状态"为"关"，单击"添加目标"按钮，将"目标"设置为"生意参谋的箭头"动态面板。

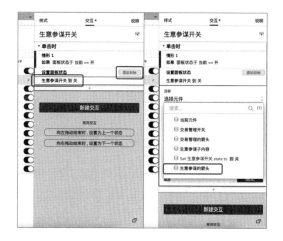

将"状态"设置为"生意参谋的箭头到右"，继续单击"+"按钮，插入动作。将"元件动作"设置为"显示/隐藏"，将"目标"设置为"生意参谋子内容"动态面板。

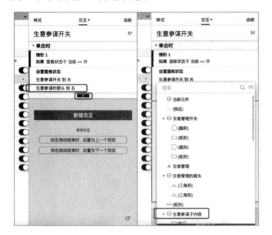

选择"隐藏"，在"拉动元件"下，选中"下方"单选按钮。"情形 1"设置：在当前"单击时"的交互下，设置当前面板为"关"时的状态，发生的其他动作。

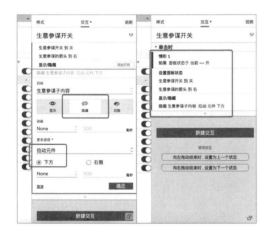

第二种情形是"否则……如果……"，即 if else，而不是 if。另外，其他交互设置与"情形 1"相对应的交互设置相反。

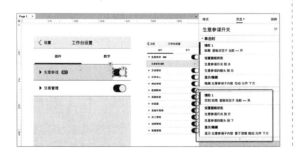

最后，在"页面载入时"下，设置动态面板"生意参谋开关"等元件的状态为"关"。

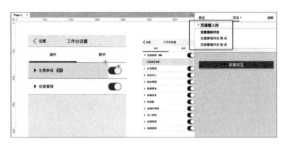

交互设置 c 完成。

按照上述方法，完成整个列表的设置。如果要表现为 App 的浏览方式，则需要将所有元素装进一个动态面板中，以有边界限制地显示内容。

设置完成后，预览交互效果。

至此，完成交互任务。本案例完成。

思考与总结：

（1）通过本案例的临摹，学习到了哪些知识和技能？请回顾并写出来。

（2）尽可能多地列举出具有扩展列表式导航的产品，建议亲自体验。

（3）本书案例中，子分类内容被选中后，其右侧均会出现一个"√"。请思考如何制作单选或多选的交互效果。

作业：

（1）"闲鱼"的"旧衣回收指南"页面，通过扩展列表式导航设计了问答板块。请结合本节学到的知识与方法，完成"闲鱼"页面的临摹。

（2）从"思考与总结"列举的产品中挑选一款进行原型制作。

3.14 舵式导航（有道云笔记）

舵式导航是指在页面底部选项卡的中间位置，设计一个略微突出的入口。当用户点击该入口时，当前页面弹出其他内容或分类的入口，方便用户直接操作。有些 App 的转场效果过于花哨，而这种导航方式相对简单、直观。当前，舵式导航多用于工具类、社交电商类、内容类等产品。常见的布局如下。

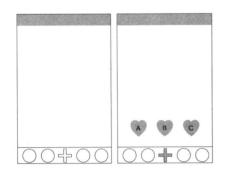

下图所示 3 款产品都采用了舵式导航。

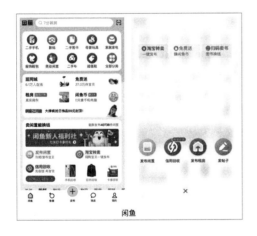

闲鱼

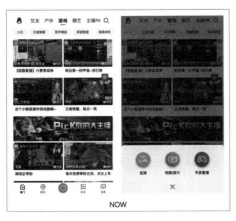

NOW

微光

3.14.1 案例分析

"有道云笔记"底部选项卡的中间位置，有一个突出的"＋"按钮。当用户点击"＋"按钮时，从默认页面切换至舵式导航页面；当页面为舵式导航时，点击"关闭"按钮或空白处，会切换至默认页面。

本案例需要完成的任务有如下两个：第一，制作该案例的静态页面；第二，设置舵式导航的效果。

3.14.2 案例制作思路

1. 划分区域
无须分区，直接设置舵式导航。

2. 分解
构成元素包括但不限于矩形、圆形、文本标签、动态面板、水平线等。

3. 识别交互
本案例需要完成如下交互任务：

当用户点击"＋"按钮时，从默认页面切换至舵式导航页面；当用户在舵式导航页面点击"关闭"按钮或空白处时，从舵式导航页面切换至默认页面。

4. 构建元素的来源

构建元素的来源为元件库和 iconfront。

3.14.3 案例操作

首先，拖入"矩形 1"，在"样式"面板中设置其坐标为（50,50）、尺寸为 375×812，无边框。

拖入"矩形"、"文本标签"、icon、"圆形"，完成页头的元素设置。这里需要注意两点：第一，OCR 不是使用"文本标签"完成的，而是使用了无边框的矩形；第二，所有元素相互之间需要保持水平对齐。

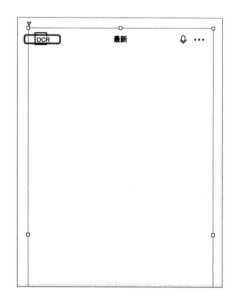

拖入"矩形 2"，设置其坐标为（75,105）、尺寸为 325×40，通过取色笔获取案例中搜索框的颜色作为填充色，设置"圆角"的"半径"为 5。

拖入"放大镜 icon"，并拖入"文本标签"，输入文字"搜索"。注意：先将两个元素水平对齐，然后组合，再与背景矩形垂直、水平对齐。

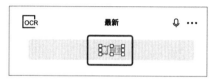

拖入"文本标签""图片""水平线"等元素，完成接下来的内容。注意元件间的对齐方式和间距，各个元件的间距为 5。

根据前面介绍的知识，完成底部选项卡的设置，主要使用矩形、icon 和圆形等元素完成。

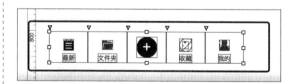

接下来考虑整个页面的切换：通过动态面板的状态转换来体现页面的切换。拖入"动态面板"，设置其坐标为（50,50）、尺寸为 375×812，然后新增一个状态，将两个状态分别命名为"首页"和"舵式导航页"，并将所有元素——包括背景矩形，一起置入"首页"状态中。

将"首页"状态中的背景矩形，复制、粘贴至"舵式导航页"状态中，作为该页面的背景，同时，通过取色笔获取案例背景矩形的颜色。

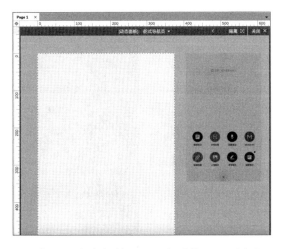

拖入"文本标签"、"水平线"、"圆形"和 icon，完成该页面中的内容。

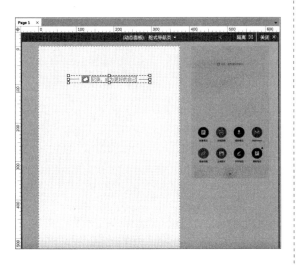

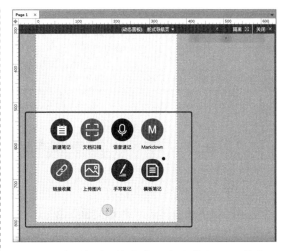

回到"首页"状态中，选中蓝色"+"按钮，单击"新建交互"按钮，选择"单击时"。

将"元件动作"设置为"设置面板状态"，将"目标"设置为"动态面板"。

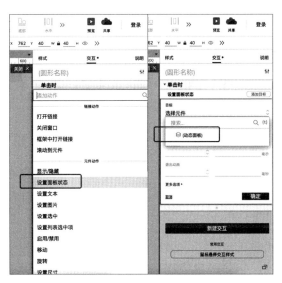

将"状态"设置为"舵式导航页"，将"进入动画"和"退出动画"均设置为"逐渐，500 毫秒"。

进入"舵式导航页"状态，选中页面底部的"关闭"按钮，单击"新建交互"按钮，分别选择"单击时""设置面板状态""动态面板"选项，将"状态"设置为"首页"，将"进入动画"和"退出动画"均设置为"逐渐，500毫秒"。

单击"确定"按钮，完成交互设置。设置完成后，预览交互效果。

至此，完成交互任务。

本案例完成。

思考与总结：

（1）通过本案例的临摹，学习到了哪些知识和技能？请回顾并写出来，这很重要。

（2）尽可能多地列举出具有舵式导航的产品，建议亲自体验。

（3）本案例切换至舵式导航页面时，8个圆形自下而上显示。再切换回默认页面时，8个圆形自上而下隐藏。如何实现这一交互效果？显示／隐藏的时间与页面切换的时间之间存在关系吗？如何设置时间序列问题？同样，"关闭"按钮也存在微小的交互变化。

作业：

（1）"网易大神"这款产品主要集合了游戏、社区、资讯等内容，用户点击页面底部的"发布"按钮，显示舵式导航界面，其交互与本案例产品类似。请结合本节学到的知识与方法，完成"网易大神"相关页面的临摹。

（2）从"思考与总结"列举的产品中挑选一款进行原型制作。

本章将开始进行 Web 产品的高保真原型制作，所有案例均来自实际产品，建议读者通过浏览案例涉及的网站，先体验，再思考，最后跟着本书一起操作一遍。通过学习本章内容，读者可以练习并掌握多种 Web 产品导航的制作。

4.1　结构性导航

结构性导航是根据网站信息的层级结构进行划分来展示相关内容的。通过该类型的导航，用户可以在各主要层级之间任意进出网站。

结构性导航包括全局导航和局部导航。

4.1.1　全局导航

全局导航包含网站信息内容体系结构中最基本的关键入口，通常是网站的一级菜单，并出现在每个页面的顶部。

该导航的优点是，在网站的任何页面用户都可以通过它迅速跳转到其他的分类页面。

1. 案例分析

"百度"的全局导航，有别于其他新闻类、工具类或企业官网类网站的全局导航视觉展示——它作为搜索引擎，更加关注搜索方面的内容展示，弱化了全局导航的展示地位。即使如此，也并不影响全局导航在网站中的地位。

用户单击"网页""新闻""贴吧"等超链接，会跳转至相应的页面，而每个页面的全局导航均以相同的样式展示在页面顶部附近，除"地图"和"更多"。

2. 案例制作思路

（1）划分区域。

将页面划分为页头区域、分类区域、内容区域和右侧区域 4 个区域。当然，用户可以根据自己对页面的理解或者制作时的难易程度制定划分标准。

（2）分解。

构成元素包括但不限于图片、文本框、文本标签、icon、按钮等。

（3）识别交互。

逐个识别每个构成元素是否存在交互行

为。虽然有的元素存在交互行为，有的元素不存在交互行为，但任何一个细微的交互行为都必须被识别出来。对于识别出来的交互行为，同样用 Axure 语言去描述。记得分清楚是样式交互还是功能交互，这反映出它们是通过元件样式进行设置的，还是通过交互用例进行设置的。

对于交互设置，在每个区域进行制作时再予以一一说明。

（4）构建元素的来源。

构建元素的来源为元件库和 iconfront。

3. 案例操作

首先拖入"矩形 1"，在"样式"面板中设置其坐标为（50,50）。为了方便显示和操作，将案例原型的尺寸定为 1280×720。暂时保留边框，制作完毕后设置为无边框。

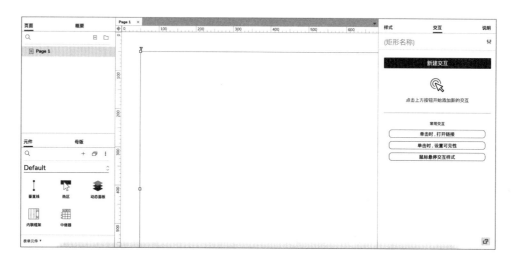

制作页头区域（区域①）。

打开百度网站，搜索"南京"。在制作 Web 原型时，相比制作 App 原型，更方便的地方在于，更容易获得临摹案例的 LOGO。将鼠标指针置于 LOGO 上方，单击鼠标右键，在弹出的快捷菜单中选择"另存图像为"命令，将 LOGO 下载到本地计算机，或者选择"复制图像"命令，将其粘贴到 Axure 的编辑区域。

将 LOGO 的坐标设置为（80,75），将尺寸设置为 150×49。

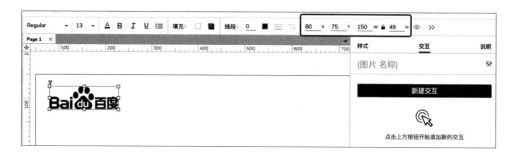

拖入"矩形 1"，设置其坐标为（260,80）、尺寸为 385×40，将其与 LOGO 保持中部对齐，边框色为浅灰色，然后将其命名为"外框"。

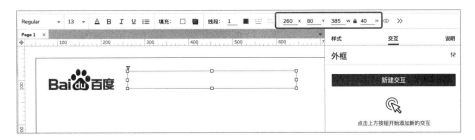

拖入"文本框"，为其设置合适的尺寸（367×25），与"外框"保持垂直和水平居中，将其设置为无边框，然后将其命名为"内框"。

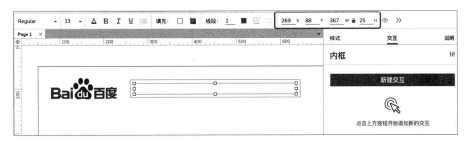

拖入语音 icon、"垂直线"、相机 icon。注意：将"垂直线"作为中心点，使语音 icon 和相机 icon 等距。

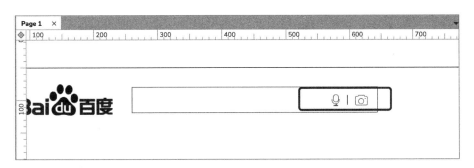

拖入"矩形 2"，设置其坐标为（645,80）、尺寸为 120×40，通过取色笔获取"百度"网站中的按钮颜色，输入文字"百度一下"，设置字体大小为 16、字体颜色为白色。

拖入"文本标签"，置于页面的右侧，分别输入相应的文字。拖入"矩形 2"，改变其形状为三角形，同时将三角形的角度转换成 180°。文字的坐标可以自定义，但要注意以下两点：一是文本标签与按钮"百度一下"保持中部对齐，二是文本标签之间的间距保持相等。这里设置间距为 25。

通过观察和使用，可以确定此区域有如下 4 种交互动作：

a. 当将鼠标指针移入文本框时，外边框颜色由浅灰色变为深灰色；当将鼠标指针移出文本框时，外边框颜色由深灰色变为浅灰色。在文本框内获取鼠标焦点时，外边框颜色显示为深蓝色；在文本框内未获取鼠标焦点时，外边框颜色为默认色。在文本框内输入任何字符，都会在文本框下部显示联想内容。

b. 当将鼠标指针移至语音 icon、相机 icon 上时，语音 icon、相机 icon 的边框颜色显示为深蓝色；当将鼠标指针移走时，恢复默认色。

c. 当将鼠标指针悬停在按钮"百度一下"上时，按钮的填充色显示为深蓝色；当将鼠标指针移走时，恢复默认色。

d. 当将鼠标指针移入文本标签设置的范围内时，显示列表内容；当将鼠标指针移走时，隐藏列表内容。

下面设置交互 a。

矩形"外框"的线段颜色有 3 种变化，即浅灰色、深灰色和深蓝色。因此，单纯地通过样式交互，如"选中时""悬停时"等，已无法满足多种变化的发生，所以通过使用动态面板来解决此问题。

在矩形"外框"上单击鼠标右键，选择"转换为动态面板"命令。

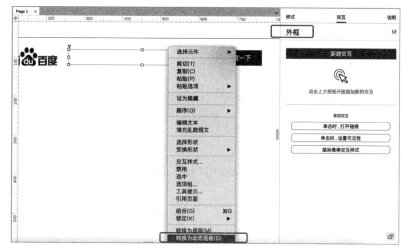

将新生成的动态面板命名为"边框"，新增两个状态，将两个状态分别命名为"浅灰色"和"深灰色"。

双击"浅灰色"状态，将"外框"矩形复制、粘贴至"深灰色"状态中，并将粘贴后的矩形的线段颜色设置为深灰色。

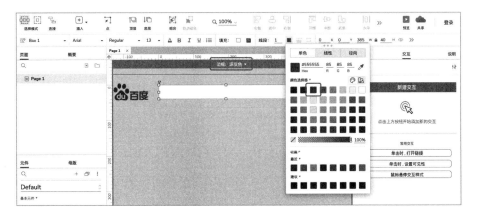

回到"浅灰色"状态中，选中"外框"矩形，单击"新建交互"按钮，在"交互样式"中，选择"选中"选项卡，勾选"线段颜色"复选框，选择深蓝色。

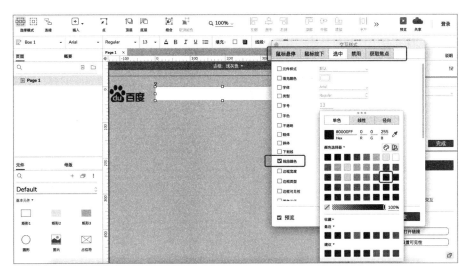

接着，选中"内框"文本框，改变其尺寸，使其覆盖"边框"动态面板的主要部分，但"边框"的线段不可被覆盖。

单击"新建交互"按钮，将"事件"设置为"鼠标移入时"，将"元件动作"设置为"设置面板状态"。将"目标"设置为"边框"动态面板，设置"状态"为"深灰色"。

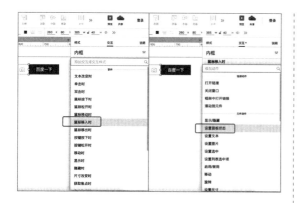

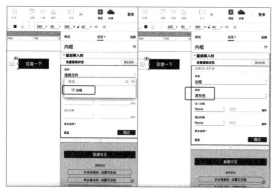

单击"新建交互"按钮，选择"鼠标移出时"，设置"边框"动态面板的"状态"为"浅灰色"。

继续单击"新建交互"按钮，将"事件"设置为"获取焦点时"，将"元件动作"设置为"设置面板状态"。

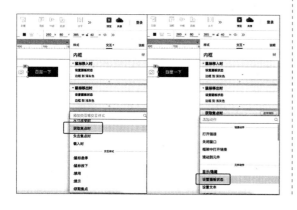

将"目标"设置为"边框"动态面板，将"状态"设置为"浅灰色"。

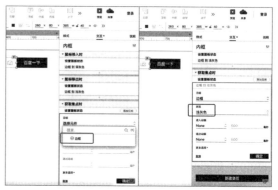

单击"确定"按钮后，单击"+"按钮，将"元件动作"设置为"设置选中"。

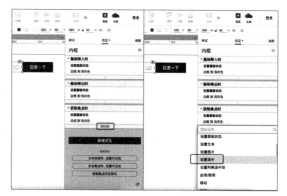

搜索"外框"矩形，选中"状态"为"浅灰色"的"外框"，即搜索结果中的第二个外框。选择"真"，单击"确定"按钮。

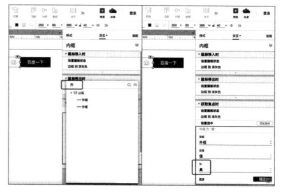

继续单击"新建交互"按钮，将"事件"设置为"失去焦点时"，将"元件动作"设置为"设置选中"。

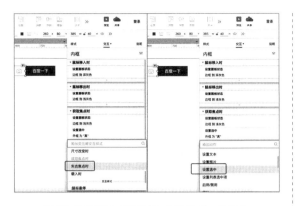

设置"外框"矩形的"值"为"假"。

接下来制作在文本框内输入任何字符时，在文本框下部显示联想内容。以输入"南京"为例。当输入"南京"时，显示的是有关"南京"的联想内容，当删除文字"京"时，显示的是有关"南"的联想内容。因为存在变化，即考虑使用"动态面板"。

拖入"动态面板"，设置其坐标为（260,120）、尺寸为385×200，然后将其命名为"联想内容"。

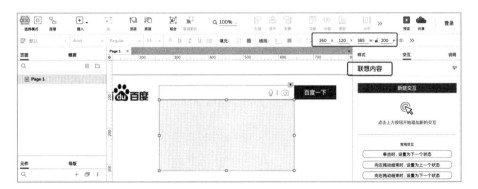

双击"联想内容"动态面板，新增两个状态，将两个状态分别命名为"南京"和"南"。

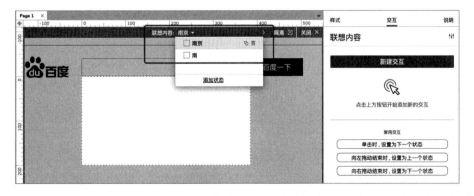

回到"南京"状态中，拖入"矩形 1"作为背景。该背景的线段颜色为浅灰色，与边框的默认颜色相同。

继续拖入"矩形1"，设置其坐标为（0,0）、尺寸为385×40，无边框。输入文字"南京天气"，将文字"天气"加粗，文字左对齐。

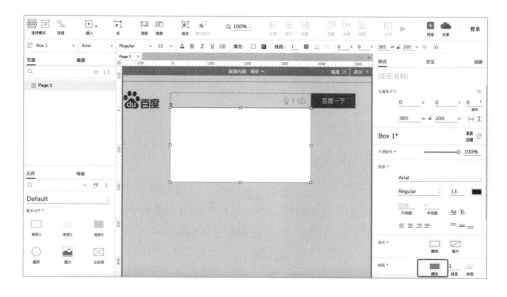

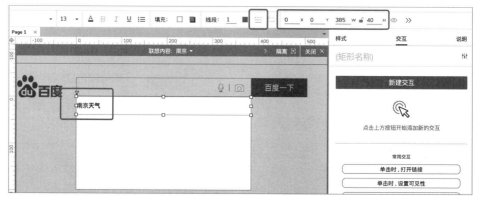

单击"新建交互"按钮，选择"鼠标悬停"交互样式，勾选"填充颜色"复选框，将颜色设置为淡灰色。

复制、粘贴另外4个矩形，将文字稍做修改，以示区别。

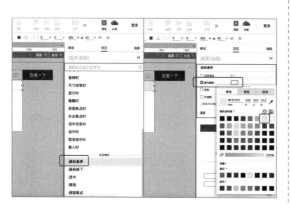

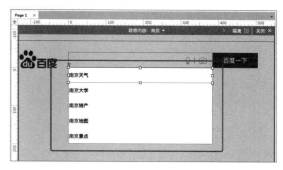

全选 5 个矩形，将 5 个矩形进行编组，确保组名字符的唯一性。

接着，复制该状态下所有元素，粘贴至"南"状态中，改变相关文字以及组名。

回到编辑区域，选中"联想内容"动态面板，单击"隐藏"按钮。

选中"内框"文本框，单击"新建交互"按钮，将"事件"设置为"文本改变时"。

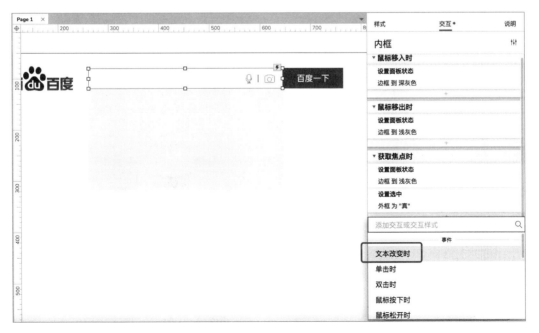

单击"启用情形"按钮，当当前元件的文字是"南京"时，单击"+"按钮。

将"元件动作"设置为"设置面板状态"，将"目标"设置为"联想内容"动态面板。

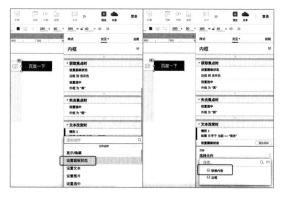

选择"南京"状态，勾选"如果隐藏则显示"复选框。

单击"确定"按钮后，复制"情形1"的条件和交互，粘贴后进行修改，即当文本框内的文字是"南"时，设置"联想内容"动态面板的状态为"南"；当文本框内的文字为空时，隐藏"联想内容"动态面板。注意：条件都是if，而不是else if。

预览交互效果，将"联想内容"动态面板向上移动，距离为1，以覆盖文本框的深蓝色边框。

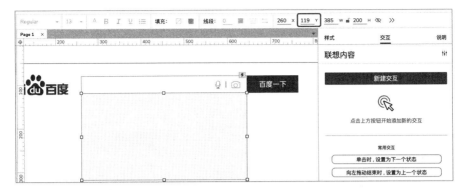

接下来完成交互 b。

选中语音 icon，单击鼠标右键，将其转换为动态面板。

将新生成的"动态面板"命名为"语音 icon"，增加两个状态，将两个状态分别命名为"默认色"和"深蓝色"。

将"深蓝色"状态中的"语音 icon"的填充色设置为深蓝色。

回到编辑区域，选中"语音 icon"动态面板，单击"新建交互"按钮，将"事件"设置为"鼠标移入时"。

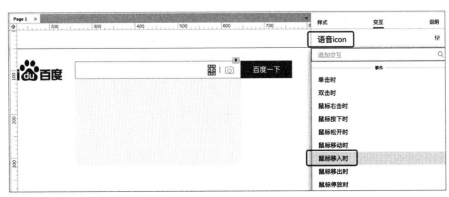

将"元件动作"设置为"设置面板状态",将"目标"设置为"语音 icon"或者"当前元件"动态面板,将"状态"设置为"深蓝色"。

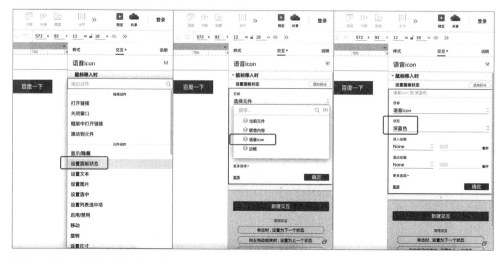

接着,完成"鼠标移出时"的设置。按照同样的方法,完成"相机 icon"的交互。

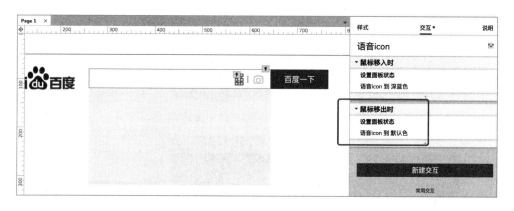

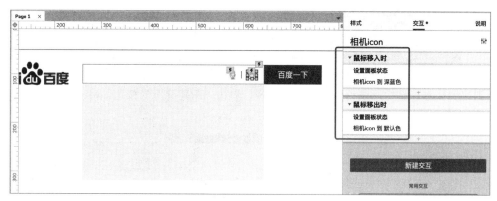

接下来完成交互 c。

选中"百度一下"矩形,单击"新建交互"按钮,将"事件"设置为"鼠标悬停",勾选"填充颜色"复选框,选择深蓝色。

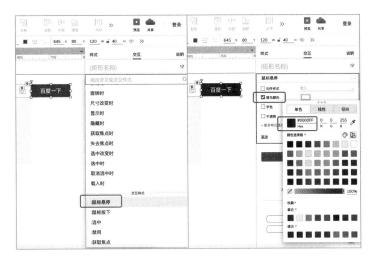

继续完成交互 d。

拖入"动态面板",与文本标签居中对齐,设置其坐标为（1180,110）、尺寸为 90×100,然后将其命名为"设置内容"。

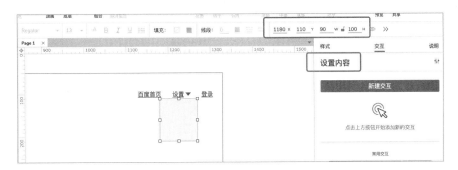

双击"设置内容"动态面板,拖入"矩形 1",通过改变形状、设置角度以及调整形状锚点,获得目标图形。

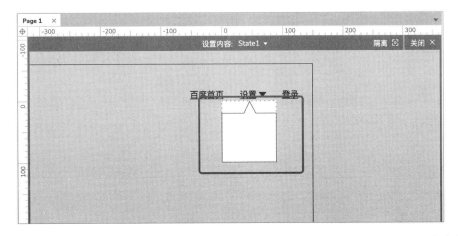

设置该形状的外阴影,"X""Y""模糊"均为 1。同时拖入"矩形 1",根据内容数量及背景形状的尺寸来设置其尺寸,并设置为无边框,在"鼠标悬停"交互下,勾选"填充颜色"复选框,并设置为与文字标签"百度一下"相同的默认蓝色,勾选"字色"复选框,并设置为白色。最后,同时选中 3 个矩形,进行唯一性的编组。

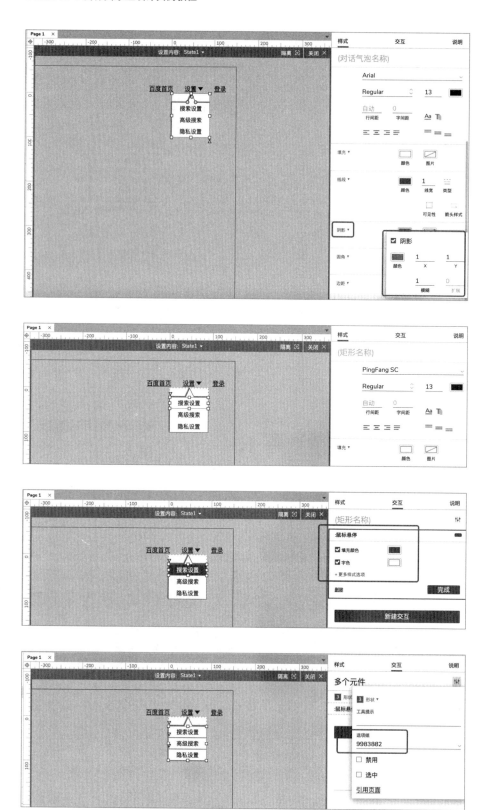

回到编辑区域，隐藏"设置内容"动态面板。

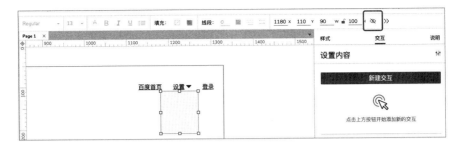

拖入"热区"，设置合适的尺寸，覆盖"设置"文本标签以及向下的三角形。

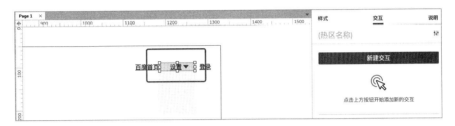

在该热区上，单击"新建交互"按钮，设置当"鼠标移入时""显示设置内容"动态面板，当"鼠标移出时""隐藏设置内容"动态面板。

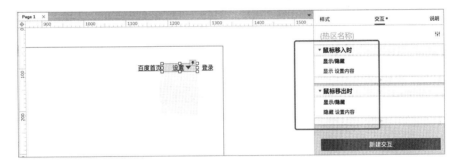

制作分类区域（区域②）。

拖入"矩形 2"，设置其坐标为（50,135）、尺寸为 1280×40，线段颜色为浅灰色，仅保留上边框。

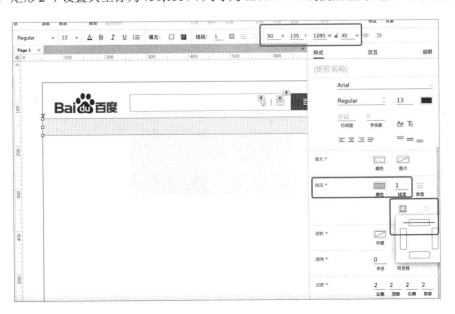

拖入"文本标签"，分别输入全局导航中的文字并进行如下设置：

a. 文本标签间按等距离排列（拟设间距为 $X=15$）。

b. 首个文本标签的左侧与文本框的左侧对齐。

c. 当将鼠标指针悬停在文字上时，文字的黑色加深。

d. 全选"文本标签"，进行唯一性编组。

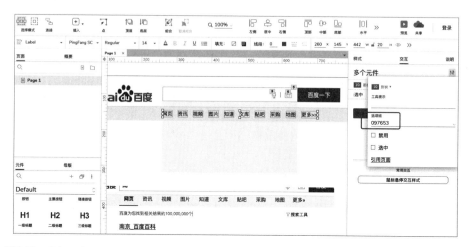

回到编辑区域，在"页面载入时"下，选择"设置选中"文本标签，并且"网页为'真'"。

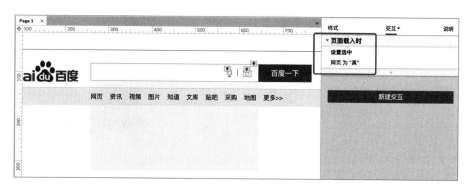

下面制作浮动条。单击全局导航中的任意文本标签时，除了"更多"，浮动条移至该文本标签的下方。

拖入"矩形 2"，设置其坐标为（257,172）、尺寸为 35×3、填充色为淡蓝色，然后将其命名为"浮动条"。关于坐标，保证浮动条与网页居中对齐即可。

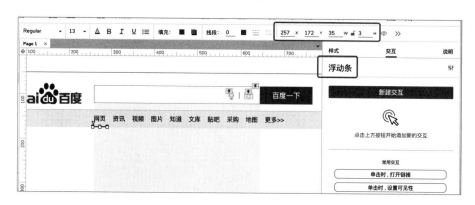

为每个文本标签设置触发"鼠标单击时"，将浮动条移动到绝对位置 (x, y) 的交互。同时，设置选中当前的"文本标签"。

以上每个文本标签的间距是 $X=15$、$Y=0$，并且每个文本标签的尺寸一致，说明浮动条的移动单是以 44，即 15+29 的倍数进行增或减的。

这里 15 为间距，29 为每个文本标签的尺寸，所以浮动条的坐标对应如下表。

	网页	资讯	视频	图片	知道	文库	贴吧	采购	地图
X	257	301	345	389	433	477	511	555	599
Y	172	172	172	172	172	172	172	172	172

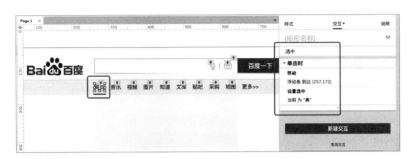

最后，需要注意的是，将"联想内容"动态面板以及"设置内容"动态面板置顶。

制作内容区域（区域③）。

该区域使用图片、文本标签、icon、动态面板完成，需要设置两种交互。

a. 单击"搜索工具"，自上而下切换内容；单击"收起工具"，自下而上切换内容。

b. 将鼠标指针移至网址后的箭头上时，显示更多操作；当将鼠标指针移出箭头时，隐藏更多操作。

鉴于交互 b 与区域①中"设置内容"动态面板的交互设置方式相同，这里不再赘述。

接下来先完成交互 a。

拖入"动态面板"，设置高度为 30，左侧与"网页"文本标签的左侧保持居中对齐，右侧与"更多"文本标签的右侧保持居中对齐，因此其宽度由上述两个元素决定，本案例中的宽度为 445，然后将该动态面板命名为"搜索工具"。

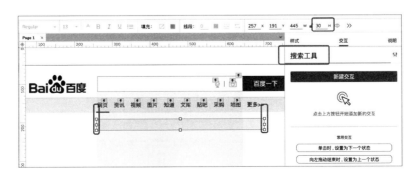

双击"搜索工具"动态面板，添加两个状态，将两个状态分别命名为"搜索工具"和"收起工具"。

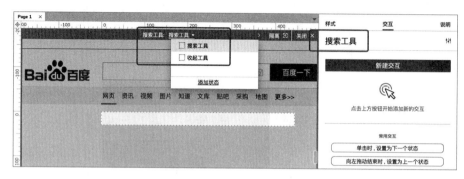

分别在两个状态中拖入"文本标签"以及 icon，完成静态效果的制作。

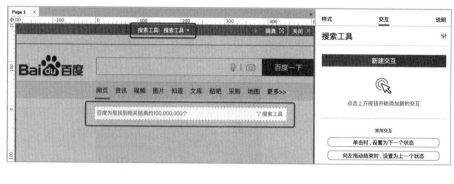

下面设置交互。回到"搜索工具"状态中，选中"搜索工具"文本标签，单击"新建交互"按钮，将"事件"设置为"单击时"。

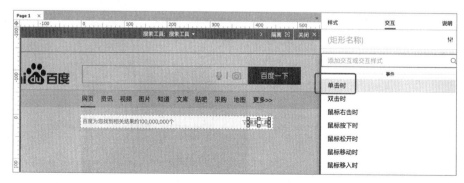

将"元件动作"设置为"设置面板状态"，将"目标"设置为"搜索工具"动态面板。

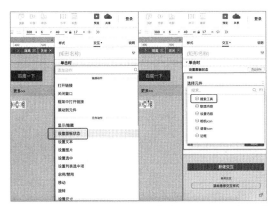

将"状态"设置为"收起工具",将"进入动画"和"退出动画"均设置为"向下滑动,100 毫秒,线性"。

将"状态"切换到"收起工具",选中"收起工具"文本标签,用与上述相同的方法进行设置,但需要将"状态"设置为"搜索工具",将"进入动画"和"退出动画"均设置为"向上滑动,100 毫秒,线性"。

接着使用图片、icon、文本标签、文本框等完成区域③内的其他内容。

制作右侧区域(区域④)。

拖入"垂直线",设置其坐标为(960,230)、尺寸为 1×450。

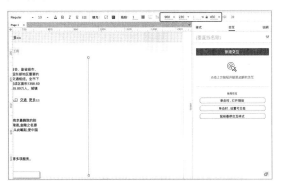

拖入"文本标签",输入文字"江苏省地名",然后拖入"动态面板",制作"展开 / 收起"按钮,将其命名为"展开收起"。

双击"展开收起"动态面板,添加两个状态,将两个状态分别命名为"展开"和"收起",并拖入"文本标签""水平线"等元素完成设置。

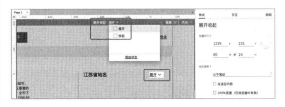

通过截图、复制等方式获取景点图片,拖入"文本标签",完成景点名称的设置。此处本案例将显示一行景点,隐藏另一行景点。

拖入"动态面板",置于第一行景点的下方,注意两行之间的间距,将其命名为"景点",并在其内部利用图片、文本标签完成第二行景点的设置。

　　隐藏"景点"动态面板，然后将"江苏省地名"文本标签和"展开收起"动态面板复制、粘贴在第一行景点的下方，覆盖在"景点"动态面板之上，并编辑文字为"知名景点"。同时，利用图片、文本标签完成该区域内的景点设置。注意：元件在中部居中对齐，并且元件之间等距。

　　选中"展开收起"动态面板，单击"新建交互"按钮。

　　将"事件"设置为"单击时"，将"元件动作"设置为"设置面板状态"。

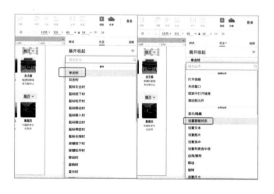

　　将"目标"设置为"当前元件"，将"状态"设置为"下一项"，勾选"向后循环"复选框。

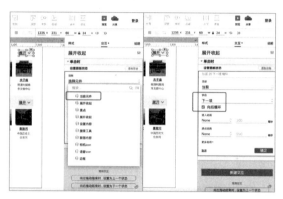

　　继续单击"+"按钮，插入动作，将"元件动作"设置为"显示/隐藏"。

　　将"目标"设置为"景点"动态面板，选择"切换"，勾选"置于顶层"复选框，选择"推动和拉动元件"，选中"下方"单选按钮。

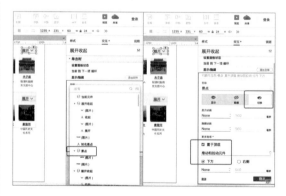

　　单击"确定"按钮，完成交互设置。设置完成后，预览交互效果。

　　最后，将整个原型的背景线段去掉。

至此，完成交互任务。

将原型置于（50,50）坐标的位置，看起来有点别扭，此时将所有元素全选，将原型置于（0,0）坐标的位置。

本案例完成。

思考与总结：

（1）通过本案例的临摹，学习到了哪些知识和技能？请回顾并写出来。

（2）尽可能多地列举出具有全局导航的产品，建议亲自体验。

（3）区域①中当将鼠标指针移入或移出"热区"时，"设置内容"动态面板会相应地显示或隐藏，但如果这样设置，用户将无法选择"设置内容"中的选项。该如何在将鼠标指针移出"热区"时，仍然能够显示该设置内容，从而使用户可以选择"设置内容"中的选项呢？

作业：

从"思考与总结"列举的产品中挑选一款进行原型制作。

4.1.2　局部导航

局部导航即副导航，展示了当前页面与父级、子级、子子级之间的关系，通常其位置在全局导航的下方（例如"鼠标移入时"），有的会直接显示在页面左侧、全局导航之下，用户可通过切换查看相应的内容。

1. 案例分析

W3school 作为自学计算机语言的网站，在 UI 经历多次大改版之后，依然保持了原有的布局，即在主导航之下的左侧，显示各种语言的分类。用户通过单击不同的语言，可使页面显示不同的语言教程。

2. 案例制作思路

（1）划分区域。

将页面划分为页头区域、左侧区域、内容区域和右侧区域 4 个区域。

（2）分解。

构成元素包括但不限于图片、文本框、文本标签、icon、按钮等。

（3）识别交互。

区域①：

当将鼠标指针移至网站 LOGO 上时，LOGO 下方显示浮动条；当将鼠标指针移出网站 LOGO 区域时，隐藏浮动条。

同时，当将鼠标指针移至网站主导航上时，背景色变为深灰色，字体颜色变为白色；当将鼠标指针移出此区域时，有变化的选项恢复原状。

区域②：

当将鼠标指针移至语言的分类内容上时，该语言的背景色变为深灰色，字体颜色变为白色；当将鼠标指针移出此区域时，有变化的选项恢复原状。

区域④：

当将鼠标指针移至参考手册的分类内容上时，该分类内容的背景色变为红色，字体颜色变为白色；当将鼠标指针移出此区域时，有变化的选项恢复原状。

（4）构建元素的来源。

构建元素的来源为元件库。

3. 案例操作

拖入"矩形 1"，在"样式"面板中设置其坐标为（0,0）、尺寸为 1280×720，无边框，然后通过取色笔获取该页面实际的背景色作为填充色。

制作区域①。

通过截图的方式，获取网站 LOGO，坐标为（25,25）。

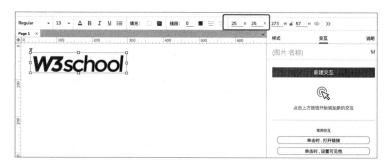

拖入"矩形 2"，设置其填充色为红色，设置其高度为 5，将其置于 LOGO 下方，并将其命名为"浮动条"。

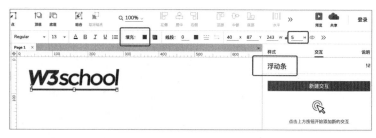

将浮动条隐藏，选中 LOGO，单击"新建交互"按钮，将"事件"设置为"鼠标移入时"，将"元件动作"设置为"显示/隐藏"。

将"目标"设置为"浮动条"，设置其交互。

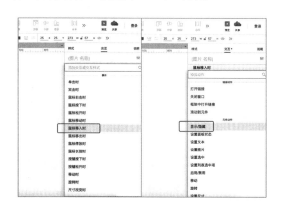

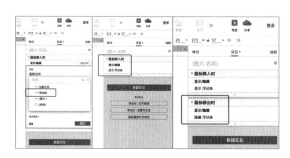

拖入"文本框"和"矩形"，对于区域①的右上角部分，尺寸自定，但位置需要与 LOGO 保持中部对齐。

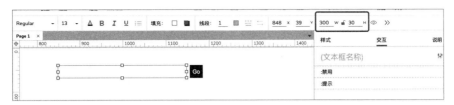

　　拖入"矩形 2"，设置其坐标为（35,110）、尺寸为 150×60，输入文字，字号为 20，字体颜色为深灰色。

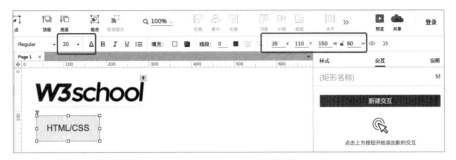

　　单击"新建交互"按钮，将"交互样式"设置为"鼠标悬停"，勾选"填充颜色"复选框并将其设置为深灰色，勾选"字色"复选框并将其设置为白色。

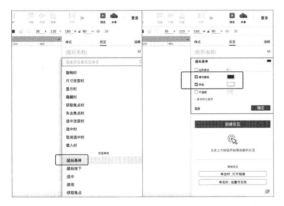

　　复制、粘贴该矩形，并编辑相应的文字，把最后一个矩形的样式交互删除。

　　全选全局导航的所有分类，进行唯一性编组。

　　预览交互效果即可。

　　制作区域②。

　　拖入"矩形 1"，无填充色，设置"线段"为 2，通过取色笔获取全局导航中的矩形背景色作为线段颜色，设置其坐标为（35,170）、尺寸为 170×420。

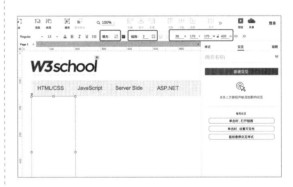

　　拖入"文本标签"，设置分类内容标题；使用矩形，设置分类内容。对于这里的交互设置，依据前例，需要注意如下 3 点：

　　第一，所有矩形的尺寸相同。

　　第二，设置矩形的交互样式，即当鼠标指针悬停在其上时，矩形填充色为灰色，字体颜色为白色。

　　第三，全选所有由矩形制作成的分类内容，进行唯一性编组。

　　按照下图所示开始设置。

预览交互效果即可。

制作区域③。

该区域并无太多重点、难点的交互设置，使用文本标签、水平线等元件即可完成。如果需要凸显局部导航的作用，则可以通过动态面板的不同状态，装入不同的分类内容。同时，通过单击不同的语言分类，展示不同的分类内容。具体操作在此不再赘述。

制作区域④。

该区域的设置方法与区域②相似，唯一的不同是，当将鼠标指针悬停在其上时，参考手册中的分类内容的填充色为红色。注意：唯一性编组。

最后补充页底的内容。

本案例完成。

思考与总结：

（1）通过本案例的临摹，学习到了哪些知识和技能？请回顾并写出来。

（2）尽可能多地列举出具有局部导航的产品，建议亲自体验。

作业：

从"思考与总结"列举的产品中挑选一款进行原型制作。

4.2 关联性导航

关联性导航跨越网站各个层级，使用户在不同主题的内容间跳转切换。

关联性导航包括上下文导航、面包屑导航、步骤导航、辅助导航、页脚导航、页码导航、快速链接、友情链接、锚点链接、标签等。

4.2.1 上下文导航

上下文导航在某段内容之内对某些关键词汇或信息做出相应注释，并提供该内容的跳转链接。该导航也称为内联导航，是嵌入页面内容的一种导航，用户单击后会跳出该页面。当然，应用关键词汇或信息时，不宜滥用此导航，否则内容中到处都是跳转链接，容易造成用户思维混乱。不过，将这种导航方式作为高质量、高关联性的内容之间的桥梁，对于增强用户黏性是非常有效的。

1.案例分析

在"知乎"的网页版中，许多问题的回答，都需要"引经据典"。不过，也有一些回答问题的用户，想要将流量引到自己的文章中，所以他们也会使用上下文导航。下面的截图没有用到该导航，但在制作本案例时，可以自己设置。

2. 案例制作思路

（1）划分区域。

将页面划分为页头区域、问题区域、回答区域和底部区域 4 个区域。

（2）分解。

其构成元素包括但不限于图片、文本框、文本标签、icon、按钮、矩形、动态面板等。

（3）识别交互。

区域①：

a. 当文本框获取到焦点时，显示热搜内容，并且文本框向右变宽；当文本框失去焦点时，隐藏热搜内容，并且文本框的尺寸恢复原样。

b. 当将鼠标指针光标悬停在"登录"或"加入知乎"按钮上时，两个按钮的填充色发生细微变化；当鼠标指针未悬停在这两个按钮上时，两个按钮的填充色恢复原样。

c. 当用户向下滑动页面，使页面的滑动距离超过某一特定位置时，页头部分的内容发生变化；当用户向上滑动页面，使页面的滑动距

离回到某一特定位置时，页头部分的内容恢复原样。在滑动页面的过程中，页头区域的内容始终被置顶于页面且固定在页面顶部，不随页面的滑动而发生位置变化。

区域②：

a. 当用户单击"显示全部"按钮时，向下弹出被隐藏的问题描述部分；当用户单击"收起"按钮时，恢复问题描述原样。

b. 当将鼠标指针悬停在按钮上时，按钮的交互样式发生变化，与区域①中的交互 b 相同。

区域③：

设置上下文导航的样式。

区域④：

当用户单击"展开全文阅读"按钮后，区域③显示全部内容，并且页面底部显示操作区域，供用户进行点赞等操作，同时显示"收起"按钮；当用户单击"收起"按钮时，区域③显示部分内容且显示"展开全文阅读"按钮，隐藏页面底部的操作区域。当显示页面底部的操作区域时，其被置顶于页面，并且固定在页面底部，不随页面的滑动而发生位置变化。

（4）构建元素的来源。

构建元素的来源为元件库、iconfront。

3. 案例操作

拖入"矩形 1"，在"样式"面板中设置其坐标为（0,0）、尺寸为 1280×720，无边框。

制作区域①。

根据需要完成的交互，可以知道页头区域存在两种状态，因此直接拖入"动态面板"，在"动态面板"中设置两种状态下的页头静态样式。

拖入"动态面板"，设置其坐标为（0,0）、尺寸为 1280×70，然后将其命名为"页头"。

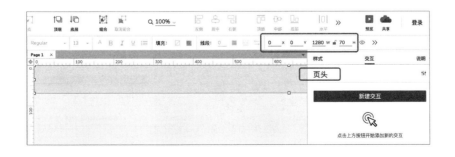

添加两个状态，将两个状态分别命名为"滚动前"和"滚动后"。

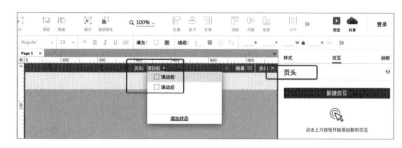

在"滚动前"状态中，拖入 LOGO、"文本标签"、"文本框"、"矩形"、icon 等元素，完成静态效果制作。接着完成交互 b。

拖入"动态面板"，置于"文本框"的位置，尺寸为 450×37，比文本框的宽度 330 多 120，然后将其命名为"输入框"。

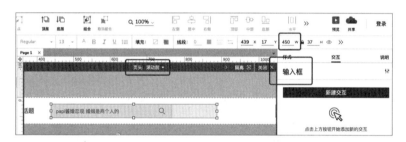

添加两个状态，将两个状态分别命名为"默认"和"改变"。

将之前做好的"输入框"相关元素剪切、粘贴至"默认"状态中。

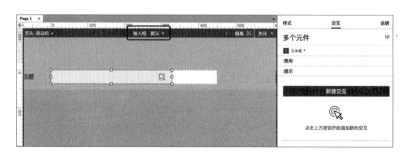

将这些元素全部复制、粘贴至"改变"状态中，需要注意的是，这里要将输入框的宽度设置为 450，同时，将填充色设置为无，将线段颜色设置为深灰色。

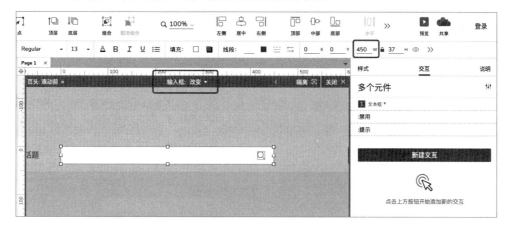

这种状态的变化，是由"默认"状态中的"文本框"获取焦点时引发的。显示热搜内容的制作方法与前例中的"联想内容"的制作方法相同，在此不再赘述。

选中"默认"状态中的"文本框"，单击"新建交互"按钮，将"事件"设置为"获取焦点时"，将"元件动作"设置为"设置面板状态"。

将"目标"设置为"输入框"动态面板，将"状态"设置为"改变"。

同理，如果失去焦点时，那么"输入框"动态面板的状态变为"默认"状态。这一交互设置，需要在"改变"状态中的"文本框"中进行设置。

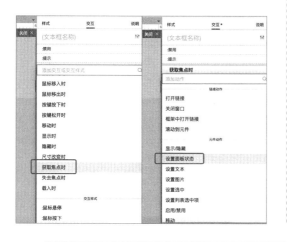

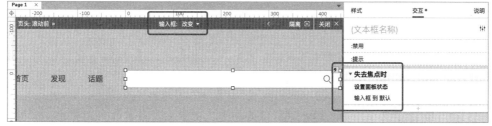

回到"页头"动态面板的"滚动后"状态中，拖入"矩形""文本标签"等元件，完成页面滚动后的静态效果设置。注意按钮的交互样式设置，并且要与背景中部对齐。

在设置滚动页面改变动态面板"页头"状态之前，我们需要将动态面板"页头"固定在页面顶部，使其不随着页面的滚动而移动。

选中"页头"动态面板，单击鼠标右键，在弹出的快捷菜单中选择"固定到浏览器"命令。

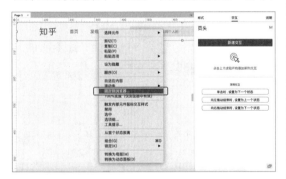

勾选"固定到浏览器窗口"复选框，其他选项保持默认。

单击"确定"按钮后，测试设置是否正确，可以拖入多个不同颜色的矩形，远远超出首屏的尺寸，然后预览效果。

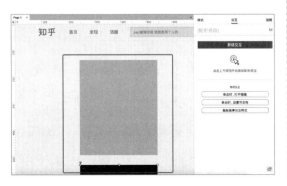

在还未设置页面内容的前提下，可以配合测试"页头"动态面板的状态变化。

回到编辑区域，取消选中所有元件，单击"新建交互"按钮。将"事件"设置为"窗口向下滚动时"，并设置前置条件。

当页面滚动时，页面的 y 值大于等于 100 时，单击"+"按钮，将"元件动作"设置为"设置面板状态"。

将"目标"设置为"页头"动态面板，将"状态"设置为"滚动后"，将"进入动画"和"退出动画"均设置为"向上滑动，100毫秒，线性"。

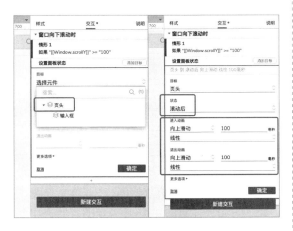

"窗口向上滚动时"的情形设置：当页面的 y 值小于 100 时，"页头"动态面板的状态为"滚动前"，而"进入动画"和"退出动画"的设置均为"向下滑动，线性，100毫秒"。

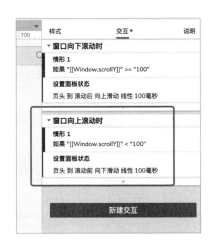

预览交互效果，接着制作区域②。

制作区域②。

该区域也存在两个状态：一个是用户未单击"显示全部"按钮时，另一个状态是用户单击了"显示全部"按钮，未单击"收起"按钮时。注意：在切换两种状态的过程中，不仅文字内容发生了变化，背景矩形的尺寸也发生了变化。同时，当显示全部内容时，区域③被向下推动了，所以，仍然需要借助动态面板来进行设置。不仅如此，还需要通过尺寸改变及元件移动的方式，设置案例中的交互效果。另外，应将每

个区域的构建元素都装进各自的动态面板中，以简化元件的交互设置。

拖入"矩形 1"，设置其坐标为（0,75）、尺寸为 1280×200，无边框，将其命名为"区域②背景"。

拖入"动态面板"，置于矩形"区域②背景"的上方，完全贴合该背景。坐标及尺寸与该背景相同，将其命名为"区域②内容"。

双击"区域②内容"动态面板，添加两个状态，将两个状态分别命名为"默认"和"全部"。

进入"默认"状态中，依据案例，通过矩形、文本标签、icon、垂直线等元素完成静态页面的制作。

将"默认"状态中的元素复制、粘贴至"全部"状态中，将部分内容稍作修改。

注意：部分内容（如按钮）都超出动态面板的区域了，这是为后面设置区域②背景的尺寸和区域③移动的距离做铺垫。超出的高度即区域②背景变化的高度和区域③移动的距离。

回到"默认"状态中，拖入"热区"，置于文字"显示全部"上。

将"事件"设置为"单击时"，将"元件动作"设置为"设置面板状态"。

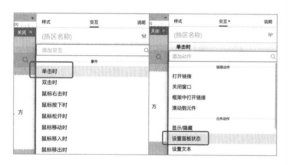

将"目标"设置为"区域②内容"动态面板，将"状态"设置为"全部"。

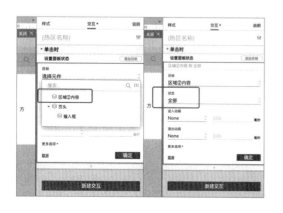

单击"确定"按钮后，单击"+"按钮，将"元件动作"设置为"设置尺寸"，将"目标"设置为"区域②背景"矩形。

将"高度"设置为240——该背景原来的高度为200，多出的40，是"全部"状态中超过"动态面板"的部分内容的高度。

同时，添加目标使"区域②内容"动态面板的高度也变为240。

同理，在"全部"状态中，在文字"收起"的上方，置入"热区"，设置相应的操作。

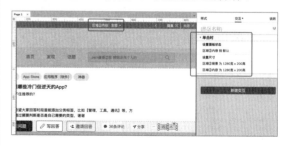

预览交互效果，完成区域②交互的制作。

当然，如果想要优化"全部"状态中的矩形与背景的距离，则可以将高度多设置一些。例如，设置高度为 260。

　　制作区域③、区域④。

　　由于两个区域的内容存在联动，所以需要同时设置。

　　根据交互的叙述，可以确定，区域③存在如下两个状态：第一个状态是用户未单击"展开阅读全文"按钮时展示的界面，该界面不可滑动，同时，页面底部未出现操作区域，即区域④。第二个状态是用户单击了"展开阅读全文"按钮时展示的界面，该界面因内容较多，可以纵向滑动，同时，页面底部出现区域④。

　　因此，拖入"动态面板"，设置其坐标为（0,280）、尺寸为 1280×250，将其命名为"区域③内容"。

　　双击"区域③内容"动态面板，继续拖入"动态面板"，设置其坐标为（0,0）、尺寸为 1280×590，然后将其命名为"子内容"。

　　为"子内容"动态面板添加两个状态，将两个状态分别命名为"展开前"和"展开后"。

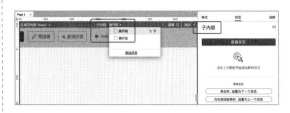

　　进入"展开前"状态，完成相应内容设置，注意上下文导航的文字是"最冷门又有趣的 App"，同时设有下画线，供用户单击跳转。

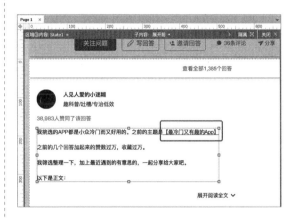

　　将制作好的内容复制、粘贴至"展开后"状态中，并进行相应的修改。

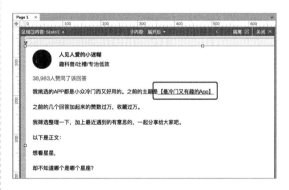

　　注意：展开后的内容区域高度为 520，比展开前的内容区域高 200，这是为了体现区域内有更多内容。

　　拖入"动态面板"，设置其坐标为（0,670）、尺寸为 1280×50，然后将其命名为"区域④"。

根据案例，补充完成区域④内容。

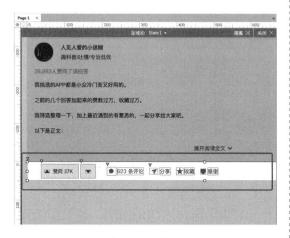

完成后，隐藏"区域④"动态面板。

回到区域③，进入"子内容"动态面板的"展开前"状态中，拖入"热区"，置于"展开阅读全文"文字的上方。

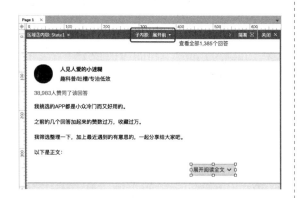

单击"新建交互"按钮，选择"单击时"。首先，选择"设置面板状态"，设置"子内容"动态面板的状态为"展开后"。其次，显示"区域④"动态面板。

进入"区域④"动态面板，拖入"热区"，置于"收起"文字的上方，并设置交互。当单击时，设置"子内容"动态面板的状态为"展开前"，并且隐藏区域④。

与此同时，不要忘记，当区域③的内容被展开后，会显示更多内容。因此，"子内容"动态面板应支持纵向滑动，但仅在"展开后"状态下才能滑动。

选中"子内容"动态面板，选择"拖动时"，通过添加情形，设置当该动态面板状态为"展开后"时，垂直移动该动态面板。

在拖动过程中，如果用户单击了区域④中的"收起"按钮，那么区域③回到默认状态。因此，这里还需要在区域④"收起"按钮上方的热区处，设置"子内容"动态面板到达（0,0）坐标位置。

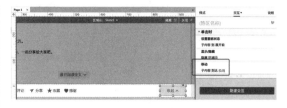

至此，案例仍未完成。回到区域②，对"显示全部"文字上方的热区、"收起"文字上方

的热区进行区域③和区域④移动的设置。因为区域②尺寸的变化为 60，所以区域③和区域④的移动距离也是 60。

最后，完善细节，例如区域之间的间距，区域①、区域②中的背景矩形应加外阴影，等等。

本案例完成。

思考与总结：

（1）通过本案例的临摹，学习到了哪些知识和技能？请回顾并写出来。

（2）尽可能多地列举出具有上下文导航的产品，建议亲自体验。

（3）请思考，为何不将区域④的动态面板固定到浏览器上？如果将其固定到浏览器上，会产生什么效果？

作业：

从"思考与总结"列举的产品中挑选一款进行原型制作。

4.2.2　适应性导航

上下文导航还有一种特殊形式，被称为适应性导航。它用于个性化精准推荐，即不同的用户行为引发页面内容的变化。例如，在购物网站中，当用户选择了某种类型的商品以后，在一个特定区域中，显示购买此商品的用户还购买了其他搭配商品。用户选择不同的商品，显示的搭配商品也不相同。

1. 案例分析

登录当当网，打开任意女装的商品详情页，可以看到"经常一起购买的商品"一栏，这里

便做了适应性导航，通过对当前商品的周边产品进行关联性推荐，来提高用户的付费转化率。

2. 案例制作思路

（1）划分区域。

将页面划分为页头区域、商品区域和适应性导航区域 3 个区域。

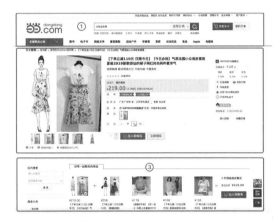

（2）分解。

构成元素包括但不限于图片、文本框、文本标签、icon、按钮、矩形、动态面板、水平线、垂直线等。

（3）识别交互。

区域①：

我的当当、企业采购、客户服务、全部分类等，鼠标指针移至这些文字上时显示下拉列表框，当将鼠标光标指针移出时隐藏下拉列表框。同时，部分文字和按钮，当将鼠标指针悬停其上时有样式交互。

区域②：

a. 当将鼠标指针移入小图时，大图位置显

示对应的图片。同时，大图右侧，显示该图片的放大图，将鼠标指针移至图片的某个位置，即放大该位置。

b. 单击某个尺码，则选中该尺码，并且取消选中其他尺码。

c. 商品数量，当数量为 1 时，减号禁用，当单击加号时，数字递增，同时减号可用。

区域③：

在适应性导航中，当用户勾选或取消勾选系统推荐的商品时，后方的总当当价，显示商品件数及总金额的变化。

样式交互在本案例中不是重点，并且部分内容均在前例中有过叙述，因此这里不再赘述。

（4）构建元素的来源。

构建元素的来源为元件库和 iconfront。

3. 案例操作

拖入"矩形 1"，在"样式"面板中设置其坐标为（0,0）、尺寸为 1280×720，无边框。

制作区域①。

拖入"矩形""文本标签""垂直线"等，完成该区域上半部分内容的设置。

拖入 LOGO、"文本框"、"矩形"等，完成该区域其他内容的制作。注意：元件与区块之间要等距，并且尽量贴合原案例的距离。

制作区域②。

拖入"文本标签"，完成层级路径，即后续将会讲到的面包屑导航。

拖入"图片"，左侧与面包屑导航对齐，与面包屑导航的间距为 15，尺寸为 400×400。

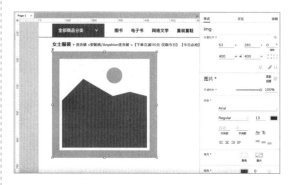

将案例中的大图、小图全部下载或截图下来，这样将得到 10 张图片。

选中"img"图片，单击鼠标右键，在弹出的快捷菜单中选择"导入图片"命令，或者直接双击图片"img"。

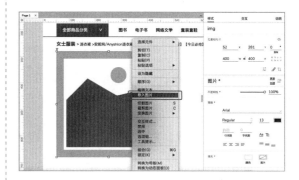

选择"img"图片，同时，根据案例的布局，把 5 张小图置于大图的下方，注意间距。计算间距，方法是先确定左右两侧，即小图 1 和小图 5 的位置，分别通过与大图靠左对齐、与大图靠右对齐来确定。再将中间的小图 3 与大图居中对齐，继续通过小图 1 和小图 3 计算小图 2 的位置，通过小图 3 和小图 5 计算小图 4 的位置。注意：分别命名 5 张小图。

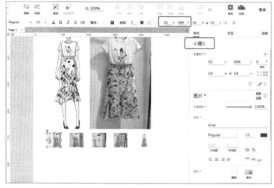

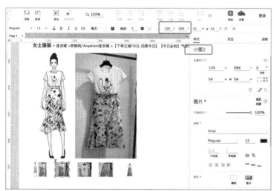

高度为 720 的背景已显得冗余，在确定好 1280 的宽度后，可以将其删除。

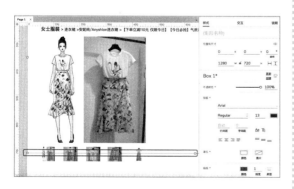

下面在 5 个小图中设置交互，即将鼠标指针移至图片上时，"img"图片显示对应的大图。选中"小图 1"图片，单击"新建交互"按钮，

将"事件"设置为"鼠标移入时"，将"元件动作"设置为"设置图片"。

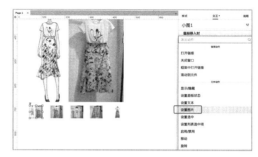

将"目标"设置为"img"图片，选择其对应的大图。

对其余 4 张小图进行同样的设置，小图和大图要一一对应。完成后，预览交互效果。

接着，要思考如下问题：

第一，怎么设置放大后的图片？

第二，当将鼠标光标移入大图区域时，便显示一个滑块，该滑块经过的区域，在大图右侧显示该区域放大后的细节图。

第三，滑块的移动是有边界限制的，只能在大图区域内滑动。

下面解决第一个问题。

拖入"动态面板"，与大图紧贴，置于大图右侧，尺寸为 400×400，将其命名为"放大图"。

为"放大图"动态面板添加 5 个状态,将 5 张大图分别命名为"大图 1""大图 2""大图 3""大图 4""大图 5"。

将 5 张大图分别置于这 5 个状态中。以大图 1 为例,将尺寸调整为 800×800,将其命名为"大图 1"。这里的尺寸是原大图的 2 倍。

隐藏"放大图"动态面板,再次选中"小图 1"图片,在"鼠标移入时"交互事件下,新增动作,设置"放大图"动态面板的状态为"大图 1"。使用相同的方法依次设置小图 2～小图 5。

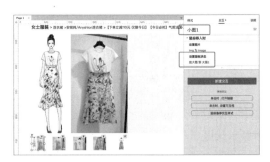

拖入"矩形 1",与"img"图片的顶部与左侧对齐,尺寸为 200×200,正好是"img"的一半。选中矩形,单击鼠标右键,在弹出的快捷菜单中选择"转换为动态面板"命令。

将新生成的动态面板命名为"滑块",同时,将矩形的填充色设置为无,将线段颜色设置为淡灰色。

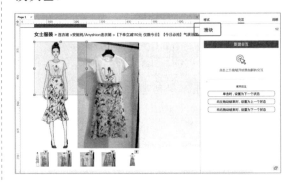

在"img"图片上再拖入一个"热区",完全覆盖"img"图片,隔板的尺寸为 400×400,将其命名为"隔板"。

接下来设置"隔板"热区的交互效果,需要借助局部变量,"hk"代表元件滑块,"gb"代表元件隔板。当鼠标光标在"隔板"热区上移动时,便移动滑块。滑块的移动距离:$x=$ 鼠标的 X 坐标值 - 滑块宽度的一半;$y=$ 鼠标的 Y 坐标值 - 滑块高度的一半。

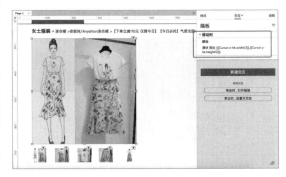

继续设置,当移动鼠标光标时,如果滑块的顶部值小于隔板的顶部值,则移动滑块到达

以下位置：$x=$ 滑块的 X 坐标值；$y=$ 隔板的 Y 坐标值。

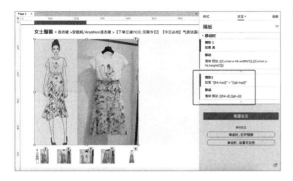

当移动鼠标光标时，如果滑块的底部值大于隔板的底部值，则移动滑块到达以下位置：$x=$ 滑块的 X 坐标值；$y=$ 隔板的底部坐标值 – 滑块的高度。

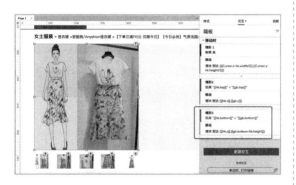

当移动鼠标光标时，如果滑块的左侧值小于隔板的左侧值，则移动滑块到达以下位置：$x=$ 隔板的 X 坐标值；$y=$ 滑块的 Y 坐标值。

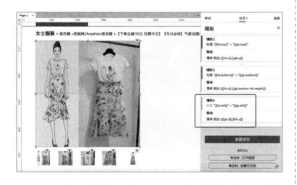

当移动鼠标光标时，如果滑块的右侧值大于隔板的右侧值，则移动滑块到达以下位置：$x=$ 隔板的右侧值 – 滑块的宽度；$y=$ 滑块的 Y 坐标值。

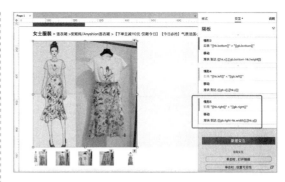

继续设置，当将鼠标光标移至图片上时，显示滑块以及"放大图"动态面板；当将鼠标光标移出图片区域时，隐藏滑块以及"放大图"动态面板。

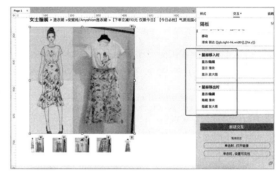

继续在"滑块"动态面板上设置交互效果。

单击"新建交互"按钮，将交互"事件"设置为"移动时"。使 5 张大图移动到达以下区域：$x=$（隔板的左侧值 – 滑块的左侧值）×2；$y=$（隔板的顶部值 – 滑块的顶部值）×2。因为设置的内容相同，所以不命名也没关系。

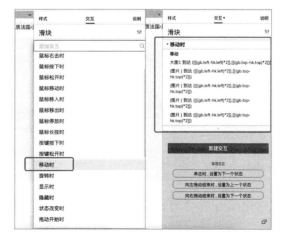

预览之后发现并没有实现想要的交互效

果。这是因为应将"移动时"下的所有交互，全部复制、粘贴到"鼠标移动时"的交互下，同时删除"移动时"的所有交互。

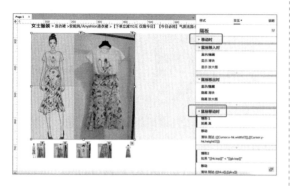

再次预览效果，检查是否实现了商品放大的交互效果。

利用文本标签、矩形、动态面板、水平线等，完成该区域其他静态内容的设置。设置尺码的内容时，需要注意的是，将每个尺码根据码号进行命名，尺寸均相等，案例中为30×30。同时在其交互样式的"选中"交互中，勾选"线段颜色"复选框，并将其设置为桃红色，勾选"边框宽度"复选框，并设置为2。

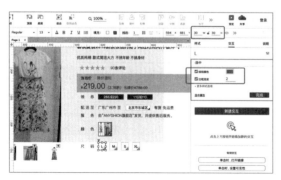

再拖入"动态面板"，以衣服的码数进行命名，并且设置三角形和"√"。

隐藏全部尺码右下方的动态面板，再全选尺码的矩形，进行唯一性编组。

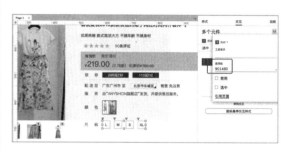

以尺码的矩形为例，选中后，设置"单击时"，选中"当前元件"，并且显示该尺码的动态面板，隐藏其他尺码的动态面板。

按照上述思路，设置其他3个尺码矩形的交互。同时，取消选中所有元件，单击"新建交互"按钮，选择"页面载入时"交互事件，选中矩形"L"，显示"L"动态面板。完成后预览效果。

拖入"矩形1"，设置其线段颜色为灰色、

尺寸为 40×40。再拖入"文本框",设置其尺寸为 40×25,在文本框中输入文字 1,隐藏边框,将文本框命名为"数量"。同时,在该矩形右侧,设置两个尺寸均为 19×19 的矩形,上下放置,在上矩形中输入"+",在下矩形中输入"−"。

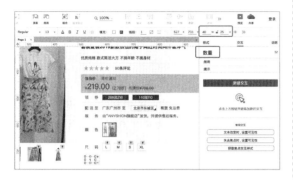

选中"数量"文本框,将交互"事件"设置为"文本改变时"。

单击"启用情形"按钮,当"数量"文本框的文字是 1 时,"元件动作"为"设置文本"。

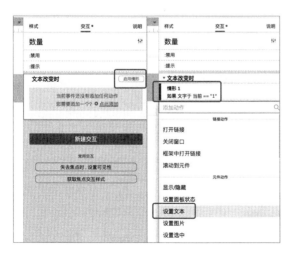

将"目标"设置为"−"矩形,然后选择"富文本",单击"编辑文本",将"−"的颜色设置为淡灰色。

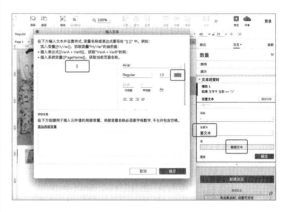

否则,"−"矩形中的"−"为黑色而不是浅灰色。

选中"−"矩形,将交互"事件"设置为"单击时"。

将"元件动作"设置为"设置文本",将"目标"设置为"数量"文本框。

单击 f_x，然后添加局部变量，"数量"文本框中的数字计为"sl"，设置其值为"sl+1"。这样就设置完成了。

再选中"-"矩形，单击"新建交互"按钮，将交互"事件"设置为"单击时"。

将交互分为如下两种情形：

如果"数量"文本框的值为1，则禁用"-"矩形；如果文本框"数量"的值不为1，则设置文本框"数量"的值递减。

单击"启用情形"按钮，设置上述条件。

将"元件动作"设置为"启用/禁用"，将"目标"设置为"-"矩形，选择"禁用"。

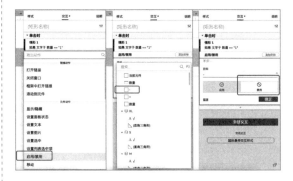

直接复制"情形1"，将前置条件修改为"不等于"。

单击"+"按钮新增元件动作，将"元件动作"设置为"设置文本"，将"目标"设置为"数量"文本框。

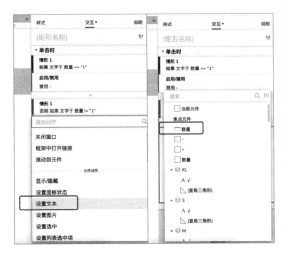

继续单击 𝑓𝒙，通过局部变量来完成递减的设置。

继续拖入相关元素，完成该区域其他内容的制作，注意小图下方的"分享""赠送""收藏"。最后将"放大图"动态面板置于顶层。

制作区域③。

拖入"文本标签""矩形""按钮"，完成左侧"店内搜索"的设置。

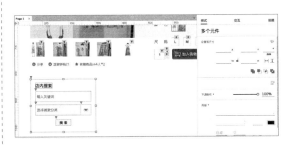

拖入"矩形 1"，坐标根据实际制作过程中的设置自定，尺寸为 200×40，输入文字"经常一起购买的商品"，将线段"可见性"设置为下边线段不可见。

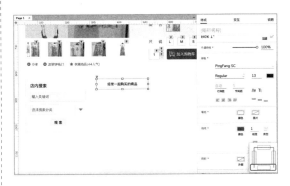

拖入"水平线"，将其置于合适的位置，将尺寸设置为 800×1。

从网页上复制商品图片，设置图片尺寸为 100×100，间距相等，这里设置图片间隔为 80。

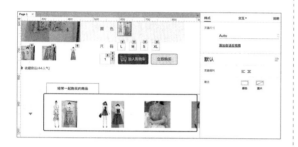

通过文本标签以及区域②的"购物车"，继续制作该区域内容。这里需要注意的是，将文字为"1"的文本标签命名为"总数量"，将文字为"219.00"的文本标签命名为"总价格"。

利用文本标签，完善每件商品的价格和信息。

拖入"圆形"，输入"√"，将其置于第一件商品右下角。复制该圆形，粘贴至第二件商品右下角，同时将"√"的颜色设置为淡灰色。单击"新建交互"按钮，将"交互样式"设置为"选中"。

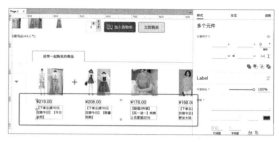

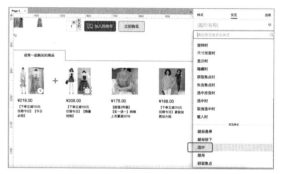

勾选"字色"复选框，选择默认的黑色。

设置完毕后，将该圆形复制、粘贴至剩下的商品图片的右下角。注意：这里不需要将圆形全选后进行唯一性编组，因为商品可以被多选。

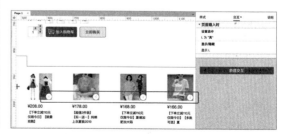

商品图片右下角的圆形，用于选择或取消选择目标商品，其存在的逻辑分为如下两种：如果圆形未被选中，单击了圆形，那么圆形被选中，总价格的数字相应增加，总数量的数字也相应增加；如果圆形被选中，单击了圆形，那么圆形被取消选中，总价格的数字相应减少，总数量的数字也相应减少。

第一件商品不存在被勾选的可能，因为它是当前页面必选的商品，其他商品是作为可选商品展现的。

选中第二件商品右下角的圆形，单击"新建交互"按钮，将交互"事件"设置为"单击时"。

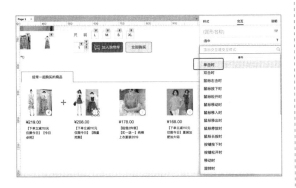

单击"启用情形"按钮，如果当前圆形的选中状态是假的，即为未被选中状态，那么，选中它。将"元件动作"设置为"设置选中"，将"目标"设置为当前元件。

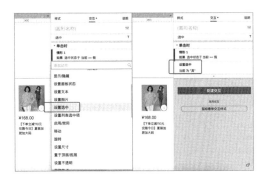

继续单击"+"按钮，将"元件动作"设置为"设置文本"，将"目标"设置为"总价格"文本标签。

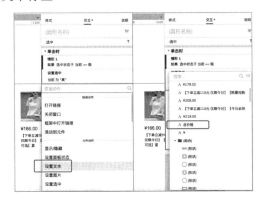

单击 f_x，新增局部变量，将公式设置为"总价格"文本标签的当前数字加上 208。

继续添加目标，将"目标"设置为"总数量"文本标签。

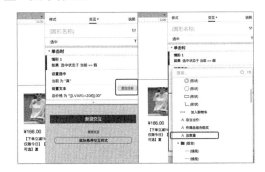

单击 f_x，新增局部变量，设置"总数量"文本标签的当前数字为"+1"。

"情形 1"设置完成，复制、粘贴"情形 1"，设置相反情况下的交互。只需将部分状态及符号进行修改即可。将前置条件改为"真"，设置选中为"假"、总价格为"－"，总数量也为"－"。

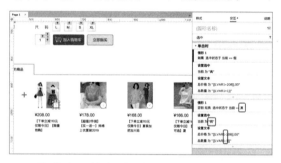

将整个"单击时"的交互复制、粘贴至第三、四、五件商品右下角的圆形上，注意更改价格数字。

预览交互效果。至此，本案例完成。

思考与总结：

（1）通过本案例的临摹，学习到了哪些知识和技能？请回顾并写出来。

（2）尽可能多地列举出具有适应性导航的产品，建议亲自体验。

（3）本案例商品仅有一种颜色。请找出一款具备多种颜色的商品，体验后并将"选择商品颜色"的交互加入案例中。

作业：

将本案例未完成的部分继续完成。

从"思考与总结"列举的产品中挑选一款进行原型制作。

4.2.3 面包屑导航

面包屑导航来自童话故事《汉塞尔和格莱特》。这类导航提供了当前页面在整个网站中的位置和层级路径的文字描述，对信息结构复杂的网站较适用。它通常出现在商品或服务的详细描述页面中的全局导航之下、局部导航之右、页面具体内容之上。当然，面包屑导航是导航系统的主要补充，它不仅显示当前页面的路径，同时，用户还可以通过这一导航，任意跳转到前置路径的页面中。用户也可以根据面包屑导航对网站的深度有一定的了解。

1. 案例分析

"新浪江苏"新闻详情页的面包屑导航非常突出。用户在阅读当前新闻之后，可以通过该导航，回到"新浪江苏"或者"新闻频道"，寻找自己更感兴趣的信息。

2. 案例制作思路

（1）划分区域。

本案例无须分区，直接制作即可。

（2）分解。

构成元素包括但不限于图片、文本标签、icon、矩形、垂直线、水平线等。

（3）识别交互。

当用户单击"A－"时，新闻字体变小；当用户单击"A＋"时，新闻字体变大；"A－"与"A＋"交替出现。

（4）构建元素的来源。

构建元素的来源为元件库和 iconfront。

3. 案例操作

拖入"矩形 1"，在"样式"面板中设置坐标为（0,0）、尺寸为 1280×720，并且为无边框。

通过拖入并排列"矩形"、LOGO、"垂直线"、"文本标签"完成页头内容的设置。文本标签与垂直线的间距是 10。LOGO、文本标签、垂直线与页头背景矩形保持中部对齐。

复制网站截图中的广告图片，并且通过截图，获取新浪 LOGO，拖入"文本标签"完成面包屑导航的设置。

拖入"水平线"、"文本标签"和图片。

下面拖入"矩形"作为字号变化的按钮。第一个"矩形"的坐标为（750,360），尺寸为 50×30，将其命名为"小"，输入文本"A-"；第二个"矩形"的坐标为（799,360），尺寸为 50×30，将其命名为"大"，输入文本"A+"。

拖入"水平线"和"文本标签"，完成接下来的内容的制作。

选中"新闻内容"文本标签，将字号调整为 16。接着单击"新建交互"按钮，将"交互样式"设置为"选中"。

勾选"字号"复选框，并将其设置为 18，即"新闻内容"文字标签被选中时，字号从默认的 16 变为 18。

重新选中"小"矩形，单击"新建交互"
按钮，将"交互样式"设置为"选中"。

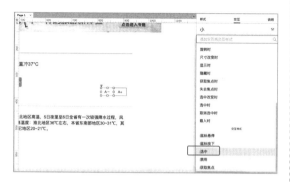

勾选"字色"复选框，将其设置为淡灰色；
勾选"线段颜色"复选框，将其设置为淡灰色。

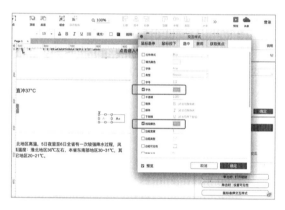

对"大"矩形进行相同的设置。

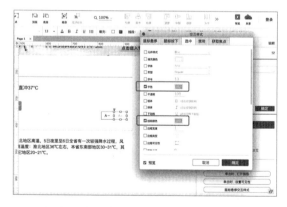

全选"小"矩形和"大"矩形，进行唯一
性编组。

重新选中"小"矩形，单击"新建交互"
按钮，将交互"事件"设置为"单击时"，将"元
件动作"设置为"设置选中"。

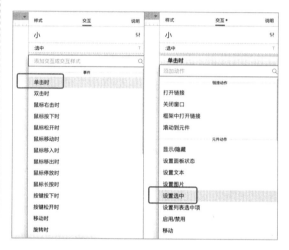

将"目标"设置为"当前元件"，"设置"
的"值""为""真"，单击"确定"按钮。

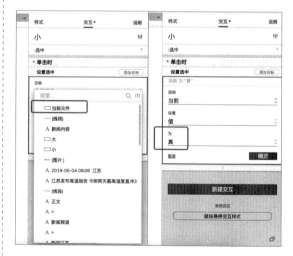

单击"添加目标"按钮，将"目标"设置
为"新闻内容"文本标签。

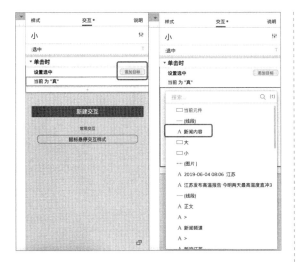

因为是减号，所以，单击后可使新闻字体恢复原状，取消选中"新闻内容"文本标签。

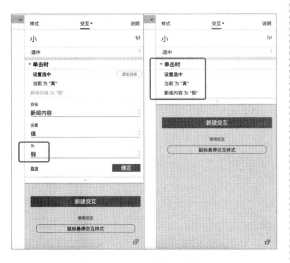

选择"大"矩形，具体设置如下图所示。

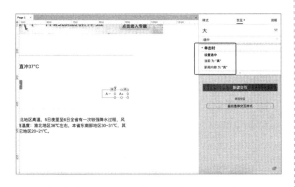

取消选中所有元件，单击"新建交互"按钮，将交互"事件"设置为"页面载入时"。

选中"小"矩形，具体设置如下图所示。

预览效果。如果认为"大"矩形和"小"矩形靠得太近，则可以将"大"矩形往右侧移动，距离为 1。

利用图片、文本标签、垂直线、水平线完成页面右侧内容的设置。

预览效果，本案例完成。

思考与总结：

（1）通过本案例的临摹，学习到了哪些知识和技能？请回顾并写出来。

（2）尽可能多地列举出具有面包屑导航的产品，建议亲自体验。

作业：

将本案例未完成的部分继续完成。

从"思考与总结"列举的产品中挑选一款进行原型制作。

4.2.4 步骤导航

该导航与面包屑导航相似，更多地体现了用户操作过程的方向和其中的各个关键环节。它可以明确告诉用户他们所在的位置和处理业务的进度。

1. 案例分析

在京东登录页面，单击"找回密码"按钮，可以进入"找回密码"页面。在该页面中，"京东"将改密业务的流程设定为 3 个步骤，分别为"身份认证""设置操作""完成"。用户在完成每一个步骤后，已完成的业务环节随即被点亮。用户能够很清楚地了解自己需要完成多少步骤，可以处理好改密业务。

2. 案例制作思路

（1）划分区域。

本案例无须分区，直接制作即可。

（2）分解。

构成元素包括但不限于图片、文本标签、icon、矩形、垂直线、水平线、动态面板等。

（3）识别交互。

a. "身份认证"环节，用户单击"绑定手机号认证"按钮，弹出"输入验证码"的弹窗。如果用户输入了错误的验证码，则显示错误提示。如果用户输入了正确的验证码，则页面跳转至第二个环节，即"设置操作"。

b. 在"设置操作"环节，用户输入符合要求的字符以重置密码。如果用户设置的新密码不符合要求，则输入框下方出现错误提示。如果输入正确，则页面跳转至第三个环节，即"完成"。

c. 当前环节操作成功后步骤导航被点亮。

（4）构建元素的来源。

构建元素的来源为元件库和 iconfront。

3. 案例操作

首先拖入"矩形 1"，在"样式"面板中设置坐标为（0，0）、尺寸为 1280×720，并且无边框。

然后拖入"矩形"、icon、"垂直线"等元件，完成页头部分的搭建。电商平台的页头部分都比较相似，例如，前例当当网的页头部分。注意元件间必须保持等距。这里设置元件的间距为 5，并且与背景保持中部对齐。

继续拖入 LOGO、"文本标签"和"矩形"，完成接下来的内容。这里需要注意的是，给背景矩形添加一些外阴影，同时将阴影颜色设置为黑色，将"不透明度"设置为 10%。

接下来设置步骤导航。

每个步骤由两个圆形（外圈和内圈），以及文本标签组成。外圈的尺寸统一为 50×50，内圈的尺寸统一为 40×40，通过取色笔获取网站截图中的颜色作为填充色。拖入"矩形 2"，尺寸为 150×10，作为步骤之间的路径。

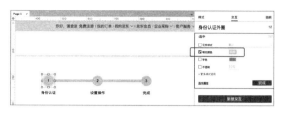

用同样的方法设置内圈及文字。

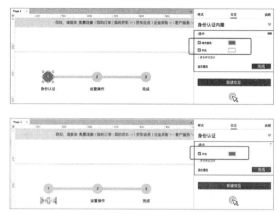

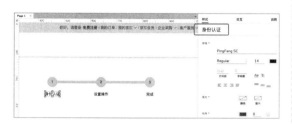

按照这种命名格式，对"设置操作"和"完成"步骤的相关元件进行命名，并对"步骤 1"与"步骤 2"、"步骤 2"与"步骤 3"之间的两条路径也进行命名，分别将其命名为"路径一"和"路径二"。

按照这种方式，将两条路径以及剩余的两个外圈、两个内圈、两个文本标签进行样式交互的设置。

在"页面载入时"下，设置选中身份认证的内、外圈以及文字。

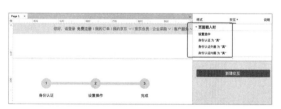

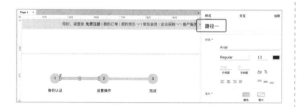

以步骤一的内、外圈和文本标签为例，选中"身份认证外圈"圆形，单击"新建交互"按钮，将"交互样式"设置为"选中"。

拖入"动态面板"，将其命名为"步骤内容"，尺寸为 430×250，每个步骤之间的距离为文字 25。

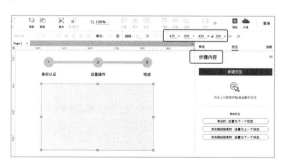

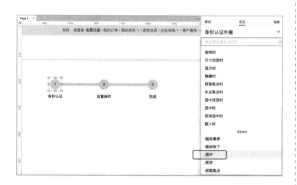

勾选"填充颜色"复选框，通过取色笔获取原案例的外圈颜色。

为"步骤内容"动态面板添加 3 个状态，将 3 个状态分别命名为"身份认证""设置操作""完成"。

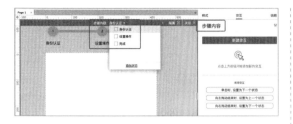

进入"身份认证"状态，拖入"图片""文本标签""矩形"等，完成该状态内容的设置。矩形有一个样式交互，即当鼠标指针悬停在身份认证区域时，线段颜色为黑色。

在网页中，单击"绑定手机号认证"按钮，会弹出弹窗，输入手机收到的验证码。因此，在该动态面板的外部，仍需拖入"动态面板"来设置弹窗的内容。

拖入"动态面板"，尺寸为 600×665，其位置与原型背景保持中部及居中对齐，并将其命名为"验证码"。

双击"验证码"动态面板，拖入"文本标签"及 icon，完成上部分内容。

接着，拖入"文本框"，尺寸为 155×50，输入提示文字，设置"提示"为"获取焦点"，设置线段颜色为黑色，将其命名为"输入验证码"。

拖入"动态面板"，尺寸为 155×50，与"输入验证码"文本框间距为 20，将其命名为"获取验证码"。

双击"获取验证码"动态面板，添加两个状态，将两个状态分别命名为"获取"和"倒计时"，并且在两个状态中分别设置相应的内容。

"倒计时"状态中的 120s 使用的是文本标签，另一个文本标签用于编辑"后重新获取"文字。

继续在"倒计时"状态中拖入"动态面板"，其尺寸足够完成单击操作即可，将其命名为"开关"。

为"开关"动态面板添加两个状态，两个状态名称保持默认即可。

　　选中"开关"动态面板，单击"新建交互"按钮，将交互"事件"设置为"状态改变时"，将"元件动作"设置为"设置文本"。

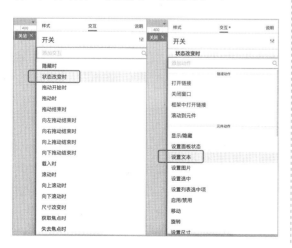

　　添加局部变量，设置 LVAR1 的值为"数字"文本标签这个元件上的文字，公式为 [[LVAR1-1]]。

　　将"目标"设置为"数字"文本标签，然后单击 f_x。

回到"获取"状态中，选中"获取短信验证码"矩形，单击"新建交互"按钮，将交互"事件"设置为"单击时"。

将"元件动作"设置为"设置面板状态"，将"目标"设置为"获取验证码"动态面板，将"状态"设置为"倒计时"。

单击"添加目标"按钮，将"目标"设置为"开关"动态面板。

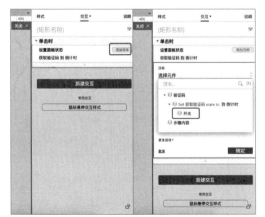

将"状态"设置为"下一项"，勾选"向后循环"、"循环间隔 1000 毫秒"和勾选"首个状态延时 1000 毫秒后切换"复选框。

单击"确定"按钮后预览交互效果。

继续拖入"矩形"，宽度由上方两个矩形的宽度之和及两个矩形之间的空白决定，将高度设置为 50，填充色为淡红色，将其命名为"提交认证"。

选中"提交认证"矩形，单击"新建交互"按钮，将"交互样式"设置为"选中"。

勾选"填充颜色"复选框，将颜色设置为红色。

再次选中"输入验证码"文本框，单击"新建交互"按钮，将交互"事件"设置为"文本改变时"。

单击"启用情形"按钮，进行如下图所示的设置，单击"确定"按钮后，单击"+"按钮，选择"设置选中"。

选择"提交认证"矩形。

单击"确定"按钮后，继续拖入"文本标签"，置于"输入验证码"文本框的下方，输入文字"您输入的验证码错误"，并将该文本标签命名为"验证码错误提示"。

将该错误提示隐藏，然后选中"提交认证"矩形，单击"新建交互"按钮，将交互"事件"设置为"单击时"。

单击"启用情形"按钮，设置"输入验证码"文本框的文字为123，单击"确定"按钮后，单击"+"按钮，隐藏"验证码"动态面板。

设置"步骤内容"动态面板的状态为"设置操作"。

选中"路径一"矩形、"内外圈"圆形，以及"设置操作"文本标签。

设置完"情形1"，再设置"情形2"。如果"输入验证码"文本框的文字不是123，则显示"验证码错误提示"文本标签。

完成后再完善4个方面的内容。

第一，设置"输入验证码"文本框在"获取焦点时"，"隐藏验证码错误提示"。

第二，在"输入验证码"文本框的"文本

改变时"交互下，进行如下图所示的设置。

第三，将"验证码"动态面板中的元素与背景矩形居中对齐。

第四，将"验证码"动态面板中右上角的"×"，通过拖入"热区"，设置"单击时"，"隐藏验证码"，实现关闭弹窗的交互。

返回编辑区域，隐藏"验证码"动态面板。

选中"步骤内容"动态面板中"身份认证"状态下的"绑定手机号认证"矩形。设置"单击时"，"显示"验证码，勾选"置于顶层"复选框，并设置"灯箱效果"的"背景颜色"。

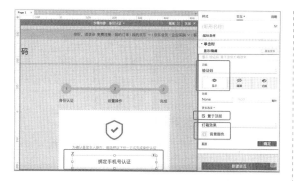

先把"验证码"动态面板移至一旁，以免妨碍操作。等原型全部完成后，再将其恢复原位。

双击"步骤内容"动态面板的"设置操作"状态中，拖入"文本标签"，输入文字"设置新密码"，拖入"文本框"，设置其尺寸为350×50、线段颜色为浅灰色，设置"提示文字"为"请输入新密码"，然后将其命名为"新密码"。

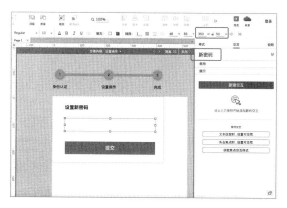

再拖入"矩形"作为按钮，设置其尺寸为350×50、填充色为淡红色，然后将其命名为"提交新密码"。

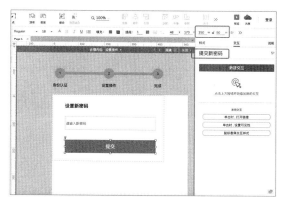

设置"提交新密码"矩形的状态为"选中"，填充色为红色。

选中"新密码"文本框，设置"文本改变时"，如果"新密码"文本框是空值，那么选中"提交新密码"矩形。如果"新密码"文本框不是空值，那么取消选中"提交新密码"矩形。

通过分析案例，"新密码"文本框的左下方通常有如下 4 种提示：

a. 当获取焦点时，显示新密码的规范建议。

b. 输入的字符过短或过长时，提示字符数量的规范。

c. 当输入的字符格式出错时，提示字符组合的规范。

d. 当输入的字符与过去密码相同时，提示不可更改相同密码。

拖入"动态面板"，使其宽度与"新密码"文本框的宽度相同，高度为20，将其命名为"新密码提示"。

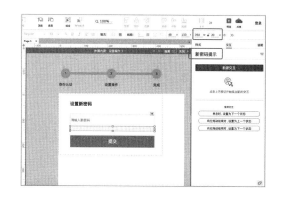

双击该动态面板，为其添加 4 个状态，将 4 个状态分别命名为"建议""数量""格式""相同"。

分别在 4 个状态下设置提示文字。

隐藏"新密码提示"动态面板，然后选中"新密码"文本框，设置"获取焦点时"，"设置面板状态"为"新密码提示到建议如果隐藏则显示"。

继续设置"失去焦点时"，如下图所示。

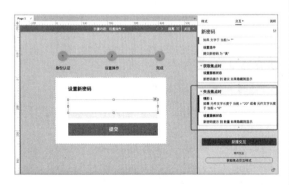

失去焦点时，如果"新密码"文本框的字符是字母或数字，则状态为"格式"，具体设置如右栏上图所示。

失去焦点时，如果"新密码"文本框的字符是 321，则状态为"相同"，具体设置如下图所示。

选中"提交新密码"矩形，设置一个符合条件的新密码，例如 axure5678。当"新密码"文本框中的字符是 axure5678 时，单击"提交新密码"矩形，"步骤内容"动态面板的状态为"完成"。注意：不要忘记选中"路径二"矩形、"完成"文本标签以及"内外圈"圆形。

双击"完成"状态，拖入"圆形""矩形""文本标签"，完成该状态的静态页面制作。

预览整体效果，本案例完成。

思考与总结：

（1）通过本案例的临摹，学习到了哪些知识和技能？请回顾并写出来。

（2）尽可能多地列举出具有步骤导航的产品，建议亲自体验。

（3）事实上，在校验"新密码"文本框中的字符时，如果不符合任何一种规范，那么"提交新密码"矩形的按钮应是禁用的。在本案例中并未设置禁用。请思考在本案例中，如何设置禁用和启用。

作业：

（1）将本案例未完成的部分继续完成。

（2）从"思考与总结"列举的产品中挑选一款进行原型制作。

4.2.5　辅助导航

辅助导航大多是为了展示网站的非业务性信息。辅助导航一般包括公司历程、公司文化、公司新闻等。这类导航一般处于次要位置。

1. 案例分析

在腾讯的企业官方网站上，页面左侧关于公司动态、发展历程、管理团队、社会责任等内容的导航，即辅助导航。浏览者可以通过单击页头的公司信息、企业文化、业务体系、投资者关系等主分类内容，切换不同的辅助导航，查看更多信息。值得注意的是，辅助导航中的分类内容，不需要切换页面或者弹出新页面来浏览，它们都在同一页面中，通过锚点导航的方式来展示。

2. 案例制作思路

（1）划分区域。

本案例无须分区，直接制作即可。

（2）分解。

构成元素包括但不限于文本标签、矩形、垂直线、水平线等。

（3）识别交互。

a. 当单击左侧辅助导航的分类名称时，浮动条移至对应名称处。

b. 当单击左侧辅助导航的分类名称时，右侧内容界面直接滚动至该分类内容处。

（4）构建元素的来源。

构建元素的来源为元件库和 iconfront。

3. 案例操作

拖入"矩形 1"，在"样式"面板中设置其坐标为（0,0）、尺寸为 1280×720，无边框。

拖入"矩形 2"，设置其坐标为（0,0）、尺寸为 1280×100，通过取色笔获取网站中实际截图的矩形颜色，并且通过截图获取 LOGO。

拖入"文本标签""垂直线""矩形"等，完成页头其他内容的制作。

接下来制作辅助导航。

拖入"矩形 2"，设置其坐标为（35,125）、尺寸为 200×60，将线段"可见性"设置为上、下线段可见，左、右线段不可见。

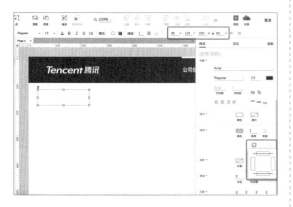

复制、粘贴其他 3 个矩形，注意排列整齐。

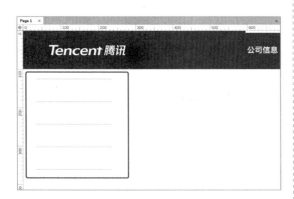

编辑相关文字，并且拖入"矩形 2"，制作该区域的浮动条。该浮动条的尺寸为 5×60，紧靠在"公司动态"矩形的右侧。

选中 4 个矩形，进行唯一性编组。

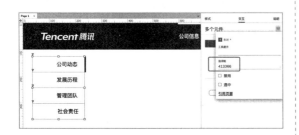

单击"新建交互"按钮，将"交互样式"设置为"选中"。

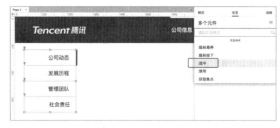

勾选"字色"复选框，将颜色设置为页头的蓝色。

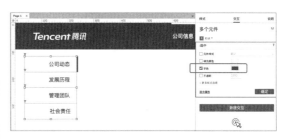

设置"页面载入时"，选中"公司动态"矩形，如下图所示。

下面暂时不设置浮动条的交互，先设置右侧内容。

拖入"文本标签"，完成"公司动态"的内容设置。注意：将每条信息设置为当将鼠标指针悬停在其上时，字体颜色为蓝色的交互效果。同时，对标题进行命名。

接下来，每块内容的标题都需要命名。此时，可以将 1280×720 的背景删除，以方便设置接下来的内容。

设置完毕后，选中副主导航中的"公司动态"矩形。单击"新建交互"按钮，选择"单击时"，设置 3 个动作：a.选中当前元件；b.移动浮动条到达坐标（235,125）位置处；c.滚动到元件"公司动态"文本标签（命名的标题）。

针对第一点，将页头和辅助导航分别装进动态面板中，并设置动态面板固定在浏览器上。

将页头的动态面板命名为"页头"，然后单击鼠标右键，在弹出的快捷菜单中选择"固定到浏览器"命令，然后勾选"固定到浏览器窗口"复选框，其余选项保持默认即可。

选中"发展历程"矩形，设置如下图所示。

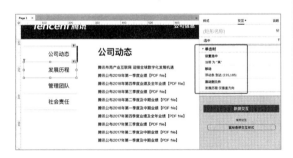

将辅助导航的动态面板命名为"辅助导航"，单击鼠标右键，在弹出的快捷菜单中选择"固定到浏览器"命令，然后勾选"固定到浏览器窗口"复选框，其余选项保持默认即可。

预览效果后，发现主要功能已经实现，但仍有如下两个细节需要打磨：

第一，由于页面的滚动，导致页头和辅助导航向上移动后，不在页面中显示了。

第二，滚动到元件时，没有过渡动画，导致页面显示过于生硬。

针对第二点，增加"线性，500 毫秒"设置即可。

在预览时可以发现，随着页面的滚动，页头和辅助导航确实已经固定不动了，但又新出现如下 3 个问题：

第一，页面内容与辅助导航靠得太紧。

第二，浮动条移动时的坐标出错。

第三，滚动到元件时，标题被页头遮住了。

针对第一点，可以调整"辅助导航"动态面板的坐标和尺寸。

针对第二点，因为将浮动条从编辑区域拖入动态面板了，所以动态面板中的坐标肯定与在编辑区域中的不同，重新设置即可。浮动条坐标的 X 值不变，Y 值以 60 为单位递增。

针对第三点，拖入"热区"，宽度随意，但要将高度设置成标题与坐标 $Y=0$ 之间的距离，本案例为"125"，然后将该热区命名为"公司动态"。

复制该热区，粘贴至"发展历程"标题上方，并修改名称为"发展历程"。注意：热区的底部要紧贴着标题的头部。

用同样的方法制作另外两个标题的热区。

回到"辅助导航"动态面板中，分别选中"公司动态"、"发展历程"、"管理团队"和"社会责任"矩形，重新设置动作"滚动到元件"，选择对应名称的热区。

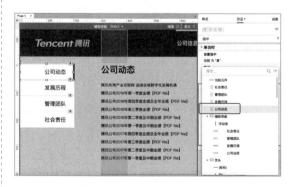

预览整体效果，本案例完成。

思考与总结：

（1）通过本案例的临摹，学习到了哪些知识和技能？请回顾并写出来，这很重要。

（2）尽可能多地列举出具有辅助导航的产品，建议亲自体验。

（3）在案例中，当页面向下滚动到某个位置时，页头的尺寸变小，同时辅助导航整体向上移动。当页面向上滚动到某个位置时，页头的尺寸恢复原状，同时辅助导航整体向下移动。

（4）在案例中，页头的浮动条并未设置。请确定设置浮动条交互的思路，并思考浮动条在移动过程中如何做到尺寸变化。

作业：

（1）将本案例未完成的部分继续完成。

（2）从"思考与总结"列举的产品中挑选一款进行原型制作。

4.2.6 页脚导航

页脚导航位于整个页面的底端，常以简洁的文字超链接形式出现。一般而言，页脚导航文字的字号比正文小，在保证文字可识别的前提下，颜色略浅或与背景的颜色反差不强烈。

页脚导航通常包括：声明超链接、联系方式、打印、咨询、反馈、帮助等内容。实际上，很少有人会浏览页脚导航的内容，人们基本知道页脚导航中出现的是管理、运营、主体等信息，只有在需要的时候才会在页面底部对信息进行定向查找。

1. 案例分析

国美网站的页脚导航，从物流配送、支付与账户、售后服务、会员专区、购物帮助，到门店服务、用户体验，再到主体信息、声明等合规性内容的展示，均有所涉及，整个页脚导航的内容非常丰富。

2. 案例制作思路

（1）划分区域。

本案例无须分区，直接制作。

（2）分解。

构成元素包括但不限于文本标签、矩形、icon、水平线、动态面板等。

（3）识别交互。

该案例以样式交互为主。

（4）构建元素的来源。

构建元素的来源为元件库和 iconfront。

3. 案例操作

拖入"矩形 1"，在"样式"面板中设置其坐标为（0,0）、尺寸为 1280×60，无边框，外阴影使用默认的颜色，设置"X"为 1、"Y"为 1、"模糊"为 1。

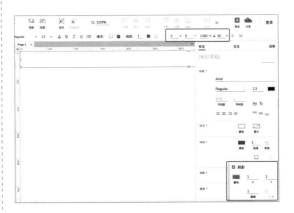

拖入"矩形 2"，设置其坐标为（50,8）、尺寸为 200×45，输入文字"全部商品分类"，将文字左对齐，并通过空格键将文字置于合适的位置。

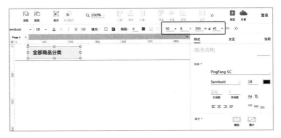

拖入"圆形"，设置其尺寸为 6×6，拖入"矩形 1"，设置其尺寸为 24×6，将"圆形"与"矩形 1"的间距调整为 2，同时复制另外两个圆形与"矩形 1"组合。

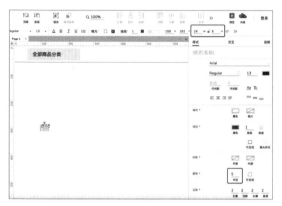

将所有"圆形"与"矩形1"元件进行组合，通过取色笔从网站截图中获得填充色，最后将其置于合适的位置。

通过拖入并设置"矩形""文本标签""水平线"等元件，完成搜索框的设置。

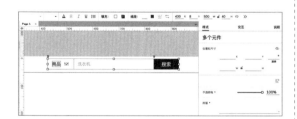

通过拖入并设置"矩形"、"文本标签"、icon 等元件，完成中间区域的设置。注意：将灰色区域靠左对齐。

接着，通过拖入并设置"水平线"、"垂直线"、"文本标签"、icon 等元件，完成页脚区域的设置。

最后，通过拖入并设置"矩形"、"文本标签"、"水平线"、icon 等元件，完成侧边导航的设置。

预览效果，本案例完成。

思考与总结：

（1）通过本案例的临摹，学习到了哪些知识和技能？请回顾并写出来，这很重要。

（2）尽可能多地列举出具有页脚导航的产品，建议亲自体验。

作业：

从"思考与总结"列举的产品中挑选一款进行原型制作。

4.2.7　页码导航

页码导航一般存在于包含类别众多的海量信息的网站。如果一个页面包含的内容过多，瀑布式导航已经无法做好用户体验，那么页码导航将会起到很好的作用，使用数字页码或者左右箭头，把一页内容拆分成多页。

页码导航一般出现在搜索结果的详细信息列表页或消费类网站的产品详细页中。

它对相关信息页面的总体页码进行顺序排列，允许用户直接跳转到相应页面，对于内容相关、延续且大量的信息，一般会设置"前进""后退"按钮，以及通过直接在文本框输入页码进行跳转。例如，在商品列表详细页的顶部和底部，都设置"第 N 页 / 共 M 页""上一页""下一页""首页""最后一页"，以及可以直接输入页码数字的文本框。

1. 案例分析

通过谷歌搜索页码导航，在搜索结果页最下方，显示了页码导航。谷歌在处理页码导航的方式上很有趣，通过其 LOGO 作为页码导航的载体，加深用户对品牌名称的印象。每一页页码都对应一个"o"，当前页码所对应的"o"的颜色为红色。

2. 案例制作思路

（1）划分区域。

本案例无须分区，直接制作。

（2）分解。

构成元素包括但不限于文本标签、文本框、矩形、圆形、垂直线、水平线、动态面板等。

（3）识别交互。

a. 单击非第 1 页时，页码导航左侧显示"上一页"；单击第 1 页时，"上一页"隐藏。

b. 单击"上一页"或"下一页"时，页码导航按顺序变化。

c. 不同的页码对应不同的内容。

d. 当前页的数字所对应的字母"o"的填充色为红色。

（4）构建元素的来源。

构建元素的来源为元件库和 iconfront。

3. 案例操作

拖入"矩形 1"，在"样式"面板中设置其坐标为（0,0）、尺寸为 1280×720，无边框。

拖入"文本标签""文本框""矩形""圆形"、icon 等，完成页头区域的设置。

接下来的内容跟随页码的切换发生变化，所以需要拖入"动态面板"。在案例中通过页码 1、页码 2、页码 3 的切换来展示页码导航的交互设置。

拖入"动态面板"，使其坐标位置与搜索框保持对齐，根据内容自定尺寸，将其命名为"内容"，为其添加 3 个状态，将 3 个状态分别命名为"页码 1""页码 2""页码 3"。

在每个状态内，通过拖入"文本标签"和"矩形"，并且设置文字颜色、字体大小以及元件间隔，来完成对应内容的设置。

拖入"文本标签"，逐个字母地进行设置。要注意元件的齐整。向左、向右的箭头与字母之间的间距为 25，与"上一页""下一页"的间距也是 25。页码数字与字母"o"保持居中对齐，页码数字本身与"上一页""下一页"保持中部（水平）对齐。

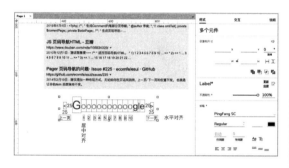

对元件进行命名。将左箭头命名为"左箭头"，将"上一页"、"下一页"、右箭头均按各自功能进行命名。

将字母"o"按照对应的页码数字进行命名。页码数字不用命名。

接着，全选字母"o"，进行唯一性编组，同时设置选中时的字色为红色。

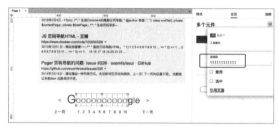

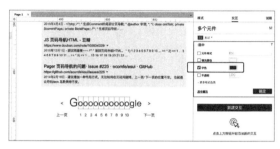

全选页码数字，也进行唯一性编组，同时设置选中时的字色为黑色。

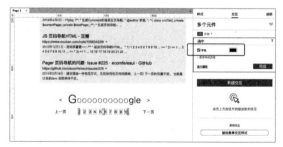

取消选择所有元件，单击"新建交互"按钮，选择"页面载入时"，具体设置如下图所示，设置"内容"动态面板的状态为"页码 1"。

　　拖入"热区"，覆盖在名称为1的字母"o"以及页码数字1上，将刚刚载入页面时的设置直接复制、粘贴至该热区上，不过交互事件是"单击时"。

　　将该热区复制、粘贴到页码2的位置，并对设置稍作修改，即单击时，显示"左箭头"和"上一页"，选中两个"2"，设置"内容"动态面板的状态为"页码2"。

　　用同样的方式设置第三个热区。

　　拖入"热区"，覆盖左箭头和"上一页"区域，设置"单击时"，如果"内容"动态面板的状态为"页码3"，那么设置选中两个2，并将状态转换为"页码2"。否则，如果"内容"动态面板的状态为"页码2"，那么隐藏左箭头、

　　"上一页"，设置选中两个1，并将状态转换为"页码1"，具体设置如下图所示。

　　同理，拖入"热区"，覆盖右箭头和"下一页"区域，设置"单击时"，如果"内容"动态面板的状态为"页码1"，那么显示左箭头、"上一页"，设置选中两个2，并将状态转换为"页码2"。否则，如果"内容"动态面板的状态为"页码2"，那么显示左箭头、"上一页"，设置选中两个3，并将状态转换为"页码3"。

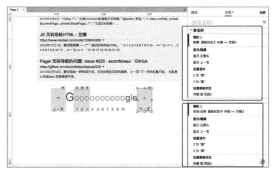

　　最后，页头区域不应随着页面的滚动而不见，按照前例所述，使用动态面板使其固定在浏览器上。

　　预览整体效果，本案例完成。

　　思考与总结：

　　（1）通过本案例的临摹，学习到了哪些知识和技能？请回顾并写出来，这很重要。

　　（2）尽可能多地列举出具有页码导航的产品，建议亲自体验。

　　（3）在案例中，当将鼠标光标移至页码上时，页码下方会显示浮动条，请思考如何设置。

　　作业：

　　（1）挑选一款可以输入数字以直接跳转页面的页码导航产品进行原型制作。

　　（2）从"思考与总结"列举的产品中挑选一款进行原型制作。

4.2.8　快速链接

该导航用来显示重要但不适合出现在全局导航中的内容。一方面，这些信息内容可能比较散；另一方面，这些信息可能需要及时更新。快速链接一般以跑马灯的方式出现。

新闻网站常常利用快速链接跳转到即时新闻大事件的详细页，或及时播报实时信息；营销网站利用快速链接跳转到促销新品的广告详情页；行政网站利用快速链接跳转到新发布的信息或法规等内容页。

1.案例分析

东方财富网体现了国内资讯类网站的共同特点——页面信息海量且散乱。在行情数据、最新播报、7×24直播等板块，采用了快速链接导航。全球股市的最新实时指数、国内上市公司的实时新闻以及影响行情的讯息，都属于重要但不适宜出现在全局导航中的内容。

2.案例制作思路

（1）划分区域。

本案例无须分区，直接制作。

（2）分解。

其构成元素包括但不限于文本标签、文本框、矩形、圆形、垂直线、水平线、动态面板、图片等。

（3）识别交互。

当载入页面时，全球股市及最新播报的内容自右向左移动，当鼠标光标悬停在某个信息上时，该信息显示下画线，并且可单击。

（4）构建元素的来源。

构建元素的来源为元件库和iconfront。

3.案例操作

通过上述元件的整合制作，可以将本案例

的静态页面设置完成。当将鼠标光标移至相应区域上时，显示更多内容；当将鼠标指针悬停时，文字样式交互；倒计时效果等交互设置，这些在前述案例中已有制作，因此不再赘述。本案例重点讲解跑马灯的制作。

在"行情数据"下，"全球股市"的右侧，拖入"动态面板"，其位置和尺寸与页面内容相融即可，将其命名为"全球股市"。

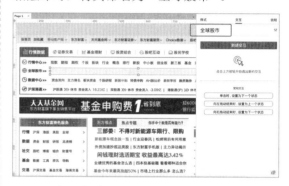

双击"全球股市"动态面板，继续内嵌一个动态面板，将宽度设置得夸张一些，设置为2000，将其命名为"可移动全球股市"。

双击"可移动全球股市"动态面板，通过文本标签设置各国的指数信息。注意：将名称和指数分开设置。

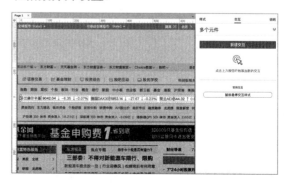

选中"芬兰赫尔辛基"文本标签，单击"新建交互"按钮，设置样式交互，"鼠标悬停"时文字颜色为红色，设置功能交互，"单击时"，打开东方财富网。

对其他指数的名称也按照这种方式进行设置。

回到编辑区域，取消选中所有元件，单击"新建交互"按钮，选择"页面载入时"，设置为"可移动全球股市，到达，（-2000,0），线性，90000 毫秒"。时间多少决定了移动的速度。

单击"完成"按钮后，预览交互效果。

用同样的方式制作最新播报的跑马灯效果。

最后，预览整体效果，本案例完成。

思考与总结：

（1）通过本案例的临摹，学习到了哪些知识和技能？请回顾并写出来，这很重要。

（2）尽可能多地列举出具有快速链接的产品，建议亲自体验。

（3）请思考，如何使跑马灯效果循环展示。

作业：

从"思考与总结"列举的产品中挑选一款进行原型制作。

4.2.9　友情链接

友情链接提供一组跳转到站外其他站点的链接，通常这些链接的网站内容与本站点的内容会形成互补或者关联，或者本站点在本行业的行政管理单位等。

友情链接或采用文字形式，或采用 LOGO 图标的方式。当然，友情链接一般不会放在页面非常重要的位置，多见于网站底部或右部。

不管是企业网站还是个人网站，只要网站内容得到用户认可，都会有其他站点请求换链的情况存在。

1. 案例分析

汽车之家的网站底部，单独划分出一块区域，列出了众多友情链接。我们可以发现，大部分是与汽车相关的网站，但也不乏有如泡泡网、IT 168 等非汽车行业垂直性的专业站点。根据站点规模和知名度可以判断，两者之间很可能有深度合作。

2. 案例制作思路

（1）划分区域。

本案例无须分区，直接制作。

（2）分解。

构成元素包括但不限于文本标签、矩形、icon、水平线、动态面板、水平线、垂直线、图片等。

（3）识别交互。

该案例以样式交互为主。

（4）构建元素的来源。

构建元素的来源为元件库和 iconfront。

3. 案例操作

复制网站中的广告图片，并且在广告图片下方，拖入"文本标签""矩形""水平线""垂直线"等，完成页面的上部分区域。这里需要注意的是，文本标签与垂直线之间的间距问题，建议将间距设置为 10。

通过拖入并设置"水平线""垂直线""文本标签"、icon 等元件，完成页底部分的设置。

预览效果，本案例完成。

思考与总结：

（1）通过本案例的临摹，学习到了哪些知识和技能？请回顾并写出来，这很重要。

（2）尽可能多地列举出具有友情链接的产品，建议亲自体验。

作业：

（1）东方财富网的友情链接并未单独采用文字方式，它列出了各合作方的 LOGO。试图完成如下图所示内容的设置。

（2）从"思考与总结"列举的产品中挑选一款进行原型制作。

4.2.10 锚点链接

锚点链接也称为跳转链接，用来跳转到页面的精确位置，常用于海量信息的网站中。例如，页面长度超过两屏及以上时，采用锚点链接，将其固定在浏览器的一侧，并且设置"回到顶部""移至底部""滚动至各分类内容的标题处"等。

如果锚点链接发生在同一个页面，则可称其为页内导航，不过，锚点链接的价值还可以体现在不同页面间精确定位的跳转。

1. 案例分析

火狐作为导航网站＋资讯信息聚合的站点，主要分为搜索导航区、资讯区、图片区、购物区、游戏区等，这也在右侧的锚点导航中得到了充分体现。当用户单击右侧锚点导航中任何一个区域的 icon 时，当前页面便会迅速滚动到该区域的标题处。这为用户在浏览网站进行定向时提供了极大的方便。

当然，这种导航方式，在 4.2.5 一节"辅助导航"腾讯的案例中，已经完成过。本案例将制作火狐主页，但对锚点导航进行调整，即制作跨页面的锚点链接。

2. 案例制作思路

（1）划分区域。

本案例无须分区，直接制作。

（2）分解。

构成元素包括但不限于文本标签、矩形、icon、水平线、动态面板、水平线、垂直线、图片等。

（3）识别交互。

当在页面 1 中单击某个区域标题时，从页面 1 跳转到页面 2 之后，页面直接滚动到该区域的标题处。

（4）构建元素的来源。

构建元素的来源为元件库和 iconfront。

3. 案例操作

本案例是为了做出跨页面锚点链接的模

拟，案例本身不存在这样的设计。因此，建议直接将每个区域截图，然后通过热区固定每个区域的位置。

根据浏览器右侧的锚点链接，将截取以下区域作为制作目标：查询区域、资讯区域、图片区域、游戏区域等。

设置"查询区域"。

设置"资讯区域"。

设置"图片区域"。

设置"游戏区域"。

新建页面，并且将新页面置于第一页，无须命名。

在新页面中，拖入 4 个主要按钮，并分别将其命名为"查询区域""资讯区域""图片区域""游戏区域"。

选中"查询区域"按钮，单击"新建交互"按钮，选择"单击时"，设置链接动作为"打开链接"。

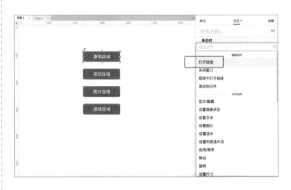

选择页面"Page1"。

选择"设置变量值"。

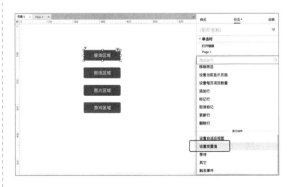

系统默认的全局变量值为 1。

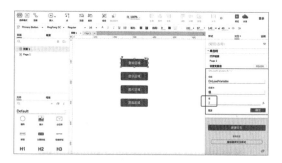

复制该设置，依次粘贴至"资讯区域""图片区域""游戏区域"按钮上，将全局变量的值分别改为"2""3""4"。

回到页面"Page1"中，取消选中所有元件，单击"新建交互"按钮，将交互"事件"设置为"页面载入时"，单击"启用情形"按钮。

当全局变量的值为1时，设置如下图所示。

单击"+"按钮，将"链接动作"设置为"滚动到元件"，选择"查询区域"热区，选择"垂直"，将"动画"设置为"线性，500毫秒"。

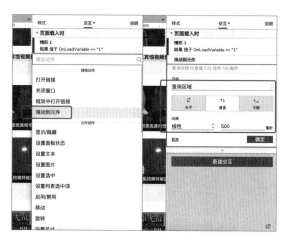

按照这种方式，设置完毕。

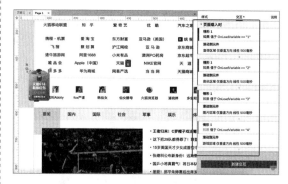

回到 Page1，浏览交互效果。

至此，完成跨页面的锚点链接的交互。

思考与总结：

（1）通过本案例的临摹，学习到了哪些知识和技能？请回顾并写出来，这很重要。

（2）尽可能多地列举出具有锚点链接的产品，建议亲自体验。

作业：

从"思考与总结"列举的产品中挑选一款进行原型制作。

4.2.11　标签

标签导航在博客类网站上使用较多，同时，在资讯类、电商类网站上也会存在，其目的是使用户能够直观地认识到网站所提供的内容的重要性分级。当然，换一个角度，也可以认为那是一些关键字。

标签的表现方式各种各样。例如，标签的尺寸不同——某类标签的字号越大，说明网站关于这方面的内容越多。再如，在每个标签旁使用数字标记该标签的数量，等等。

从展示形态上来区分，有文本标签的静态展示，也有运动球形的动态展示。

1. 案例分析

Ego-AlterEgo 主要分享艺术、设计、摄影、创意等内容。在其右侧有一块区域显示了 TAGS，即标签，photography 的字号最大，其次是 illustration、paintings，再次是 fashion 等。这表明含有 photography 这类标签的文章数量最多。值得注意的是，在 TAGS 上方，有一个关于文章分类的选择。那么既然有分类选择，为何还需要另立标签呢？答案是标签比分类更直观、更细化、更生动。

2. 案例制作思路

（1）划分区域。

本案例无须分区，直接制作。

（2）分解。

构成元素包括但不限于文本标签、矩形、icon、水平线、动态面板、垂直线、图片等。

（3）识别交互。

该案例以样式交互为主。

（4）构建元素的来源。

构建元素的来源为元件库和 iconfront。

3. 案例操作

复制网站页头的背景图片，将其置于坐标（0,0）的位置，设置尺寸为 1280×125。

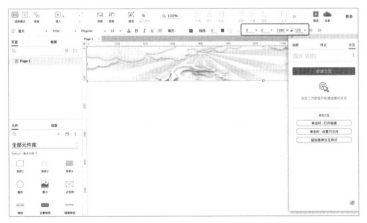

拖入并设置"文本标签""矩形"等元件，完成页头内容的设置。

拖入并设置"图片"、"文本标签"、"水平线"、icon 等元件，完成文章区域的设置。

拖入并设置"矩形""文本标签""水平线""下拉列表"等元件，完成包括标签导航在内的右侧区域的设置。

预览效果，本案例完成。

（1）通过本案例的临摹，学习到了哪些知识和技能？请回顾并写出来，这很重要。

（2）尽可能多地列举出具有标签导航的产品，建议亲自体验。

作业：

从"思考与总结"列举的产品中挑选一款进行原型制作。

4.3　实用性导航

实用性导航重点关注用户操作过程中，对业务产生的实际效用，它包括标志链接、语种或地域导航、搜索引擎、网站地图等。

4.3.1　标志链接

标志链接，作为网站的导航系统是可以被用户直观感受到的。因为，它通常由 LOGO 名称缩写或域名构成。标志链接凸显了品牌价值，一般在每个页面都要有所体现，以此强化用户对该品牌的认知。

通常，标志链接被置于页面顶端的左上角、中间或右上角。用户单击该标志后会返回首页，所以它更适合层级深，并且在当前页面做跳转的网站。

如果把浏览网站看成逛迷宫，那么面包屑导航便是迷宫中的路标，而标志链接便可以称得上"回城卷轴"了。

1. 案例分析

说到品牌，就不得不说 Apple。在 Apple 的中国官方首页，无论用户进入了 Mac 页面浏览最新款 Mac 的配置，还是查看手机的报价或者获取技术支持，只需要单击页面最上方左侧的苹果标识，就可以一键返回网站首页，重新开始浏览。

2. 案例制作思路

（1）划分区域。

本案例无须分区，直接制作。

（2）分解。

构成元素包括但不限于图片、文本标签、icon、LOGO、文本框、矩形、动态面板等。

（3）识别交互。

a. 单击页头的各种内容分类时，页面显示对应的内容。

b. 在任何页面，单击苹果标志时，页面显示首页的内容。

c. 当单击"搜索"按钮时，显示文本框，并且以遮罩的方式显示快速链接的内容。

d. 样式交互。

（4）构建元素的来源。

构建元素的来源为元件库和 iconfront。

3. 案例操作

拖入"矩形 1"，在"样式"面板中设置坐标为（0,0）、尺寸为1280×50，并且无边框，然后通过取色笔获取网站中相应内容的颜色作为填充色。

拖入"文本标签"，设置各类产品的导航入口，注意文本标签之间的间距，案例中的间距是 25。

拖入并设置"矩形""文本标签"等元件，完成内容区域的设置。

最后选中苹果的标志，单击"新建交互"按钮，将"交互"设置为"单击时"，"打开链接"到"Page1"。表示不管用户在哪一个页面进行浏览，只要单击了苹果的标志，都会一键返回苹果的官方首页。

至于交互 a 和交互 c，采用动态面板的状态变换，以及显示 / 隐藏的设置，完成即可。

最后，预览效果，本案例完成。

思考与总结：

（1）通过本案例的临摹，学习到了哪些知识和技能？请回顾并写出来，这很重要。

（2）尽可能多地列举出具有标志链接的产品，建议亲自体验。

作业：

豆丁网比较特殊，当用户进入某个页面时，单击左上角的标志链接，用户并没有返回到首页，而是返回到了对应内容的二级分类页面中，了解如下图所示的内容。

从"思考与总结"列举的产品中挑选一款进行原型制作。

4.3.2　搜索引擎

搜索引擎帮助用户直接查找并获取有序的、精确的可参考信息，除了搜索服务的网站，资讯类网站、电商类网站等，都把搜索框放在页面重要的位置。

1. 案例分析

在制作案例时，iconfont 在 icon 方面提供了很重要的帮助。在该网站的首页最中心的位置，设有搜索框，同百度、谷歌一样，主要为用户提供搜索服务。

2. 案例制作思路

（1）划分区域。

本案例无须分区，直接制作。

（2）分解。

构成元素包括但不限于文本标签、矩形、icon、动态面板、图片等。

（3）识别交互。

a. 当将鼠标光标移入页头分类内容时，该标题下方显示更多可操作项；当将鼠标光标移出页头分类内容时，隐藏更多可操作项。

b. 当使页面向下滚动到某个位置时，页面背景的红色半圆的尺寸缩小到预设倍数；当使页面向上滚动到顶部时，该半圆的尺寸恢复到默认状态。

c. 当将鼠标光标移入搜索引擎下方的作品区域时，该区域以中心点为起点，尺寸向四周放大预设倍数；当将鼠标光标移出作品区域时，该区域以中心点为起点，尺寸向内缩小到默认状态。

d. 当使页面向下滚动到某个位置时，页面右侧显示锚点导航；当使页面向上滚动到某个位置时，隐藏锚点导航。

e. 样式交互。

（4）构建元素的来源。

构建元素的来源为元件库和 iconfront。

3. 案例操作

拖入"矩形 1"，在"样式"面板中设置坐标为（0,0）、尺寸为 1280×720，并且无边框，然后通过取色笔获取网站中的背景颜色作为填充色。

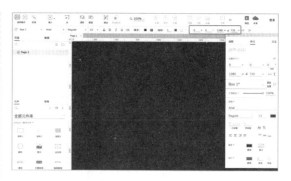

拖入并设置"文本标签"、"矩形"、icon等元件。

下面实现交互 b，"当使页面向下滚动到某个位置时，页面背景的红色半圆的尺寸缩小到预设倍数；当使页面向上滚动到顶部时，该半圆的尺寸恢复到默认状态"。

拖入"动态面板"，坐标为（780,0）、尺寸为 300×150。

拖入"圆形"，尽可能使其尺寸变大，将一半圆置于动态面板的内部，另一半置于外部，通过取色笔获取网站中圆形的颜色作为填充色，记住其尺寸 277×277。

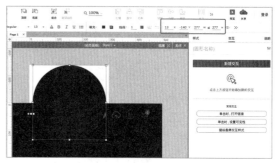

回到编辑区域，将动态面板置于 icon 等元素的下方，操作步骤：先将"动态面板"置于底层，再将背景置于底层。

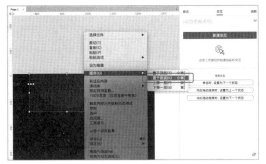

在该动态面板上单击鼠标右键，在弹出的快捷菜单中选择"固定到浏览器"命令，然后勾选"固定到浏览器窗口"复选框，其他选项保持默认，同时，不用勾选"始终保持顶层"复选框。

在编辑区域，取消选中所有元件，单击"新建交互"按钮，选择"窗口向下滚动时"，设置圆形的尺寸为 200×200，以中心为原点进行缩小，将"动画"设置为"线性，2000 毫秒"。

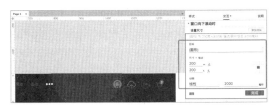

同理，选择"窗口向上滚动时"，设置圆形的尺寸为 277×277，以中心为原点进行放大，将"动画"设置为"线性，2000 毫秒"。

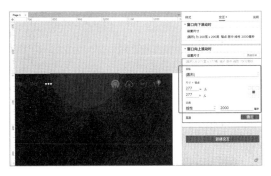

预览效果，完成交互 b。

通过截图获得图标，拖入并设置"矩形"的填充色和线段颜色，拖入并设置"文本标签"等，完成搜索区域的内容设置。

下面实现交互 c，"当将鼠标光标移入搜索引擎下方的作品区域时，该区域以中心点为起点，尺寸向四周放大预设倍数；当将鼠标光标移出作品区域时，该区域以中心点为起点，尺寸向内缩小到默认状态"。

在网站中，用户的作品是以图片的方式展示的，但由于无法下载该图片，可以直接截图，截图时尽可能地缩小每张图片的尺寸误差，最后统一默认尺寸及放大后的尺寸。

截图后将图片粘贴至编辑区域，尺寸为 330×337。

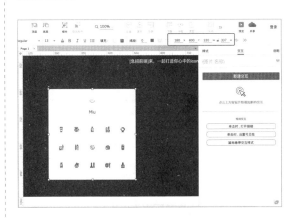

选中该图片，单击"新建交互"按钮，将交互"事件"设置为"鼠标移入时"，将"元件动作"设置为"设置尺寸"，将"目标"设置为"当前"。将该图片的宽和高，分别增加 30，同时选择以中心点进行变化，将"动画"设置为"线性，500 毫秒"。

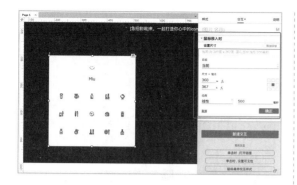

继续单击"新建交互"按钮，将交互"事件"设置为"鼠标移出时"，将"元件动作"再设置为"设置尺寸"，将"目标"设置为"当前"。将该图片的尺寸设置为默认的330×337，同时选择以中心点进行变化，将"动画"设置为"线性，500毫秒"。

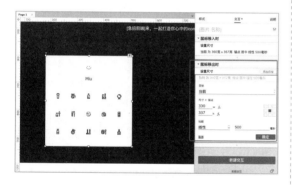

设置完毕。

通过上述方式，设置另外两张图片，注意图片之间的间距为30。

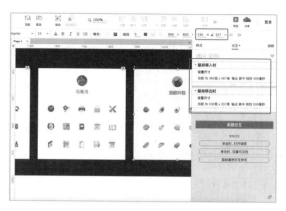

最后，调整整体布局。

预览效果，本案例完成。

思考与总结：

（1）通过本案例的临摹，学习到了哪些知识和技能？请回顾并写出来，这很重要。

（2）尽可能多地列举出具有搜索引擎的产品，建议亲自体验。

（3）在案例中，将元件尺寸变化时的值直接设置为了常数，例如从100×100变化为200×200。其实除了设置为常数，还可以设置为函数。请思考如何通过函数的设置改变元件的尺寸，并实际应用。

（4）针对交互 c，如果尺寸发生变化的不是类似于一张图片这样一个单独的元件，而是由众多元件所组成的区域，请思考该如何制作这类交互。

作业：

（1）请自行将案例中的交互 a 补充完整。

（2）请自行将案例中的交互 d 补充完整。

思路提示：当页面向下滚动预设的距离，或到预设的 y 值时，显示锚点导航。当页面向上滚动预设的距离，或到预设的 y 值时，隐藏锚点导航。

（3）从"思考与总结"列举的产品中挑选一款进行原型制作。

4.3.3　网站地图

网站地图常占用独立的页面，展示整个网站的全部内容分类或层次结构，包括结构类型、目录类型、字母索引类型等。通常网站地图会被设置在网站的底部。

（1）结构类型地图按照网站信息体系的结构绘制，名称与导航菜单一致，有层级递进关系。

（2）目录类型地图用于产品或文化分类索引，内容层次关系体现得不明确。

（3）字母索引类型地图常用于商品品牌或词典条目，按照英文字母顺序排列，也不体现内容层次的关系。

可以根据实际情况，选择合适的类型生成网站地图。

1. 案例分析

作为商业网站，淘宝网注重实效。它的网站地图从业务上对网站进行了整合展示，用户可以很快定位到自己的需求。

2. 案例制作思路

（1）划分区域。

本案例无须分区，直接制作。

（2）分解。

构成元素包括但不限于文本标签、矩形、icon、垂直线、水平线等。

（3）识别交互。

本案例以样式交互为主。

（4）构建元素的来源。

构建元素的来源为元件库和 iconfront。

3. 案例操作

拖入并设置"矩形"、"文本标签"、icon 等元件，完成页头区域的设置。

拖入并设置 LOGO、"矩形"、"文本标签"、"水平线"、icon 等元件，完成主内容区域的设置。

通过拖入并设置"矩形"、"文本标签"、"水平线"、"垂直线"、icon 等元件，完成剩余内容及页脚区域的设置。

预览效果，本案例完成。

思考与总结：

（1）通过本案例的临摹，学习到了哪些知识和技能？请回顾并写出来。

（2）尽可能多地列举出具有网站地图的产品，建议亲自体验。

作业：

（1）研究新浪、网易的网站地图。

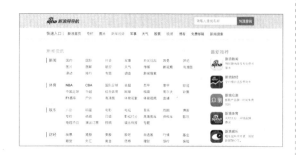

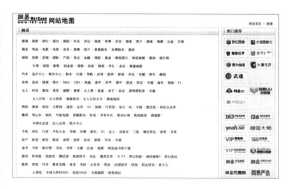

（2）从"思考与总结"列举的产品中挑选一款进行原型制作。